高等职业教育"十四五"规划教材

实用高等数学教程

主 编 周 静 董春芳

天津大学出版社
TIANJIN UNIVERSITY PRESS

内容提要

本书依据教育部制定的《高职高专教育高等数学课程教学基本要求》和秉持为专业课服务的理念编写而成,以培养学生的基本学习能力为目的,重基础,轻技巧,保持必要的严谨性,并且对一些高等数学教学中常见的概念上的漏洞进行了弥补。

本书内容包括集合与函数、极限与连续、导数与微积分、定积分与不定积分、一元微积分应用、概率与统计初步、线性规划模型等共 7 章。

本书适用于高职院校各专业学习使用。

图书在版编目（CIP）数据

实用高等数学教程 / 周静, 董春芳主编. -- 天津：
天津大学出版社, 2022.6
高等职业教育"十四五"规划教材
ISBN 978-7-5618-7212-3

Ⅰ. ①实… Ⅱ. ①周… ②董… Ⅲ. ①高等数学－高
等职业教育－教材 Ⅳ. ①O13

中国版本图书馆CIP数据核字（2022）第098610号

出版发行	天津大学出版社
地　　址	天津市卫津路92号天津大学内（邮编：300072）
电　　话	发行部：022-27403647
网　　址	www.tjupress.com.cn
印　　刷	廊坊市瑞德印刷有限公司
经　　销	全国各地新华书店
开　　本	185mm×260mm
印　　张	12
字　　数	300千
版　　次	2022年6月第1版
印　　次	2022年6月第1次
定　　价	38.00元

前　言

　　"高等数学"是高等职业教育必修的一门公共基础课。高等数学学习可为高职生学习高等职业教育职业技术领域课程知识、掌握高等职业技能提供必需的数学知识基础,同时对提高高职生分析问题、解决问题的能力也只有至关重要的作用。

　　根据"课程教学目标服务于专业人才培养方案"的要求,以保证实现高等数学课程为职业技术领域课程服务的功能为出发点,以提高学生基础学习能力为目的,依据教育部制定的《高职高专教育高等数学课程教学基本要求》编写了本书。本书内容包括集合与函数、极限与连续、导数与微积分、定积分与不定积分、一元微积分应用、概率与统计初步、线性规划模型等。

　　通过对比、剖析国内外多种同类教材,本书重视吸收其中成功的改革举措,集各家之长,并融入了编者多年对高等数学教育的研究心得,内容翔实,例题丰富,重基础,轻技巧。本书虽并不过于恪守理论上的系统性和完备性,但坚持了必要的严谨性,重视体现数学科学中所蕴含的理性精神,力求在尊重高职学生的数学现实的前提下,努力培养高职学生良好的数学素养。

　　本书在内容编排上,本着学生易学、教师易教的宗旨,对高等数学课程的知识体系进行了解构和重构,依据典型学习任务有机地整合学习内容,改革了高等数学课程传统的学习材料组织顺序。本书中除将导数的应用与定积分的应用合并外还将数列极限、极限的局部性质、闭区间上连续函数的性质、定积分的几何意义、定积分的不等式性质及积分中值定理、变上限积分、无穷区间上的广义积分等内容移到相关章节。

　　为激发高职学生的学习兴趣,本书在引入数学概念时,在保证数学概念准确性的前提下,力求从实际问题出发,并尽量借助几何直观图形和物理意义来解释概念,以使抽象的数学概念形象化,从而缩短高职学生学习高等数学的适应过程。同时,本书采用了很多传统的经典实例,从而更有利于高职学生理解高等数学的概念。

　　本书对微积分教学中一些常见的概念上的漏洞进行了弥补。例如,连续函数的四则运算问题、复合函数的连续性问题、一元函数的极值问题以及不定积分与广义积分的定义问题等。同时,对微积分学中一系列难点问题的讲述进行了系统的改进,具体如下:

　　(1)引入了实数的基本性质;

　　(2)用两类典型问题指出了引入极限的必要性和重要性;

　　(3)导出了函数在有限点处极限的一个重要结论;

　　(4)完善了间断点的定义;

　　(5)对常用的等价无穷小给出了更一般化的推广形式;

　　(6)给出了" 1^∞ "型不定式极限计算的一般公式;

（7）完善了幂函数求导公式的推证；

（8）用微分导出了反函数的求导法则；

（9）对基本积分公式给出了更一般化的推广形式；

（10）明确给出了求解不定积分的一般思路；

（11）完善了微元法的阐述；

（12）完善了曲边梯形面积与旋转体体积的计算公式。

本书中带"*"号的部分属于理解难度较大的知识内容，其中也包括一些定理的证明以及例题，这是为一部分对数学学习有更高要求的学生而安排，在日常教学与学习中可酌情安排讲解和学习。

本书由周静设计总体框架，由董春芳统稿、定稿。本书写作时得到了天津工业职业学院院长孔维军教授和基础部副主任张学婷副教授的大力支持和热情鼓励，在此表示诚挚的感谢。天津大学出版社编辑陈柄岐老师为本书的顺利出版付出了辛勤的劳动，在此表示衷心的感谢。本书写作时参考了许多国内外与高等数学相关的优秀著作，在此一并致谢（恕不一一列举）。

由于水平所限，书中难免存在缺点和错误，欢迎广大读者不吝指正。

编者

2022 年 4 月于天津

目　　录

第1章 集合与函数

函数是现实世界中变量之间相互依存关系的一种抽象,它是微积分学研究的基本对象.本章首先介绍集合的概念,再以集合论观点给出函数的一般定义,然后讨论函数的特性、基本初等函数、复合函数、初等函数及其图形.

1.1 集合

1.1.1 集合的概念

1. 集合

集合是指具有某个共同属性的一些对象的全体,是一个描述性的概念.组成集合的一个个的对象称为该集合的**元素**.通常用大写英文字母 $A,\ B,\ C,\ \cdots$ 表示集合,用小写字母 $a,\ b,\ c,\ \cdots$ 表示集合中的元素.

例如,用 $\mathbf{N}_+$ 表示正整数集;$\mathbf{N}$ 表示自然数集;$\mathbf{Z}$ 表示整数集;$\mathbf{R}$ 表示实数集;$\mathbf{R}_+$ 表示正实数集.

特别地,用 $\{a\}$ 表示**单元素集**(只含有一个元素的集合),用 $\varnothing$ 表示**空集**(不含有任何元素的集合).

若 a 是集合 A 中的元素,就记作 $a \in A$(读作"a **属于** A");若 b 不是集合 A 中的元素,就记作 $b \notin A$(读作"b **不属于** A").

对于给定的集合 A,元素 $x \in A$ 或 $x \notin A$,二者必取其一且仅取其一.

2. 集合的表示法

集合的表示法一般有以下两种.

一是**列举法**,即把集合中的元素按任意顺序列举出来,并用大括号"$\{\}$"括起来.例如,小于 10 的正奇数所组成的集合可以表示为

$$A = \{1, 3, 5, 7, 9\}.$$

二是**描述法**,即把集合中的元素所具有的共同属性描述出来,用 $\{x | x\text{ 的共同属性}\}$ 表示.例如,小于 10 的正奇数所组成的集合也可表示为

$$A = \{x | x\text{ 是小于 10 的正奇数}\}.$$

3. 有限集与无限集

若集合 A 由 n 个元素组成(n 是一个确定的自然数),则称集合 A 为**有限集**.不是有限集的集合称为**无限集**.

例如,集合 $A = \{1, 3, 5, 7, 9\}$、$\{a\}$、$\varnothing$ 都是有限集;集合 $\mathbf{N}_+$、$\mathbf{N}$、$\mathbf{Z}$、$\mathbf{R}$、$\mathbf{R}_+$ 都是无限集.

4. 子集和真子集

设 A、B 是两个集合,若集合 A 中的所有元素都是集合 B 中的元素,则称集合 A 是集合 B 的**子集**,记作 $A \subseteq B$.

若集合 A 是集合 B 的子集,且至少存在一个元素满足 $b \in B$ 且 $b \notin A$,则称集合 A 是集合 B 的真子集,记作 $A \subsetneqq B$.

例如,$\mathbf{N}_+ \subsetneqq \mathbf{N} \subsetneqq \mathbf{Z} \subsetneqq \mathbf{R}$.

5. 交集与并集

由集合 A 与集合 B 中的所有公共元素组成的集合称为集合 A 与集合 B 的**交集**,记作

$$A \cap B = \{ x | x \in A \text{ 且 } x \in B \}.$$

由集合 A 与集合 B 中的全部元素组成的集合称为集合 A 与集合 B 的**并集**,记作

$$A \cup B = \{ x | x \in A \text{ 或 } x \in B \}.$$

例如,$\mathbf{N}_+ \cap \{0\} = \varnothing$;$\mathbf{N}_+ \cap \mathbf{N} = \mathbf{N}_+$;$\mathbf{N} \cap \mathbf{Z} = \mathbf{N}$;$\mathbf{N}_+ \cup \{0\} = \mathbf{N}$;$\mathbf{N} \cup \mathbf{Z} = \mathbf{Z}$.

1.1.2 实数集

微积分中所研究的函数一般取值于实数集,因此需了解实数的一些性质以及实数集的常见表示法.

1. 实数的性质

实数是有理数和无理数的总称,它具有下面的性质.

(1)实数对四则运算(即加、减、乘、除)是**封闭**的,即任意两个实数进行加、减、乘、除(除法要求除数不为零)运算后,其结果仍为实数.

(2)**有序性**,即任意两个实数 a, b 都可以比较大小,满足且只满足下列关系之一:

$$a < b, \quad a = b, \quad a > b.$$

(3)**稠密性**,即任意两个实数之间一定还有其他的实数存在.

(4)**连续性**,即实数可以与数轴上的点一一对应.

2. 实数的绝对值

对于任意一个实数 x,它的**绝对值**为

$$|x| = \begin{cases} x, & x \geqslant 0 \\ -x, & x < 0 \end{cases}$$

绝对值 $|x|$ 的几何意义:实数 x 的绝对值 $|x|$ 等于数轴上的点 x 到原点的距离.

设 a, b 为任意实数,则有

(1)$|a| = \sqrt{a^2}$;

(2)$|a| \geqslant 0$,仅当 $a = 0$ 时,$|a| = 0$;

(3)$|-a| = |a|$;

(4)$-|a| \leqslant a \leqslant |a|$;

(5)$|a \cdot b| = |a| \cdot |b|$;

(6)$\left| \dfrac{b}{a} \right| = \dfrac{|b|}{|a|}$ $(a \neq 0)$;

(7)$|a + b| \leqslant |a| + |b|$;

(8)$\big| |a| - |b| \big| \leqslant |a - b|$.

3. 区间

微积分中常见的实数集合是**区间**, 区间有以下八种 $(a < b)$.

（1）**开区间**: $(a,b) = \{x \mid a < x < b\}$ 表示满足不等式 $a < x < b$ 的全体实数 x 的集合.

（2）**闭区间**: $[a,b] = \{x \mid a \leqslant x \leqslant b\}$ 表示满足不等式 $a \leqslant x \leqslant b$ 的全体实数 x 的集合.

（3）**半开半闭区间**: $[a,b) = \{x \mid a \leqslant x < b\}$ 表示满足不等式 $a \leqslant x < b$ 的全体实数 x 的集合.

类似地, $(a,b] = \{x \mid a < x \leqslant b\}$ 表示满足不等式 $a < x \leqslant b$ 的全体实数 x 的集合.

（4）$(a,+\infty) = \{x \mid x > a\}$ 表示大于 a 的全体实数 x 的集合.

（5）$[a,+\infty) = \{x \mid x \geqslant a\}$ 表示大于或等于 a 的全体实数 x 的集合.

（6）$(-\infty,a) = \{x \mid x < a\}$ 表示小于 a 的全体实数 x 的集合.

（7）$(-\infty,a] = \{x \mid x \leqslant a\}$ 表示小于或等于 a 的全体实数 x 的集合.

（8）$(-\infty,+\infty) = \{x \mid -\infty < x < +\infty\}$ 表示全体实数, 在几何上就表示整个数轴.

注意: "$+\infty$"（读"**正无穷大**"）、"$-\infty$"（读"**负无穷大**"）是引用的符号, 不能看作常数.

4. 邻域

下面引入微积分中常用的以开区间定义的某点的"邻域"概念.

以点 x_0 为对称中心, 以 2δ $(\delta > 0)$ 为长度的开区间

$$(x_0 - \delta, x_0 + \delta)\ （图\ 1.1.1）$$

称为点 x_0 的 δ **邻域**（简称为**邻域**）, 记作 $U(x_0,\delta)$（简记作 $U(x_0)$）, 即

$$U(x_0,\delta) = \{x \mid |x - x_0| < \delta\},$$

它表示与点 x_0 的距离小于 δ 的点 x 的全体.

在点 x_0 的 δ 邻域 $U(x_0,\delta)$ 中去掉点 x_0, 所得集合

$$(x_0 - \delta, x_0) \bigcup (x_0, x_0 + \delta)\ （图\ 1.1.2）$$

称为点 x_0 的**空心 δ 邻域**（简称为**空心邻域**）, 记作 $\mathring{U}(x_0,\delta)$（简记作 $\mathring{U}(x_0)$）, 即

$$\mathring{U}(x_0,\delta) = \{x \mid 0 < |x - x_0| < \delta\}.$$

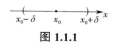

图 1.1.1

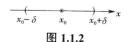

图 1.1.2

区间 $(x_0 - \delta, x_0)$（或 $(x_0 - \delta, x_0]$）称为点 x_0 的**左邻域**, 区间 $(x_0, x_0 + \delta)$（或 $[x_0, x_0 + \delta)$）称为点 x_0 的**右邻域**.

$-\infty$、$+\infty$、∞ 虽然不是数且在数轴上没有对应点, 但是为了叙述方便, 分别把它们看作负无穷远点、正无穷远点、无穷远点. 下面给出它们的邻域定义.

分别称点集

$$U(-\infty) = \{x \mid x < -M\},$$

$$U(+\infty) = \{x \mid x > M\},$$

$$U(\infty) = \{x \mid |x| > M\} = U(-\infty) \bigcup U(+\infty)$$

为 $-\infty$、$+\infty$、∞ 的邻域, 其中 M 代表任意的正实数.

1.2　函数

1.2.1　函数的概念

1. 函数的定义

定义 1.2.1　设 x 和 y 是两个变量，D 是一个给定的非空数集. 若对于任意的 $x \in D$，变量 y 按照一定的对应法则 f，总有唯一确定的数值与之对应，则称 y 是关于 x 的**函数**，记作

$$y = f(x) \,.$$

其中，x 称为**自变量**，y 称为**因变量**，数集 D 称为函数 $f(x)$ 的**定义域**，即 $D = D(f)$，简记作 D_f.

在实际问题中，函数定义域是根据问题的实际意义确定的. 例如，在圆面积公式 $s = \pi r^2$ 中，定义域是全体正实数.

在数学研究中，常抽去函数所蕴含的实际意义，单纯讨论用算式表达的函数关系. 这时，在实数范围内可以规定函数的**自然定义域**（即使算式有意义的一切实数组成的数集）. 例如，函数 $s = \pi r^2$ 的自然定义域是 $(-\infty, +\infty)$；函数 $y = \sqrt{1 - x^2}$ 的自然定义域为 $[-1, 1]$.

当 x 取数值 $x_0 \in D_f$ 时，与 x_0 对应的 y 的数值称为函数 $f(x)$ 在点 x_0 处的**函数值**，记作

$$f(x_0) \ \text{或} \ f(x)\big|_{x = x_0} \ \text{或} \ y\big|_{x = x_0} \,.$$

当 $f(x_0)$ 有意义时，称函数 $f(x)$ 在点 x_0 处**有定义**.

当 x 遍取 D_f 内各个数值时，对应的函数值的全体组成的数集

$$\{y \mid y = f(x), x \in D_f\}$$

称为函数 $f(x)$ 的**值域**，记作 $R(f)$，简记作 R_f.

通过对函数定义的分析发现，确定一个函数，起决定作用的是以下两个要素：

（1）对应法则 f，即因变量 y 与自变量 x 的依存关系；

（2）定义域 D_f，即自变量 x 的变化范围.

若两个函数的对应法则"f"和定义域"D_f"都相同，则这两个函数就是相同的（或称相等的）；否则就是不相同的. 至于自变量和因变量用什么字母表示则无关紧要. 因此，只要定义域相同，$y = f(x)$ 与 $u = f(v)$ 就表示同一个函数.

例 1.2.1　判断下列各组函数是否相同？为什么？

（1）$f(x) = \dfrac{x}{x}, g(x) = 1$；　　　　　　（2）$f(x) = x, g(x) = \sqrt{x^2}$；

（3）$f(x) = |x|, g(x) = \sqrt{x^2}$；　　　　　　（4）$f(x) = \ln x^2, g(x) = 2\ln x$.

解　（1）$f(x) \neq g(x)$. 因为函数 $f(x)$ 的定义域 $(-\infty, 0) \bigcup (0, +\infty)$ 与函数 $g(x)$ 的定义域 $(-\infty, +\infty)$ 不同.

（2）$f(x) \neq g(x)$. 因为两个函数的对应法则不同. 例如，当 $x = -1$ 时，$f(-1) = -1$，$g(-1) = 1$.

（3）$f(x) = g(x)$．因为函数 $f(x)$ 和 $g(x)$ 的对应法则相同且定义域均为 $(-\infty, +\infty)$．

（4）$f(x) \neq g(x)$．因为函数 $f(x)$ 的定义域 $(-\infty, 0) \bigcup (0, +\infty)$ 与函数 $g(x)$ 的定义域 $(0, +\infty)$ 不同．

2. 函数的图像

因为几何图形往往起着重要的启示作用，所以借助于函数图像可以从几何图形形象直观地研究函数变化趋势，这对于理解微积分中的有关概念、方法、结论是十分重要的．

设函数 $y = f(x)$ 的定义域为 D_f，取定一个 $x \in D_f$，得到一个函数值 $y = f(x)$．这时，数组 (x, y) 在 xOy 面上唯一确定一个点．当 x 取遍 D_f 内每个值时，则得到 xOy 面上的点集

$$G = \{(x, y) \big| y = f(x), x \in D_f\}．$$

点集 G 称为函数 $y = f(x)$ 的**图形**（也叫**图像**）．

图形 G 在 x 轴上的垂直投影点集就是定义域 D_f，图形 G 在 y 轴上的垂直投影点集就是值域 R_f（图 1.2.1）．

一般地，函数图像是平面上的一条曲线，这条曲线具有一个特征：它与过 D_f 内的点的每一条平行于 y 轴的直线必相交而且只有一个交点．由此可知，并不是所有平面曲线都对应一个函数．

例如，图 1.2.2 中的曲线并不能对应某一个函数．因为平行于 y 轴的直线中有的与该曲线的交点不止一个，即对于某一个 x 有不止一个 y 与之对应，因而不符合函数的定义．

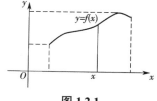

图 1.2.1

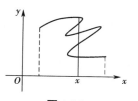

图 1.2.2

例 1.2.2　函数 $y = |x|$ 的定义域为 $(-\infty, +\infty)$（图 1.2.3）．

例 1.2.3　函数 $y = \dfrac{x^2 - 1}{x - 1}$ 的定义域为 $(-\infty, 1) \bigcup (1, +\infty)$（图 1.2.4）．

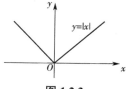

图 1.2.3

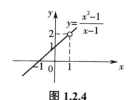

图 1.2.4

1.2.2　函数的表示法

1. 解析法

对自变量和常数通过加、减、乘、除四则运算,作乘幂、取对数、取指数、取三角函数、取反三角函数等数学运算所得到的式子称为**解析表达式**.用解析表达式表示一个函数的方法称为**解析法**.本节的前述各例题都是用解析法表示的函数.微积分中所讨论的函数大多是由解析法给出的,这是因为解析表达式便于进行各种数学运算和研究函数的性质.

一般地,给出一个函数具体表达式的同时应给出其定义域,否则即表示默认该函数定义域为其自然定义域.

但需要指出的是,用解析法表示函数,不一定总是用一个解析式表示,也可以用几个解析式表示一个函数.为叙述方便,习惯上将用多个解析式表示的函数称为**分段函数**.

对于分段函数需注意以下几点:

(1)对应于自变量不同的取值范围,函数用不同的解析式来表示;

(2)分段函数的定义域是自变量不同取值范围的并集;

(3)求分段函数的函数值时,应根据自变量所在取值范围,取该取值范围所对应的解析式求函数值.

例 1.2.4　函数 $f(x) = \begin{cases} \dfrac{1}{x}, & x > 0 \\ x, & x \leqslant 0 \end{cases}$ 的定义域为 $(-\infty, +\infty)$,其图形如图 1.2.5 所示.

$f(-1) = -1$,$f(2) = \dfrac{1}{2}$,$f(0) = 0$.

例 1.2.5　函数 $f(x) = \begin{cases} x+1, & x \neq 1 \\ 0, & x = 1 \end{cases}$ 的定义域为 $(-\infty, +\infty)$,其图形如图 1.2.6 所示.

$f(3) = 4$,$f(1) = 0$,$f(-1) = 0$.

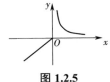

图 1.2.5

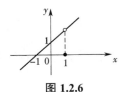

图 1.2.6

例 1.2.6(取整函数)　设 x 为任一实数,记 x 的整数部分为 $[x]$,则有

$$x - 1 \leqslant [x] \leqslant x ; [x] \leqslant x \leqslant [x] + 1 .$$

例如,$[\dfrac{1}{2}] = 0$;$[\sqrt{3}] = 1$;$[\pi] = 3$;$[-3.8] = -4$.

以 x 作自变量,则函数

$$y = [x]$$

称为**取整函数**.它的定义域为 $(-\infty, +\infty)$,其图形(称为**阶梯曲线**)

如图 1.2.7 所示.

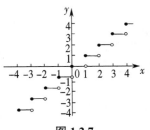

图 1.2.7

在 x 取整数数值处,取整函数的图形发生跃度为 1 的跳跃.

2. 表格法

在实际应用中,常把自变量所取的值和它对应的函数值列成表,用以表示函数关系,函数的这种表示法称为**表格法**. 各种数学用表都是用表格法表示函数关系.

表格法的优点是简单明了,便于应用. 但也应看到,它所给出的变量间的对应关系有时是不全面的.

3. 图像法

例 1.2.7 某气象站用自动温度记录仪记下一昼夜气温变化图(图 1.2.8). 由图可以看出,一昼夜内每一时刻 t 都有唯一确定的温度 T 与之对应. 因此,图中曲线在闭区间 $[0,24]$ 上确定了一个函数,也就是用图像表示函数.

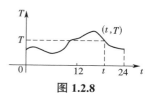

图 1.2.8

类似于例 1.2.7 这类问题,通常很难找到一个解析式准确地表示两个变量之间的对应关系,而只能用坐标系中某一条曲线(该曲线与任何一条平行于 y 轴的直线的交点不多于一个)来表示两个变量之间的对应关系,这种表示函数的方法称为**图像法**.

图像法的优点是直观性强,函数的变化一目了然,且便于研究函数的几何性质;缺点是不便于做理论研究. 今后研究函数时,经常先利用它的图像从直观上了解它的变化情况,然后再做理论研究.

1.2.3 反函数

在函数 $y = f(x)$ 中,x 是自变量,y 是因变量. 然而,在某一变化过程中,存在着函数关系的两个变量究竟哪一个是自变量,哪一个是因变量,并不是绝对的,要视问题的具体要求而定. 选定其中一个为自变量,则另一个就是因变量(或函数).

例如,已知圆半径 r 时,其面积 $s = \pi r^2$. 此时,s 是 r 的函数,r 是自变量. 若已知圆的面积 s,求它的半径 r,就应把 s 作为自变量,而把 r 作为 s 的函数,并由 $s = \pi r^2$ 解出 r 关于 s 的关系式,即 $r = \sqrt{\dfrac{s}{\pi}}$ $(r > 0)$.

定义 1.2.2 设函数 $y = f(x)$ 的定义域为 D_f,值域为 R_f. 若对任意一个 $y \in R_f$,在 D_f 内只有唯一确定的 x 与 y 对应,该 x 满足 $f(x) = y$. 这时,将 y 看作自变量,x 看作因变量,就得到一个新的函数,称为函数 $y = f(x)$ 的**反函数**,记作

$$x = f^{-1}(y).$$

此时,称函数 $y = f(x)$ 为其反函数 $x = f^{-1}(y)$ 的**原函数**.

由定义 1.2.2 知,若函数 $y = f(x)$ 有反函数 $x = f^{-1}(y)$,则对每一个 $x \in D_f$,必有唯一确定的 $y \in R_f$ 与之对应;同样,对任意一个 $y \in R_f$,必有唯一确定的 $x \in D_f$ 与之对应.

因此,函数 $y = f(x)$ 存在反函数 $x = f^{-1}(y)$ 的充分必要条件是 x 与 y 的取值是一一对应的,即对于任何的 x_1,$x_2 \in D_f$,当 $x_1 \neq x_2$ 时,必有 $f(x_1) \neq f(x_2)$.

习惯上,将函数 $y = f(x)$ 的反函数写为 $y = f^{-1}(x)$.

函数 $y = f(x)$ 的反函数 $y = f^{-1}(x)$ 的定义域记作 $D_{f^{-1}}$,值域记作 $R_{f^{-1}}$.

显然, $D_{f^{-1}} = R_f$, $R_{f^{-1}} = D_f$,即反函数的定义域等于原函数的值域,反函数的值域等于原函数的定义域.因此,函数 $y = f(x)$ 与其反函数 $y = f^{-1}(x)$ 的图像关于直线 $y = x$ 对称.

1.2.4　具有某种特性的函数

1. 单调函数

定义 1.2.3　设函数 $y = f(x)$ 在区间 $I \subset D_f$ 内有定义,若对区间 I 内任意两点 x_1 和 x_2 ,当 $x_1 < x_2$ 时,总有

$$f(x_1) < f(x_2)\ (\text{或}\ f(x_1) \leqslant f(x_2))\ ,$$

则称函数 $f(x)$ 是区间 I 内的**严格单调增加函数**(图 1.2.9)(或**单调增加函数**);

若对区间 I 内任意两点 x_1 、x_2 ,当 $x_1 < x_2$ 时,总有

$$f(x_1) > f(x_2)\ (\text{或}\ f(x_1) \geqslant f(x_2))\ ,$$

则称函数 $f(x)$ 是区间 I 内的**严格单调减少函数**(图 1.2.10)(或**单调减少函数**).

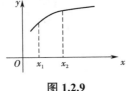

图 1.2.9

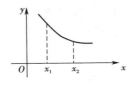

图 1.2.10

严格单调增加函数(或单调增加函数)和严格单调减少函数(或单调减少函数)统称为**严格单调函数**(或**单调函数**).

例 1.2.8　考察函数 $f(x) = x^2$ 在区间 $(-\infty, +\infty)$ 内的单调性.

解　（1）因为对 $[0, +\infty)$ 内的任意两点 x_1 和 x_2 ,当 $x_1 < x_2$ 时,恒有

$$f(x_1) = x_1^2 < x_2^2 = f(x_2)\ ,$$

所以函数 $f(x) = x^2$ 在区间 $[0, +\infty)$ 内是严格单调增加函数.

（2）同理,函数 $f(x) = x^2$ 在区间 $(-\infty, 0]$ 内是严格单调减少函数.

所以,综合（1）和（2）可知,函数 $f(x) = x^2$ 在区间 $(-\infty, +\infty)$ 内不是单调函数(图 1.2.11).

例 1.2.9　证明函数 $f(x) = x^3$ 在区间 $(-\infty, +\infty)$ 内是严格单调增加函数.

证明　设 x_1 和 x_2 是区间 $(-\infty, +\infty)$ 内任意两点,且有 $x_1 < x_2$,即 $x_1 - x_2 < 0$.

因为 $x_1^3 - x_2^3 = (x_1 - x_2)(x_1^2 + x_1 x_2 + x_2^2) = (x_1 - x_2)[(x_1 + \dfrac{1}{2} x_2)^2 + \dfrac{3}{4} x_2^2] < 0$,所以

$$f(x_1) = x_1^3 < x_2^3 = f(x_2)\ ,$$

故函数 $f(x) = x^3$ 在区间 $(-\infty, +\infty)$ 内是严格单调增加函数(图 1.2.12).

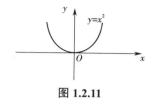

图 1.2.11

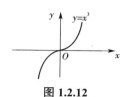

图 1.2.12

定理 1.2.1　若函数 $y = f(x)\,(x \in D_f)$ 是严格单调函数,则它一定存在反函数,并且其反函数 $x = f^{-1}(y)\,(y \in R_f)$ 也是严格单调函数.

证明*　只证函数 $y = f(x)\,(x \in D_f)$ 是严格单调增加函数的情形.

若函数 $y = f(x)\,(x \in D_f)$ 是严格单调增加函数,则当 $x_1 < x_2 \in D_f$ 时,总有

$$f(x_1) < f(x_2) ,$$

即 x 与 y 的取值是一一对应的.

因此,它存在反函数 $x = f^{-1}(y)\,(y \in R_f)$.

任取 $y_1 < y_2 \in R_f$,因为函数 $x = f^{-1}(y)\,(y \in R_f)$ 存在,所以存在 x_1 和 x_2,使

$$f(x_1) = y_1 < y_2 = f(x_2) .$$

因为函数 $y = f(x)\,(x \in D_f)$ 是严格单调增加函数,所以

$$x_1 < x_2 .$$

因为 $x_1 = f^{-1}(y_1)$, $x_2 = f^{-1}(y_2)$,所以

$$f^{-1}(y_1) < f^{-1}(y_2) ,$$

故函数 $x = f^{-1}(y)\,(y \in R_f)$ 是严格单调增加函数.

函数 $y = f(x)\,(x \in D_f)$ 是严格单调减少函数的情形的证明类似.

2. 奇函数与偶函数

定义 1.2.4　设函数 $y = f(x)$ 的定义域 D_f 关于原点对称. 若对任意的 $x \in D_f$,总有

$$f(-x) = -f(x)\,(\text{或}\, f(-x) = f(x)) ,$$

则称函数 $f(x)$ 为**奇函数**(或**偶函数**).

奇函数的图形关于原点对称,偶函数的图形关于 y 轴对称.

例 1.2.10　确定函数 $f(x) = \dfrac{\sin x}{x}$ 的奇偶性.

解　因为函数 $f(x) = \dfrac{\sin x}{x}$ 的定义域 $(-\infty, 0) \bigcup (0, +\infty)$ 关于原点对称,且

$$f(-x) = \frac{\sin(-x)}{-x} = \frac{-\sin x}{-x} = \frac{\sin x}{x} = f(x) ,$$

所以函数 $f(x) = \dfrac{\sin x}{x}$ 为偶函数.

例 1.2.11　设 $f(x)$ 是定义在 $(-l, l)(l > 0)$ (或 $[-l, l]$,或 $(-\infty, +\infty)$)内的函数,证明:

(1) $f(x) + f(-x)$ 是偶函数;　　　　　　(2) $f(x) - f(-x)$ 是奇函数.

证明　(1)令 $\varphi(x) = f(x) + f(-x)$, D_φ 为 $(-l, l)(l > 0)$ (或 $[-l, l]$,或 $(-\infty, +\infty)$).

对于任意的 $x \in D_\varphi$，必有 $-x \in D_\varphi$，且

$$\varphi(-x) = f(-x) + f(-(-x)) = f(-x) + f(x) = \varphi(x)，$$

所以 $\varphi(x) = f(x) + f(-x)$ 为定义在 $(-l, l)(l > 0)$（或 $[-l, l]$，或 $(-\infty, +\infty)$）内的偶函数.

（2）令 $\phi(x) = f(x) - f(-x)$，D_ϕ 为 $(-l, l)(l > 0)$（或 $[-l, l]$，或 $(-\infty, +\infty)$）.

对于任意的 $x \in D_\phi$，必有 $-x \in D_\phi$，且

$$\phi(-x) = f(-x) - f(-(-x)) = f(-x) - f(x) = -\phi(x)，$$

所以 $\phi(x) = f(x) - f(-x)$ 为定义在 $(-l, l)(l > 0)$（或 $[-l, l]$，或 $(-\infty, +\infty)$）内的奇函数.

3. 周期函数

定义 1.2.5　设函数 $y = f(x)$ 的定义域为 D_f，若存在不为零的实数 T，使对于任意的 $x \in D_f$，总有 $x \pm T \in D_f$，并且

$$f(x \pm T) = f(x)，$$

则称函数 $f(x)$ 是**周期函数**，称 T 为函数 $f(x)$ 的**周期**.

由定义 1.2.5 可知，若 T 是函数 $y = f(x)$ 的周期，则 kT（$k \in \mathbf{Z}$ 且 $k \neq 0$）也是函数 $y = f(x)$ 的周期. 因此，周期函数有无穷多个周期. 对于周期函数，若在其所有周期中，存在一个最小的正数，则称这个最小的正数为周期函数的**最小正周期**. 通常所说周期函数的周期都是指其最小正周期.

周期为 T 的周期函数 $y = f(x)$ 的图形沿 x 轴相隔一个长度为 T 的区间重复一次，如图 1.2.13 所示. 因此，对于周期函数的性态，只要在长度等于 T 的任意一个区间上研究即可.

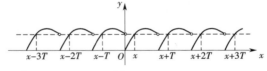

图 1.2.13

4. 有界函数

定义 1.2.6　设函数 $y = f(x)$ 在区间 $I \subset D_f$ 内有定义，若存在一个正数 M，使对于任意的 $x \in I$，其对应的函数值 $f(x)$ 都满足不等式

$$|f(x)| \leqslant M，$$

则称函数 $f(x)$ 为区间 I 内的**有界函数**.

若这样的 M 不存在，则称函数 $f(x)$ 为区间 I 内的**无界函数**. 即若对任意给定的正数 M（无论它多么大），总有 $x \in I$，使

$$|f(x)| > M，$$

则函数 $f(x)$ 在 I 内**无界**.

例 1.2.12　考察下列函数在区间 $(-\infty, +\infty)$ 内的有界性：

（1）$f(x) = \sin x$；　　　　　　　　　　　　（2*）$f(x) = x \sin x$.

解　（1）因为对于任意的 $x \in (-\infty, +\infty)$，总有 $|\sin x| \leqslant 1$，所以函数 $f(x) = \sin x$ 为区间

$(-\infty,+\infty)$ 内的有界函数.

（2^*）因为对于任意给定的正数 M，若取 $x_0 = [M]\pi + \dfrac{\pi}{2}$，则有

$$\left|f(x_0)\right| = \left|([M]\pi + \frac{\pi}{2})\sin([M]\pi + \frac{\pi}{2})\right| = \left|([M]\pi + \frac{\pi}{2})(-1)^{[M]}\right| = [M]\pi + \frac{\pi}{2} > M .$$

所以，函数 $f(x) = x\sin x$ 为区间 $(-\infty,+\infty)$ 内的无界函数.

1.2.5　基本初等函数

常数函数、幂函数、指数函数、对数函数、三角函数和反三角函数统称为**基本初等函数**.

基本初等函数不仅是微积分研究问题的主要依据，而且是处理大多数问题的基础. 因此，学习微积分一定要牢记和熟练地掌握基本初等函数的表达式、定义域、值域、性质、图像. 下面介绍基本初等函数.

1. 常数函数 $y = C$（C 为实常数）

常数函数的定义域为 $(-\infty,+\infty)$，值域为 $\{C\}$，且是有界的偶函数.

2. 幂函数 $y = x^\alpha$（$\alpha \in \mathbf{R}$）

幂函数的定义域随 α 而异.

例如，当 $\alpha = 3$ 时，$y = x^3$ 的定义域为 $(-\infty,+\infty)$；

当 $\alpha = \dfrac{1}{2}$ 时，$y = x^{\frac{1}{2}} = \sqrt{x}$ 的定义域是 $[0,+\infty)$；

当 $\alpha = -\dfrac{1}{2}$ 时，$y = x^{-\frac{1}{2}} = \dfrac{1}{\sqrt{x}}$ 的定义域是 $(0,+\infty)$.

但不论 α 为何值，幂函数 $y = x^\alpha$ 在 $(0,+\infty)$ 内一定有定义，且其图形一定都经过点 $(1,1)$. 在幂函数 $y = x^\alpha$ 中，$\alpha = 1,2,3,\dfrac{1}{2},\dfrac{1}{3},-1$ 等是常见的幂函数，其图形如图 1.2.14 所示.

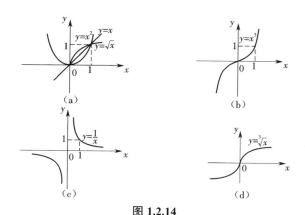

图 1.2.14

3. 指数函数 $y = a^x$（$a > 0$ 且 $a \neq 1$）

指数函数的定义域为 $(-\infty,+\infty)$，值域为 $(0,+\infty)$，其图形都经过点 $(0,1)$. 当 $a > 1$ 时，指数函数为严格单调增加函数；当 $0 < a < 1$ 时，指数函数为严格单调减少函数（图 1.2.15）.

4. 对数函数 $y = \log_a x\,(a > 0$ 且 $a \neq 1)$

对数函数的定义域为 $(0, +\infty)$，值域为 $(-\infty, +\infty)$，其图形都经过点 $(1, 0)$．当 $a > 1$ 时，对数函数为严格单调增加函数；当 $0 < a < 1$ 时，对数函数为严格单调减少函数（图 1.2.16）．

同底的对数函数与指数函数互为反函数．

图 1.2.15　　　　　　　　　　　　　图 1.2.16

5. 三角函数

正弦函数、余弦函数、正切函数、余切函数、正割函数以及余割函数统称为**三角函数**．

正弦函数 $y = \sin x$ 与**余弦函数** $y = \cos x$ 的定义域均为 $(-\infty, +\infty)$，都是周期为 2π 的周期函数．正弦函数 $y = \sin x$ 是奇函数，余弦函数 $y = \cos x$ 是偶函数．因为它们的值域均为 $[-1, 1]$，所以它们都是有界函数，它们的图形都介于两条平行直线 $y = \pm 1$ 之间（图 1.2.17）．

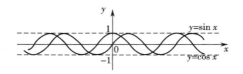

图 1.2.17

正切函数 $y = \tan x$ 和**正割函数** $y = \sec x = \dfrac{1}{\cos x}$ 的定义域均为 $\{x \mid x \neq k\pi + \dfrac{\pi}{2}\,(k \in \mathbf{Z})\}$．

正切函数 $y = \tan x$ 是周期为 π 的周期函数，值域为 $(-\infty, +\infty)$，且为奇函数（图 1.2.18）．

正割函数 $y = \sec x$ 是周期为 2π 的周期函数，值域为 $(-\infty, -1] \bigcup [1, +\infty)$，且为偶函数．

余切函数 $y = \cot x$ 和**余割函数** $y = \csc x = \dfrac{1}{\sin x}$ 的定义域均为 $\{x \mid x \neq k\pi\,(k \in \mathbf{Z})\}$．

余切函数 $y = \cot x$ 是周期为 π 的周期函数，值域为 $(-\infty, +\infty)$，且为奇函数（图 1.2.19）．

余割函数 $y = \csc x$ 是周期为 2π 的周期函数，值域为 $(-\infty, -1] \bigcup [1, +\infty)$，且为奇函数．

图 1.2.18　　　　　　　　　　　　　图 1.2.19

6. 反三角函数

1）反正弦函数

函数 $y = \arcsin x$ 是正弦函数 $y = \sin x$ 在区间 $[-\dfrac{\pi}{2}, \dfrac{\pi}{2}]$ 上的反函数，称为**反正弦函数**（图

1.2.20). 其定义域是 $[-1,1]$, 值域是 $[-\frac{\pi}{2},\frac{\pi}{2}]$. 反正弦函数在定义域上是严格单调增加函数, 且为奇函数, 即

$$\arcsin(-x) = -\arcsin x .$$

2) 反余弦函数

函数 $y = \arccos x$ 是余弦函数 $y = \cos x$ 在区间 $[0,\pi]$ 上的反函数, 称为**反余弦函数**(图 1.2.21). 其定义域是 $[-1,1]$, 值域是 $[0,\pi]$. 反余弦函数在定义域上是严格单调减少函数, 且为非奇非偶函数, 有

$$\arccos(-x) = \pi - \arccos x .$$

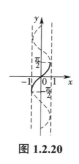

图 1.2.20

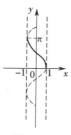

图 1.2.21

3) 反正切函数

函数 $y = \arctan x$ 是正切函数 $y = \tan x$ 在区间 $(-\frac{\pi}{2},\frac{\pi}{2})$ 内的反函数, 称为**反正切函数**(图 1.2.22). 其定义域为 $(-\infty,+\infty)$, 值域是 $(-\frac{\pi}{2},\frac{\pi}{2})$. 反正切函数在定义域内是严格单调增加函数, 且为奇函数, 即

$$\arctan(-x) = -\arctan x .$$

4) 反余切函数

函数 $y = \operatorname{arccot} x$ 是余切函数 $y = \cot x$ 在区间 $(0,\pi)$ 内的反函数, 称为**反余切函数**(图 1.2.23). 其定义域为 $(-\infty,+\infty)$, 值域是 $(0,\pi)$. 反余切函数在定义域内是严格单调减少函数, 且为非奇非偶函数, 有

$$\operatorname{arccot}(-x) = \pi - \operatorname{arccot} x .$$

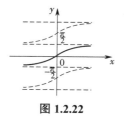

图 1.2.22

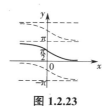

图 1.2.23

1.2.6 复合函数与初等函数

在同一现象中,两个变量的联系有时不是直接的,而是通过另一变量间接联系起来的.

例如,考察具有同样高度 h 的圆柱体的体积 V. 显然具有同样高度的不同圆柱体的体积取决于它的底面积 S 的大小,即由公式 $V = Sh$ (h 为常数)确定. 而底面积 S 由底面半径 r 确定,即 $S = \pi r^2$.

这里 V 是 S 的函数, S 是 r 的函数, V 与 r 之间通过 S 建立了函数关系

$$V = Sh = \pi r^2 h ,$$

它是由函数 $V = Sh$ 与 $S = \pi r^2$ 复合而成的.

定义 1.2.7 设函数 $y = f(u)$ 定义域为 D_f,函数 $u = g(x)$ 值域为 R_g,若

$$R_g \bigcap D_f \neq \varnothing ,$$

则称函数

$$y = f[g(x)]$$

为由函数 $y = f(u)$ 与 $u = g(x)$ 复合而成的**复合函数**. 其中 u 称为**中间变量**, $f(u)$ 称为**外函数**, $g(x)$ 称为**内函数**. 复合函数 $f[g(x)]$ 的定义域、值域分别记作 $D_{f \circ g}$、$R_{f \circ g}$,即

$$D_{f \circ g} = \{x \mid x \in D_g, g(x) \in R_g \bigcap D_f\} ; \quad R_{f \circ g} = \{y \mid y = f(u), u \in R_g \bigcap D_f\} .$$

例 1.2.13 考察下列各组函数是否可以复合成复合函数:

(1) $f(u) = \sqrt{u}$ 与 $u = 1 - x^2$; (2) $f(u) = \sqrt{1 - u^2}$ 与 $u = x^2 + 2$.

解 (1)函数 $f(u) = \sqrt{u}$ 的定义域 $D_f = [0, +\infty)$;函数 $u = 1 - x^2$ 的值域 $R_g = (-\infty, 1]$.

因为 $R_g \bigcap D_f = [0,1] \neq \varnothing$,所以这两个函数能复合成复合函数,且复合函数为

$$y = \sqrt{1 - x^2} , x \in [-1,1] .$$

(2)函数 $f(u) = \sqrt{1 - u^2}$ 的定义域 $D_f = [-1,1]$;函数 $u = x^2 + 2$ 的值域 $R_g = [2, +\infty)$.

因为 $R_g \bigcap D_f = \varnothing$,所以这两个函数不能复合成复合函数.

由基本初等函数经过有限次的四则运算和复合运算,并能用一个解析式表示的函数称为**初等函数**. 微积分学中讨论的函数绝大部分都是初等函数. 例如,函数 $y = \sin^2 x$, $y = \sqrt{1 - x^2}$, $y = \sqrt{\cot \dfrac{x}{2}}$ 等都是初等函数.

合理分解初等函数的复合结构在微积分中有着十分重要的意义. 至于分解是否合理,则看分解后各层函数是否为基本初等函数或基本初等函数的四则运算.

例 1.2.14 指出下列各函数的复合结构:

(1) $y = \sin^2 x$; (2) $y = (1 + x^2)^{\frac{3}{2}}$;

(3) $y = 5^{(2x-1)^3}$; (4) $y = \ln \tan 3x$.

解 (1)函数 $y = \sin^2 x$ 由基本初等函数 $y = u^2$ 和 $u = \sin x$ 复合而成.

(2)函数 $y = (1 + x^2)^{\frac{3}{2}}$ 由基本初等函数 $y = u^{\frac{3}{2}}$ 和 $u = 1 + x^2$ 复合而成.

(3)函数 $y = 5^{(2x-1)^3}$ 由基本初等函数 $y = 5^u$, $u = v^3$ 和 $v = 2x - 1$ 复合而成.

(4)函数 $y = \ln \tan 3x$ 由基本初等函数 $y = \ln u$, $u = \tan v$ 和 $v = 3x$ 复合而成.

第 2 章　极限与连续

极限是微积分学中最基本的概念之一,用以描述变量在一定的变化过程中的终极状态.借助这一方法,就会认识到稳定不变的事物是过程、运动的结果,这即是极限思想.第 1 章中讨论了变量与变量之间的函数关系,而函数的变化趋势是与自变量的变化方式有关的.在本章中将进一步研究在函数的自变量按某种方式变化的过程中,因变量相应地随之而变的变化趋势,从而引出极限概念.

2.1　两类典型问题

2.1.1　变化率问题

1. 平面曲线的切线

在中学数学中,**圆的切线**被定义为"与圆只有一个交点的直线".但对一般曲线,不能用"与曲线只有一个交点的直线"作为曲线的切线的定义.

例如,在图 2.1.1 中,可明显看到,直线 $y=1$ 与曲线 $y=\sin x$ 相切,但它们的交点不唯一;而直线 $y=x-\pi$ 与曲线 $y=\sin x$ 只有一个交点,但它们在此交点处并不相切.

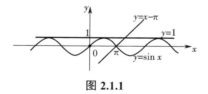

图 2.1.1

因此,必须对一般曲线 $y=f(x)$ 在一点处的切线给出一个普遍适用的定义,并指明如何求曲线的切线.

在曲线 $y=f(x)$ 上固定点 $P_0(x_0,f(x_0))$,在该曲线上取与点 P_0 邻近的点 $P(x,f(x))$.连接点 P_0 与 P 作该曲线的**割线**,这条割线的倾角是 θ,其**斜率**为

$$\tan\theta=\frac{|QP|}{|P_0Q|}=\frac{f(x)-f(x_0)}{x-x_0}.\tag{2.1.1}$$

其中点 Q 是过点 P_0 所作的平行于 x 轴的直线与过点 P 所作的平行于 y 轴的直线的交点(图 2.1.2).

当点 P 沿曲线 $y=f(x)$ 移动且**无限趋近**于点 P_0 时,割线 P_0P 不断地绕点 P_0 转动而无限趋向于直线 P_0T;且割线 P_0P 的倾角 θ(斜率 $\tan\theta$)无限趋向于直线 P_0T 的倾角 θ_0(斜率

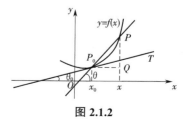

图 2.1.2

为 $\tan\theta_0$).

因此,将经过点 P_0 且以 $\tan\theta_0$ 为斜率的直线称为曲线 $y=f(x)$ 在点 P_0 处的**切线**.

求 $\tan\theta_0$ 就是求当点 x 无限趋近于点 x_0 时,比值 $\dfrac{f(x)-f(x_0)}{x-x_0}$ 所无限趋近的数,即其变化的终极目标.

2. 变速直线运动的速度

质点做匀速直线运动时,质点经过的路程与所用的时间成正比,且该比值为质点运动的**速度**.但在实际问题中,在运动的不同时间间隔内,比值

$$\frac{\text{质点经过的路程}}{\text{质点所用的时间}} \tag{2.1.2}$$

往往会有不同的值,这时称质点的运动是变速的(或非匀速的).对于变速直线运动的质点在某一时刻 t_0 的速度(**瞬时速度**)应如何理解,又怎样计算呢?这就是下面要探讨的问题.

做变速直线运动的质点,在时刻 t 时在直线上的位置 s 是 t 的函数,记作 $s=s(t)$.取时刻 t_0 到时刻 t(设 $t>t_0$)为一时间间隔.在时间间隔 $[t_0,t]$ 内,质点从位置 $s_0=s(t_0)$ 运动到位置 $s=s(t)$.当时间间隔 $[t_0,t]$ 很小时,可将质点在时间间隔 $[t_0,t]$ 内的变速直线运动近似看成是匀速直线运动.

这时,可用由式(2.1.2)求得的质点在时间间隔 $[t_0,t]$ 内的平均速度

$$\bar{v}=\frac{s(t)-s(t_0)}{t-t_0} \tag{2.1.3}$$

近似代替质点在 t_0 时刻的速度 $v(t_0)$.而且可以看出,时间间隔取得越小,式(2.1.3)表示质点在 t_0 时刻的速度 $v(t_0)$ 的精确度就越高.

因此,当 t 无限趋近于 t_0 时,式(2.1.3)无限趋近于质点在 t_0 时刻的速度 $v(t_0)$.求 $v(t_0)$ 就是求当 t 无限趋近于 t_0 时,比值 $\dfrac{s(t)-s(t_0)}{t-t_0}$ 所无限趋近的数.

2.1.2 求积问题

1. 变速直线运动的路程

当质点做变速直线运动时,其速度 $v(t)$ 是随时间 t 连续变化的.因速度 $v(t)$ 不是常数,故不能用速度乘时间计算质点从时刻 $t=a$ 到 $t=b$ 这一时间间隔内所经过的路程.由变速直线运动的速度问题的求解得到启示,可以通过局部的"以匀速代替变速"求变速直线运动的路程.

在时间间隔 $[a,b]$ 内任意插入 $n-1$ 个分点 $t_1,t_2,\cdots,t_{n-1}$,满足

$$a=t_0<t_1<t_2<\cdots<t_{n-1}<t_n=b ,$$

从而将闭区间 $[a,b]$ 分成 n 个小时间间隔 $[t_{i-1},t_i]$($i=1,2,\cdots,n$),记小时间间隔的长度为

$$\Delta t_i=t_i-t_{i-1} \ (i=1,2,\cdots,n) .$$

质点在时间间隔 $[t_{i-1},t_i]$ 内经过的路程记为

$\Delta s_i\ (i=1,2,\cdots,n)$.

当时间间隔 $[t_{i-1},t_i]$ 很小时, 可以将质点在时间间隔 $[t_{i-1},t_i]$ 内的变速直线运动近似看成是匀速直线运动. 在时间间隔 $[t_{i-1},t_i]$ 上任取一点 $\xi_i\ (t_{i-1}\leqslant\xi_i\leqslant t_i)$, 以 $v(\xi_i)$ 近似代替质点在时间间隔 $[t_{i-1},t_i]$ 内各个时刻的速度, 则在时间间隔 $[t_{i-1},t_i]$ 内质点经过的路程 Δs_i 的近似值为

$$\Delta s_i\approx v(\xi_i)\Delta t_i .$$

将 n 个时间间隔内质点经过路程的近似值相加, 即得质点在时间间隔 $[a,b]$ 内所经过路程 s 的近似值, 即

$$s=\sum_{i=1}^{n}\Delta s_i\approx\sum_{i=1}^{n}v(\xi_i)\Delta t_i .\qquad(2.1.4)$$

可以看出, 小时间间隔 $[t_{i-1},t_i]$ 的长度 $\Delta t_i=t_i-t_{i-1}\ (i=1,2,\cdots,n)$ 取得越小, 小时间间隔的个数就越多, 时间间隔 $[a,b]$ 分得就越细, 式 (2.1.4) 近似代替所求路程的近似程度就越高.

因此, 当各个小时间间隔长度的最大值 $\lambda=\max\limits_{1\leqslant i\leqslant n}\{\Delta t_i\}$ 无限趋近于零时, 式 (2.1.4) 无限趋近于所求路程.

求解路程问题, 就是求当 λ 无限趋近于零时, 式 (2.1.4) 所无限趋近的数, 即其变化的终极目标.

2. 曲边梯形的面积

在平面几何中, 经常会遇到计算曲边梯形面积的问题.

在平面直角坐标系中, 由连续曲线 $y=f(x)\ (f(x)\geqslant 0)$、$x$ 轴与直线 $x=a$、$x=b$ 所围成的封闭图形就是一个**曲边梯形**(图 2.1.3). 下面讨论如何求曲边梯形的面积.

如能设法将计算曲边梯形面积问题转化成计算直边图形面积问题来研究, 问题会变得简单. 但是曲边终究是曲边, 不可能把曲边变直. 由变速直线运动的路程问题的求解得到启示, 可以通过局部的"以直代曲"求曲边梯形的面积.

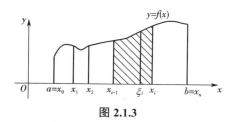

图 2.1.3

在开区间 (a,b) 内任意插入 $n-1$ 个分点 x_1, x_2, $\cdots$, x_{n-1}, 满足

$$a=x_0<x_1<x_2<\cdots<x_{i-1}<x_i<\cdots<x_{n-1}<x_n=b\ (i=1,2,\cdots,n) ,$$

从而将闭区间 $[a,b]$ 分成 n 个小闭区间 $[x_0,x_1],[x_1,x_2],\cdots,[x_{i-1},x_i],\cdots,[x_{n-1},x_n]$, 记小闭区间的长度为

$$\Delta x_i=x_i-x_{i-1}(i=1,2,\cdots,n) .$$

再过各分点作垂直于 x 轴的直线 $x=x_i\ (i=1,2,\cdots,n-1)$, 则原曲边梯形被分成 n 个以小闭区间 $[x_{i-1},x_i]\ (i=1,2,\cdots,n)$ 为底边的小曲边梯形, 记小曲边梯形的面积为

$\Delta S_i\ (i=1,2,\cdots,n)$.

在小闭区间 $[x_{i-1},x_i]\ (i=1,2,\cdots,n)$ 上任取一点 $\xi_i\ (x_{i-1}\le\xi_i\le x_i)$. 当小闭区间 $[x_{i-1},x_i]$ 的长度 Δx_i 很小时,因曲线 $y=f(x)$ 是连续变化的,故函数 $f(x)$ 在小闭区间 $[x_{i-1},x_i]$ 上的值的变化也很小. 因而可以用 $f(\xi_i)$ 近似代替函数 $f(x)$ 在小闭区间 $[x_{i-1},x_i]$ 上的值,进而可以用以 $f(\xi_i)$ 为高,以 Δx_i 为宽的小矩形的面积近似代替以小闭区间 $[x_{i-1},x_i]$ 为底的小曲边梯形的面积,从而小曲边梯形面积 ΔS_i 的近似值为

$$\Delta S_i\approx f(\xi_i)\Delta x_i\ (i=1,2,\cdots,n)\ .$$

将 n 个小曲边梯形面积的近似值相加,即得所求曲边梯形面积 S 的近似值,即

$$S=\sum_{i=1}^{n}\Delta S_i\approx\sum_{i=1}^{n}f(\xi_i)\Delta x_i\ . \tag{2.1.5}$$

可以看出,小闭区间 $[x_{i-1},x_i]$ 的长度 $\Delta x_i\ (i=1,2,\cdots,n)$ 取得越小,小曲边梯形的个数就越多,闭区间 $[a,b]$ 分得就越细,式(2.1.5)近似代替所求曲边梯形面积的近似程度就越高.

因此,无论采用何种具体的分割方式,只要能满足使各个小闭区间长度的最大值

$$\lambda=\max_{1\le i\le n}\{\Delta x_i\}$$

无限趋近于零,也就可以保证每个小闭区间的长度都无限趋近于零,此时式(2.1.5)则终将无限趋近于所求曲边梯形的面积.

求解曲边梯形的面积,也就是求当 λ 无限趋近于零时,式(2.1.5)所无限趋近的数,即其变化的终极目标.

本节介绍的两类典型问题,涉及了微积分学中两大类问题——微分学和积分学,而这两类问题的解决都涉及"无限趋近"的问题,亦即极限理论的问题. 极限理论不仅是解决这些问题的工具,而且是微积分学的基石.

2.2　函数在有限点处的极限与连续

2.2.1　当 $x\to x_0$ 时,函数 $f(x)$ 的极限及无穷大

自变量 x 无限接近于一个定点 x_0 ,记作 $x\to x_0$,读作" x 趋于 x_0 ".

经过观察研究发现,当 $x\to x_0$ 时,相应的函数 $f(x)$ 主要有以下三种变化趋势.

(1)函数 $f(x)$ 无限接近于一个确定的常数.

例 2.2.1　当 $x\to 0$ 时,函数 $\cos x$ 的值无限接近于1(参见图1.2.17).

例 2.2.2　当 $x\to 1$ 时,函数 $\dfrac{x^2-1}{x-1}$ 的值无限接近于2(参见图1.2.4).

(2)函数 $f(x)$ 的绝对值无限增大.

例 2.2.3　当 $x\to 0$ 时,函数 $\dfrac{1}{x}$ 的绝对值无限增大(参见图1.2.14(c)).

(3)函数 $f(x)$ 不无限接近于一个确定的常数,且函数 $f(x)$ 的绝对值也不无限增大.

例 2.2.4　由图 2.2.1 可以看出,当 $x \to 0$ 时,函数 $\sin \dfrac{1}{x}$ 的值在 -1 和 1 之间振荡,且当 x 越接近于 0 时,振荡越频繁,不可能接近于任何定值.

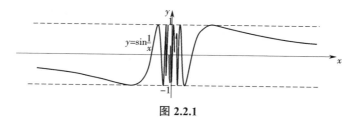

$y = \sin \dfrac{1}{x}$

图 2.2.1

函数 $f(x)$ 的第一种变化趋势称为函数 $f(x)$ 的极限存在;函数 $f(x)$ 的第二种和第三种变化趋势都称为函数 $f(x)$ 的极限不存在. 其中,函数 $f(x)$ 的第二种变化趋势称为函数 $f(x)$ 为**无穷大量**.

定义 2.2.1　设函数 $y = f(x)$ 在点 x_0 的某个空心邻域 $\overset{\circ}{U}(x_0)$ 内有定义. 若当 $x \to x_0$ 时,相应的函数值 $f(x)$ 无限地接近于某一个确定的常数 A,则称常数 A 为函数 $f(x)$ 当 $x \to x_0$ 时的**极限**,或称当 $x \to x_0$ 时,函数 $f(x)$ 的极限为 A,记作

$$\lim_{x \to x_0} f(x) = A \text{ 或 } f(x) \to A (x \to x_0) .$$

若当 $x \to x_0$ 时,函数 $f(x)$ 的极限不存在,则习惯说 $\lim\limits_{x \to x_0} f(x)$ 不存在.

由例 2.2.1、例 2.2.2 和定义 2.2.1 知,

$$\lim_{x \to 0} \cos x = 1 \text{ ; } \lim_{x \to 1} \frac{x^2 - 1}{x - 1} = 2 .$$

由例 2.2.4 知,极限 $\lim\limits_{x \to 0} \sin \dfrac{1}{x}$ 不存在.

无穷大量虽然是函数极限不存在的一种情况,但有明确的变化趋势. 为表示函数这一变化趋势,也称"函数的极限是无穷大",并借用极限符号表示.

定义 2.2.2　设函数 $y = f(x)$ 在点 x_0 的某个空心邻域 $\overset{\circ}{U}(x_0)$ 内有定义. 若当 $x \to x_0$ 时,相应的函数值 $f(x)$ 的绝对值 $|f(x)|$ 无限增大,则称函数 $f(x)$ 为 $x \to x_0$ 时的**无穷大量**(简称**无穷大**),或称当 $x \to x_0$ 时,函数 $f(x)$ 为无穷大量,记作

$$\lim_{x \to x_0} f(x) = \infty \text{ 或 } f(x) \to \infty (x \to x_0) .$$

特别地,若当 $x \to x_0$ 时,函数 $f(x)$ 只取正值无限增大或只取负值无限减小,则称函数 $f(x)$ 为 $x \to x_0$ 时的**正无穷大**或**负无穷大**,记作

$$\lim_{x \to x_0} f(x) = +\infty \text{ 或 } \lim_{x \to x_0} f(x) = -\infty .$$

无穷大是指绝对值可以无限增大的函数,它的绝对值可以大于任何预先给定的正数(不论该正数多么大),切不可与绝对值很大的常数混为一谈.

由例 2.2.3 与定义 2.2.2 知,

$$\lim_{x \to 0} \frac{1}{x} = \infty \text{ ; } \lim_{x \to 1} \frac{1}{|x|} = +\infty \text{ ; } \lim_{x \to 0} \frac{-1}{|x|} = -\infty .$$

2.2.2　一个重要结论

在定义 2.2.1 中要求函数 $f(x)$ 在点 x_0 的某个空心邻域 $\overset{\circ}{U}(x_0)$ 内有定义,这意味着 $x \neq x_0$, 表明函数 $f(x)$ 在点 x_0 处的极限值 $\lim\limits_{x \to x_0} f(x)$ 是在 $x \neq x_0$ 的条件下求得的,它与函数 $f(x)$ 在点 x_0 处是否有定义以及有什么样的定义值都毫无关系.

在定义 2.2.1 中,可看到函数 $f(x)$ 在点 x_0 处的极限值是由函数 $f(x)$ 在点 x_0 附近(左、右两侧)的函数值决定的. 因此,函数 $f(x)$ 在点 x_0 处的极限反映的是函数 $f(x)$ 在点 x_0 附近(不包括点 x_0)的局部性质.

综合以上两点,可得到一个计算函数在有限点处极限的重要结论:若两个函数在点 x_0 的某个空心邻域 $\overset{\circ}{U}(x_0)$ 内相同,且其中有一个在点 x_0 处有极限,则它们在点 x_0 处有相同的极限值.

该结论表明:求一个函数(如分式函数)在点 x_0 处的极限,可转换成(如分子、分母间消去趋于零的公因式)求另一函数在点 x_0 处的极限,充分条件是这两个函数在点 x_0 的某个空心邻域 $\overset{\circ}{U}(x_0)$ 内是相同的.

例 2.2.5　求函数极限 $\lim\limits_{x \to -2} \dfrac{x^2 + 2x}{3x^2 + x - 10}$ 的值.

解　$\lim\limits_{x \to -2} \dfrac{x^2 + 2x}{3x^2 + x - 10} = \lim\limits_{x \to -2} \dfrac{x(x+2)}{(3x-5)(x+2)} = \lim\limits_{x \to -2} \dfrac{x}{3x-5} = \dfrac{2}{11}$.

例 2.2.6　求函数极限 $\lim\limits_{x \to 2} \dfrac{\sqrt{x+7} - 3}{x - 2}$ 的值.

解　$\lim\limits_{x \to 2} \dfrac{\sqrt{x+7} - 3}{x - 2} = \lim\limits_{x \to 2} \dfrac{(\sqrt{x+7} - 3)(\sqrt{x+7} + 3)}{(x-2)(\sqrt{x+7} + 3)}$

$= \lim\limits_{x \to 2} \dfrac{x + 7 - 9}{(x-2)(\sqrt{x+7} + 3)} = \lim\limits_{x \to 2} \dfrac{1}{\sqrt{x+7} + 3} = \dfrac{1}{6}$.

例 2.2.7　求函数极限 $\lim\limits_{x \to \frac{\pi}{3}} \dfrac{8\cos^2 x - 2\cos x - 1}{2\cos^2 x + \cos x - 1}$ 的值.

解　$\lim\limits_{x \to \frac{\pi}{3}} \dfrac{8\cos^2 x - 2\cos x - 1}{2\cos^2 x + \cos x - 1} = \lim\limits_{x \to \frac{\pi}{3}} \dfrac{(4\cos x + 1)(2\cos x - 1)}{(\cos x + 1)(2\cos x - 1)}$

$= \lim\limits_{x \to \frac{\pi}{3}} \dfrac{4\cos x + 1}{\cos x + 1} = 2$.

2.2.3　单侧极限

前面给出了当 $x \to x_0$ 时函数 $f(x)$ 的极限的定义,其中 x 是从点 x_0 的左、右两侧趋近于点 x_0 的. 在有些问题中,往往只需考虑或只能考虑 x 从点 x_0 的某一侧趋于点 x_0 时函数 $f(x)$ 的变化趋势,此时函数在该点处的极限只能单侧地研究. 因此,为了深入研究函数在一点处的极限问题,有必要引入**单侧极限**的概念.

当 x 从点 x_0 的左(右)侧趋于点 x_0 时,记作 $x \to x_0^-(x_0^+)$,读作 " x 趋于 x_0 减(加)".

将定义 2.2.1 中的 " $x \to x_0$ " 改为 " $x \to x_0^-(x_0^+)$ " ,且将 "点 x_0 的某个空心邻域 $\overset{\circ}{U}(x_0)$ " 改为 "点 x_0 的某个左(右)邻域 $(x_0 - \delta, x_0)((x_0, x_0 + \delta))$ " ,即可得到函数 $f(x)$ 在点 x_0 处的**左(右)极限**的定义.

函数在点 x_0 处的左(右)极限记作

$$\lim_{x \to x_0^-} f(x) \ (\lim_{x \to x_0^+} f(x)) \ 或 \ f(x_0 - 0)(f(x_0 + 0)) \ 或 \ f(x_0^-)(f(x_0^+)) \ .$$

若当 $x \to x_0^-(x_0^+)$ 时,函数 $f(x)$ 的极限不存在,则习惯说 $\lim\limits_{x \to x_0^-} f(x)(\lim\limits_{x \to x_0^+} f(x))$ 不存在.

当 $x \to x_0^-(x_0^+)$ 时,函数 $f(x)$ 为无穷大(正无穷大、负无穷大)的定义可类似给出.

由函数 $f(x)$ 在点 x_0 处的极限定义和 $f(x)$ 在点 x_0 处的左、右极限定义,得函数极限与其左、右极限的关系如下.

定理 2.2.1　$\lim\limits_{x \to x_0} f(x) = A$ 的充分必要条件是

$$\lim_{x \to x_0^-} f(x) = \lim_{x \to x_0^+} f(x) = A \ .$$

因此,当 $\lim\limits_{x \to x_0^-} f(x)$ 与 $\lim\limits_{x \to x_0^+} f(x)$ 都存在但不相等,或 $\lim\limits_{x \to x_0^-} f(x)$ 与 $\lim\limits_{x \to x_0^+} f(x)$ 中至少有一个不存在时,就可断定 $\lim\limits_{x \to x_0} f(x)$ 不存在.

例 2.2.8　确定函数 $f(x) = \begin{cases} x^2 + 1, & x \geqslant 2 \\ 2x + 1, & x < 2 \end{cases}$ 当 $x \to 2$ 时的极限.

解　因为 $\lim\limits_{x \to 2^-} f(x) = \lim\limits_{x \to 2^-} (2x + 1) = 5$;

$$\lim_{x \to 2^+} f(x) = \lim_{x \to 2^+} (x^2 + 1) = 5 \ .$$

所以 $\lim\limits_{x \to 2^-} f(x) = \lim\limits_{x \to 2^+} f(x) = 5$,

因此 $\lim\limits_{x \to 2} f(x) = 5$ (图 2.2.2).

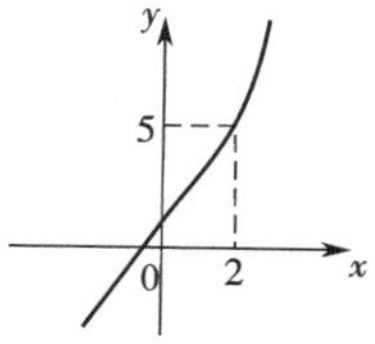

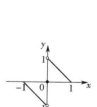

图 2.2.2

例 2.2.9　确定函数 $f(x) = \begin{cases} -1 - x, & -1 \leqslant x < 0 \\ 0, & x = 0 \\ 1 - x, & 0 < x \leqslant 1 \end{cases}$ 当 $x \to 0$ 时的极限.

解　因为 $\lim\limits_{x \to 0^-} f(x) = \lim\limits_{x \to 0^-} (-1 - x) = -1$;

$$\lim_{x \to 0^+} f(x) = \lim_{x \to 0^+} (1 - x) = 1 \ .$$

所以　　$\lim\limits_{x \to 0^-} f(x) \neq \lim\limits_{x \to 0^+} f(x)$,

因此 $\lim\limits_{x \to 0} f(x)$ 不存在(图 2.2.3).

图 2.2.3

例 2.2.10　由图 1.2.16 可以看出,

$$\lim_{x \to 0^+} \log_a x = +\infty (0 < a < 1) \ ; \ \lim_{x \to 0^+} \log_a x = -\infty (a > 1) \ .$$

例 2.2.11　由图 1.2.18 与图 1.2.19 可以看出,

$$\lim_{x \to \frac{\pi}{2}^-} \tan x = +\infty \ ; \ \lim_{x \to \frac{\pi}{2}^+} \tan x = -\infty \ ; \ \lim_{x \to 0^-} \cot x = -\infty \ ; \ \lim_{x \to 0^+} \cot x = +\infty \ .$$

2.2.4 函数的连续性

前面指出,函数 $f(x)$ 在点 x_0 处的极限值 $\lim\limits_{x \to x_0} f(x)$ 与函数 $f(x)$ 在点 x_0 处的函数值 $f(x_0)$ 是两个不同的概念,二者之间没有必然的联系,不能混为一谈. 但从前面研究的例子中可以看出,只有当 $\lim\limits_{x \to x_0} f(x) = f(x_0)$ 时,函数 $f(x)$ 在点 x_0 处的图像才是连在一起的(参见例 2.2.1 与例 2.2.8),而其他情形函数 $f(x)$ 在点 x_0 处的图像都是断开的. 由此,可以得出函数 $f(x)$ 在点 x_0 处连续的定义.

定义 2.2.3 设函数 $y = f(x)$ 在点 x_0 的某个邻域 $U(x_0)$ 内有定义,若

$$\lim_{x \to x_0} f(x) = f(x_0) \ (\text{即} f(x_0^-) = f(x_0^+) = f(x_0)),$$

则称函数 $f(x)$ 在点 x_0 处**连续**.

定义 2.2.3 称为**函数连续性的极限式定义**,它将极限值与函数值联系了起来.

例 2.2.12 确定函数 $f(x) = \cos x$ 在点 $x = 0$ 处的连续性.

解 因为 $f(0) = 1$,$\lim\limits_{x \to 0} f(x) = \lim\limits_{x \to 0} \cos x = 1$(参见例 2.2.1),所以

$$\lim_{x \to 0} f(x) = f(0),$$

从而函数 $f(x)$ 在点 $x = 0$ 处连续(参见图 1.2.17).

例 2.2.13 确定函数 $f(x) = |x|$ 在点 $x = 0$ 处的连续性.

解 因为 $f(0) = 0$,$\lim\limits_{x \to 0} f(x) = \lim\limits_{x \to 0} |x| = 0$,

所以 $\qquad \lim\limits_{x \to 0} f(x) = f(0)$,

从而函数 $f(x)$ 在点 $x = 0$ 处连续(参见图 1.2.3).

例 2.2.14 确定函数 $f(x) = \begin{cases} x^2 + 1, & x \geq 2 \\ 2x + 1, & x < 2 \end{cases}$ 在点 $x = 0$ 处的连续性.

解 因为 $f(2) = 5$,$\lim\limits_{x \to 2} f(x) = 5$(参见例 2.2.8),所以

$$f(2) = \lim_{x \to 2} f(x),$$

从而函数 $f(x)$ 在点 $x = 2$ 处连续(参见图 2.2.2).

若 $\lim\limits_{x \to x_0^-} f(x) = f(x_0)$,则称函数 $f(x)$ 在点 $x = x_0$ 处**左连续**.

若 $\lim\limits_{x \to x_0^+} f(x) = f(x_0)$,则称函数 $f(x)$ 在点 $x = x_0$ 处**右连续**.

因为 $\lim\limits_{x \to x_0} f(x)$ 存在的充要条件是 $\lim\limits_{x \to x_0^-} f(x) = \lim\limits_{x \to x_0^+} f(x)$,所以综上所述可知,函数 $f(x)$ 在点 x_0 处连续的充要条件是函数 $f(x)$ 在点 x_0 处既左连续又右连续.

例 2.2.15 若函数 $f(x) = \begin{cases} e^x, & x \leq 0 \\ a + x, & x > 0 \end{cases}$ 在点 $x = 0$ 处连续,求常数 a 的值.

解 $f(0) = 1$,$\lim\limits_{x \to 0^+} f(x) = \lim\limits_{x \to 0^+} (x + a) = a$.

因为函数 $f(x)$ 在点 $x = 0$ 处连续,所以函数 $f(x)$ 在点 $x = 0$ 处右连续,从而

$$a = \lim_{x \to 0^+} f(x) = f(0) = 1 \ .$$

2.2.5　间断点

定义 2.2.4　设函数 $y = f(x)$ 在点 x_0 的某个空心邻域 $\mathring{U}(x_0)$ 内有定义. 若 $\lim_{x \to x_0} f(x) = f(x_0)$ 不成立,则称函数 $f(x)$ 在点 x_0 处**间断**或**不连续**,并称点 x_0 为函数 $f(x)$ 的**间断点**或**不连续点**.

例 2.2.16　确定函数 $f(x) = \dfrac{x^2 - 1}{x - 1}$ 在点 $x = 1$ 处的连续性.

解　因为 $f(1)$ 不存在,所以点 $x = 1$ 为函数 $f(x)$ 的间断点(参见图 1.2.4).

例 2.2.17　确定函数 $f(x) = \begin{cases} x+1, & x \neq 1 \\ 0, & x = 1 \end{cases}$ 在点 $x = 1$ 处的连续性.

解　因为 $f(1) = 0$, $\lim\limits_{x \to 1} f(x) = \lim\limits_{x \to 1}(x+1) = 2$,所以

$$f(1) \neq \lim_{x \to 1} f(x) ,$$

从而函数 $f(x)$ 在点 $x = 1$ 处间断(参见图 1.2.6).

例 2.2.18　确定函数 $f(x) = \begin{cases} -1-x, & -1 \leq x < 0 \\ 0, & x = 0 \\ 1-x, & 0 < x \leq 1 \end{cases}$ 在点 $x = 0$ 处的连续性.

解　因为 $f(0) = 0$,且 $\lim\limits_{x \to 0^-} f(x) = -1 \neq \lim\limits_{x \to 0^+} f(x) = 1$ (参见例 2.2.9),所以点 $x = 0$ 是函数 $f(x)$ 的间断点.

例 2.2.19　确定下列函数在点 $x = 0$ 处的连续性:

$(1) f(x) = \dfrac{1}{x}$;　　　　　　　　　　$(2) f(x) = \begin{cases} x, & x \geq 0 \\ \dfrac{1}{x}, & x < 0 \end{cases}$.

解　(1)因为 $f(0)$ 不存在,所以点 $x = 0$ 为函数 $f(x)$ 的间断点;

(2)因为 $f(0) = 0$, $\lim\limits_{x \to 0^-} f(x) = \lim\limits_{x \to 0^-} \dfrac{1}{x} = -\infty$,所以点 $x = 0$ 为函数 $f(x)$ 的间断点.

例 2.2.20　确定下列函数在点 $x = 0$ 处的连续性:

$(1) f(x) = \sin\dfrac{1}{x}$;　　　　　　　　　$(2) f(x) = \begin{cases} \sin\dfrac{1}{x}, & x > 0 \\ x, & x \leq 0 \end{cases}$.

解　(1)因为 $f(0)$ 不存在,所以点 $x = 0$ 为函数 $f(x)$ 的间断点;

(2)因为 $f(0) = 0$, $\lim\limits_{x \to 0^+} f(x) = \lim\limits_{x \to 0^+} \sin\dfrac{1}{x}$ 不存在,所以点 $x = 0$ 为函数 $f(x)$ 的间断点.

例 2.2.21　确定函数 $f(x) = \begin{cases} \sin\dfrac{1}{x}, & x > 0 \\ \dfrac{1}{x}, & x < 0 \end{cases}$ 在点 $x = 0$ 处的连续性.

解　因为 $f(0)$ 不存在,所以点 $x=0$ 为函数 $f(x)$ 的间断点.

例 2.2.22　确定函数 $f(x)=\dfrac{x^2-1}{x^2-3x+2}$ 的间断点.

解　因为 $f(1)$、$f(2)$ 不存在,所以点 $x=1$、$x=2$ 是函数 $f(x)$ 的间断点.

2.2.6* 间断点的分类与垂直渐近线

1. 间断点的分类

因为 $\lim\limits_{x\to x_0}f(x)=f(x_0)$ 的充要条件是 $\lim\limits_{x\to x_0^-}f(x)=\lim\limits_{x\to x_0^+}f(x)=f(x_0)$,所以若函数 $f(x)$ 在点 x_0 处间断,则只可能有以下三种情形:

（1）$\lim\limits_{x\to x_0^-}f(x)=\lim\limits_{x\to x_0^+}f(x)\neq f(x_0)$（包括函数 $f(x)$ 在点 x_0 处无定义的情形）;

（2）$\lim\limits_{x\to x_0^-}f(x)$ 与 $\lim\limits_{x\to x_0^+}f(x)$ 都存在但不相等;

（3）$\lim\limits_{x\to x_0^-}f(x)$ 与 $\lim\limits_{x\to x_0^+}f(x)$ 中至少有一个不存在.

因此,对函数 $f(x)$ 的间断点可以分类如下.

1）可去间断点

若函数 $f(x)$ 在点 x_0 处满足

$$\lim\limits_{x\to x_0^-}f(x)=\lim\limits_{x\to x_0^+}f(x)\neq f(x_0)（包括函数 f(x) 在点 x=x_0 处无定义的情形）,$$

则称点 x_0 为函数 $f(x)$ 的**可去间断点**.

因为 $\lim\limits_{x\to x_0}f(x)$ 存在,故不论是 $f(x_0)\neq\lim\limits_{x\to x_0}f(x)$,还是函数 $f(x)$ 在点 x_0 处无定义,只需调整函数 $f(x)$ 在间断点 x_0 处的函数值,即当 $f(x_0)\neq\lim\limits_{x\to x_0}f(x)$ 时,将 $f(x_0)$ 的值改为 $\lim\limits_{x\to x_0}f(x)$;而当函数 $f(x)$ 在点 x_0 处无定义时,补充 $f(x_0)$ 的值为 $\lim\limits_{x\to x_0}f(x)$,则新函数

$$f^*(x)=\begin{cases}f(x), & x\neq x_0 \\ \lim\limits_{x\to x_0}f(x), & x=x_0\end{cases}$$

在点 x_0 处连续.

2）跳跃间断点

若函数 $f(x)$ 在点 x_0 处满足 $\lim\limits_{x\to x_0^-}f(x)$ 与 $\lim\limits_{x\to x_0^+}f(x)$ 都存在但不相等,则称点 x_0 为函数 $f(x)$ 的**跳跃间断点**.

可去间断点与跳跃间断点统称为**第一类间断点**.第一类间断点的特点是函数 $f(x)$ 在间断点 x_0 处的左极限 $\lim\limits_{x\to x_0^-}f(x)$ 与右极限 $\lim\limits_{x\to x_0^+}f(x)$ 都存在.

3）第二类间断点

函数 $f(x)$ 所有其他形式的间断点,即左极限 $\lim\limits_{x\to x_0^-}f(x)$ 与右极限 $\lim\limits_{x\to x_0^+}f(x)$ 中至少有一个不存在的间断点,统称为**第二类间断点**.

（1）若函数 $f(x)$ 满足以下条件中的一个,则称点 x_0 为函数 $f(x)$ 的**无穷间断点**:

① $\lim\limits_{x \to x_0} f(x) = \infty\,(-\infty, +\infty)$;

② $\lim\limits_{x \to x_0^-} f(x) = \infty\,(-\infty, +\infty)$ 且 $\lim\limits_{x \to x_0^+} f(x)$ 存在;

③ $\lim\limits_{x \to x_0^+} f(x) = \infty\,(-\infty, +\infty)$ 且 $\lim\limits_{x \to x_0^-} f(x)$ 存在.

（2）若函数 $f(x)$ 满足以下条件中的一个,则称点 x_0 为函数 $f(x)$ 的**振荡间断点**:

① $\lim\limits_{x \to x_0^-} f(x)$ 与 $\lim\limits_{x \to x_0^+} f(x)$ 都不存在且都不为无穷大;

② $\lim\limits_{x \to x_0^-} f(x)$ 不存在且不为无穷大,但 $\lim\limits_{x \to x_0^+} f(x)$ 存在;

③ $\lim\limits_{x \to x_0^+} f(x)$ 不存在且不为无穷大,但 $\lim\limits_{x \to x_0^-} f(x)$ 存在.

例 2.2.23 确定函数 $f(x) = \dfrac{x^2 - 1}{x - 1}$ 的间断点及其类型.

解 因为 $f(1)$ 不存在,所以点 $x = 1$ 为函数 $f(x)$ 的间断点(参见图 1.2.4);

因为 $\lim\limits_{x \to 1} f(x) = \lim\limits_{x \to 1} \dfrac{x^2 - 1}{x - 1} = 2$(参见例 2.2.2),所以点 $x = 1$ 是函数 $f(x)$ 的第一类可去间断点.

例 2.2.24 确定函数 $f(x) = \begin{cases} x + 1, & x \neq 1 \\ 0, & x = 1 \end{cases}$ 的间断点及其类型.

解 因为 $f(1) = 0$, $\lim\limits_{x \to 1} f(x) = \lim\limits_{x \to 1}(x + 1) = 2$,所以

$$f(1) \neq \lim\limits_{x \to 1} f(x),$$

从而函数 $f(x)$ 在点 $x = 1$ 处间断(参见图 1.2.6),且点 $x = 1$ 是函数 $f(x)$ 的第一类可去间断点.

例 2.2.25 确定函数 $f(x) = \begin{cases} -1 - x, & -1 \leqslant x < 0 \\ 0, & x = 0 \\ 1 - x, & 0 < x \leqslant 1 \end{cases}$ 的间断点及其类型.

解 因为 $f(0) = 0$,且 $\lim\limits_{x \to 0^-} f(x) = -1 \neq \lim\limits_{x \to 0^+} f(x) = 1$(参见例 2.2.9),所以点 $x = 0$ 是函数 $f(x)$ 的第一类跳跃间断点.

例 2.2.26 确定下列函数的间断点及其类型:

（1） $f(x) = \dfrac{1}{x}$;

（2） $f(x) = \begin{cases} x, & x \geqslant 0 \\ \dfrac{1}{x}, & x < 0 \end{cases}$.

解 （1）因为 $f(0)$ 不存在,所以点 $x = 0$ 为函数 $f(x)$ 的间断点;

因为 $\lim\limits_{x \to 0} f(x) = \lim\limits_{x \to 0} \dfrac{1}{x} = \infty$,所以点 $x = 0$ 为函数 $f(x)$ 的第二类无穷间断点.

（2）因为 $f(0) = 0$, $\lim\limits_{x \to 0^-} f(x) = \lim\limits_{x \to 0^-} \dfrac{1}{x} = -\infty$ 和 $\lim\limits_{x \to 0^+} f(x) = \lim\limits_{x \to 0^+} x = 0$,所以点 $x = 0$ 为函数 $f(x)$ 的第二类无穷间断点.

例 2.2.27 确定下列函数的间断点及其类型:

（1）$f(x) = \sin\dfrac{1}{x}$；　　　　　　（2）$f(x) = \begin{cases} \sin\dfrac{1}{x}, & x > 0 \\ x, & x \leqslant 0 \end{cases}$.

解　（1）因为 $f(0)$ 不存在，所以点 $x = 0$ 为函数 $f(x)$ 的间断点；

因为 $\lim\limits_{x \to 0} f(x) = \lim\limits_{x \to 0} \sin\dfrac{1}{x}$ 不存在且不为无穷大，所以点 $x = 0$ 为函数 $f(x)$ 的第二类振荡间断点.

（2）因为 $f(0) = 0$，$\lim\limits_{x \to 0^-} f(x) = \lim\limits_{x \to 0^-} x = 0$，$\lim\limits_{x \to 0^+} f(x) = \lim\limits_{x \to 0^+} \sin\dfrac{1}{x}$ 不存在且不为无穷大，所以点 $x = 0$ 为函数 $f(x)$ 的第二类振荡间断点.

例 2.2.28　确定函数 $f(x) = \begin{cases} \sin\dfrac{1}{x}, & x > 0 \\ \dfrac{1}{x}, & x < 0 \end{cases}$ 的间断点及其类型.

解　因为 $f(0)$ 不存在，所以点 $x = 0$ 为函数 $f(x)$ 的间断点；

因为 $\lim\limits_{x \to 0^-} f(x) = \lim\limits_{x \to 0^-} \dfrac{1}{x} = -\infty$，$\lim\limits_{x \to 0^+} f(x) = \lim\limits_{x \to 0^+} \sin\dfrac{1}{x}$ 不存在但不为无穷大，所以点 $x = 0$ 为函数 $f(x)$ 的第二类间断点.

例 2.2.29　确定函数 $f(x) = \dfrac{x^2 - 1}{x^2 - 3x + 2}$ 的间断点及其类型.

解　因为 $f(1)$、$f(2)$ 不存在，所以点 $x = 1$、$x = 2$ 是函数 $f(x)$ 的间断点.

因为 $\lim\limits_{x \to 1} \dfrac{x^2 - 1}{x^2 - 3x + 2} = \lim\limits_{x \to 1} \dfrac{(x-1)(x+1)}{(x-1)(x-2)} = \lim\limits_{x \to 1} \dfrac{x+1}{x-2} = -2$，所以点 $x = 1$ 是函数 $f(x)$ 的第一类可去间断点.

因为 $\lim\limits_{x \to 2} \dfrac{x^2 - 1}{x^2 - 3x + 2} = \lim\limits_{x \to 2} \dfrac{(x-1)(x+1)}{(x-1)(x-2)} = \lim\limits_{x \to 2} \dfrac{x+1}{x-2} = \infty$，所以点 $x = 2$ 是函数 $f(x)$ 的第二类无穷间断点.

2. 垂直渐近线（铅直渐近线）

若 $\lim\limits_{x \to x_0} f(x) = \infty\,(-\infty, +\infty)$ 或 $\lim\limits_{x \to x_0^-} f(x) = +\infty\,(-\infty)$ 或 $\lim\limits_{x \to x_0^+} f(x) = +\infty\,(-\infty)$，则称直线 $x = x_0$ 为曲线 $y = f(x)$ 的**垂直渐近线**.

例如，直线 $x = \dfrac{\pi}{2}$ 是曲线 $y = \tan x$ 的一条垂直渐近线.

例 2.2.30　因为当 $x \to 0$ 时，有

$$\cot x \to \infty,\ \frac{1}{x} \to \infty,\ \frac{1}{|x|} \to +\infty,\ -\frac{1}{|x|} \to -\infty,$$

所以直线 $x = 0$ 是曲线 $y = \cot x$、$y = \dfrac{1}{x}$、$y = \dfrac{1}{|x|}$、$y = -\dfrac{1}{|x|}$ 的垂直渐近线.

例 2.2.31　因为当 $x \to 0^+$ 时，有

$$\log_a x \to \infty\ (\,a > 0 \text{ 且 } a \neq 1\,),$$

所以直线 $x=0$ 是对数函数曲线 $y=\log_a x$ 的垂直渐近线.

例 2.2.32　写出下列各曲线的垂直渐近线方程：

（1）$y=\begin{cases} x, & x\geqslant 0 \\ \dfrac{1}{x}, & x<0 \end{cases}$;
　　　　　　　　（2）$y=\begin{cases} x-1, & x\geqslant 1 \\ -\dfrac{1}{x-1}, & x<1 \end{cases}$;

（3）$y=\begin{cases} \log_a x\,(0<a<1), & x>0 \\ \dfrac{1}{x}, & x<0 \end{cases}$;
　　　　（4）$y=\begin{cases} \log_a(x-2)\,(a>1), & x>2 \\ -\dfrac{1}{x-2}, & x<2 \end{cases}$.

解　（1）因为 $\lim\limits_{x\to 0^-} f(x)=\lim\limits_{x\to 0^-}\dfrac{1}{x}=-\infty$ ，所以曲线的垂直渐近线方程为 $x=0$.

（2）因为 $\lim\limits_{x\to 1^-} f(x)=\lim\limits_{x\to 1^-}(-\dfrac{1}{x-1})=+\infty$ ，所以曲线的垂直渐近线方程为 $x=1$.

（3）因为 $\lim\limits_{x\to 0^-} f(x)=\lim\limits_{x\to 0^-}\dfrac{1}{x}=-\infty$, $\lim\limits_{x\to 0^+} f(x)=\lim\limits_{x\to 0^+}\log_a x=+\infty$ （ $0<a<1$ ），所以曲线的垂直渐近线方程为 $x=0$.

（4）因为 $\lim\limits_{x\to 2^-} f(x)=\lim\limits_{x\to 2^-}(-\dfrac{1}{x-2})=+\infty$, $\lim\limits_{x\to 2^+} f(x)=\lim\limits_{x\to 2^+}\log_a(x-2)=-\infty$ （ $a>1$ ），所以曲线的垂直渐近线方程为 $x=2$.

曲线 $y=f(x)$ 与其垂直渐近线可能有一个交点,且至多有一个交点.

例如,曲线 $f(x)=\begin{cases} x, & x\geqslant 0 \\ \dfrac{1}{x}, & x<0 \end{cases}$ 与其垂直渐近线 $x=0$ 交于点 $(0,0)$.

曲线 $y=f(x)$ 可能有无数条垂直渐近线.

例如,直线 $x=\dfrac{\pi}{2}+k\pi\,(k\in \mathbf{Z})$ 都是曲线 $y=\tan x$ 的垂直渐近线.

在函数 $f(x)$ 的无穷间断点处,曲线 $y=f(x)$ 一定存在垂直渐近线.但是曲线 $y=f(x)$ 的垂直渐近线并不一定出现在函数 $f(x)$ 的无穷间断点处.

例如,曲线 $y=\ln x$ 在函数 $y=\ln x$ 定义区间 $(0,+\infty)$ 的端点 $x=0$ 处有垂直渐近线 $x=0$,但是点 $x=0$ 显然不是函数 $y=\ln x$ 的间断点.

若函数 $y=f(x)$ 在区间 $(-\infty,+\infty)$ 内连续,则曲线 $y=f(x)$ 不可能存在垂直渐近线.

2.3　函数在无穷远处的极限

下面考察对于定义在无穷区间上的函数 $f(x)$,当自变量 x 无限增大时,函数 $f(x)$ 的变化趋势.

所谓 x 无限增大,实际上包括下面三种情形：

（1） x 取正值无限增大,记作 $x\to +\infty$,读作 " x 趋于正无穷大"；

（2） x 取负值无限减小（此时 $|x|$ 无限增大）,记作 $x\to -\infty$,读作 " x 趋于负无穷大"；

（3） $|x|$ 无限增大（此时 x 既可取正值无限增大,也可取负值无限减小）,记作 $x\to \infty$,读

作"x 趋于无穷大".

2.3.1 当 $x \to +\infty$ 时,函数 $f(x)$ 的极限及无穷大

与 2.2.1 中研讨过的情形相比,差异仅在于自变量 x 的趋向不同,而对应的函数 $f(x)$ 的变化趋势也同样只有三种情形.

（1）函数 $f(x)$ 无限接近于一个确定的常数.

例 2.3.1 当 $x \to +\infty$ 时,函数 $\dfrac{1}{x}$ 的值无限接近于 0（参见图 1.2.14（c））,函数 $\arctan x$ 的值无限接近于 $\dfrac{\pi}{2}$（参见图 1.2.22）；函数 $a^x(0 < a < 1)$ 的值无限接近于 0（参见图 1.2.15）.

（2）函数 $f(x)$ 的绝对值无限增大.

例 2.3.2 当 $x \to +\infty$ 时,函数 $a^x(a > 1)$（参见图 1.2.15）与函数 $\log_a x(a > 1)$（参见图 1.2.16）都取正值无限增大；函数 $\log_a x(0 < a < 1)$（参见图 1.2.16）取负值无限减小.

（3）函数 $f(x)$ 不无限接近于一个确定的常数且函数 $f(x)$ 的绝对值不无限增大.

例 2.3.3 当 $x \to +\infty$ 时,函数 $\sin x$ 的值在 -1 和 1 之间振荡（参见图 1.2.17）.

函数 $f(x)$ 的第一种变化趋势称为函数 $f(x)$ 的极限存在；函数 $f(x)$ 的第二种和第三种变化趋势都称为函数 $f(x)$ 的极限不存在. 其中,函数 $f(x)$ 的第二种变化趋势称为函数 $f(x)$ 为无穷大量.

定义 2.3.1 设函数 $y = f(x)$ 在某个 $U(+\infty)$ 内有定义. 若当 $x \to +\infty$ 时,相应的函数值 $f(x)$ 无限地接近于某一个确定的常数 A,则称常数 A 为函数 $f(x)$ 当 $x \to +\infty$ 时的极限,或称当 $x \to +\infty$ 时,函数 $f(x)$ 的极限为 A,记作

$$\lim_{x \to +\infty} f(x) = A \text{ 或 } f(x) \to A(x \to +\infty) .$$

若当 $x \to +\infty$ 时,函数 $f(x)$ 的极限不存在,则习惯说 $\lim\limits_{x \to +\infty} f(x)$ 不存在.

定义 2.3.2 设函数 $y = f(x)$ 在某个 $U(+\infty)$ 内有定义. 若当 $x \to +\infty$ 时,相应的函数值 $f(x)$ 的绝对值 $|f(x)|$ 无限增大,则称函数 $f(x)$ 当 $x \to +\infty$ 时为无穷大量（简称无穷大）,或称当 $x \to +\infty$ 时,函数 $f(x)$ 为无穷大量,记作

$$\lim_{x \to +\infty} f(x) = \infty \text{ 或 } f(x) \to \infty(x \to +\infty) .$$

特别地,若当 $x \to +\infty$ 时,函数 $f(x)$ 只取正值无限增大或只取负值无限减小,则称函数 $f(x)$ 为当 $x \to +\infty$ 时的正无穷大或负无穷大,记作

$$\lim_{x \to +\infty} f(x) = +\infty \text{ 或 } \lim_{x \to +\infty} f(x) = -\infty .$$

例 2.3.4 由例 2.3.1、例 2.3.2、例 2.3.3 与定义 2.3.1、定义 2.3.2 可知,

$$\lim_{x \to +\infty} \frac{1}{x} = 0 ; \lim_{x \to +\infty} \arctan x = \frac{\pi}{2} ; \lim_{x \to +\infty} a^x(0 < a < 1) = 0 ; \lim_{x \to +\infty} a^x(a > 1) = +\infty ;$$

$$\lim_{x \to +\infty} \log_a x(a > 1) = +\infty ; \lim_{x \to +\infty} \log_a x(0 < a < 1) = -\infty ; \lim_{x \to +\infty} \sin x \text{ 不存在}.$$

2.3.2　当 $x \to -\infty$ 时, 函数 $f(x)$ 的极限及无穷大

与 2.3.1 中研讨过的情形相比, 差异仅在于自变量 x 的趋向不同, 而对应的函数 $f(x)$ 的变化趋势也同样只有三种情形.

例 2.3.5　当 $x \to -\infty$ 时, 函数 $\dfrac{1}{x}$ 的值无限接近于 0 (参见图 1.2.14 (c)), 函数 $\arctan x$ 的值无限接近于 $-\dfrac{\pi}{2}$ (参见图 1.2.22); 函数 $a^x (a > 1)$ 的值无限接近于 0 (参见图 1.2.15).

例 2.3.6　当 $x \to -\infty$ 时, 函数 $a^x (0 < a < 1)$ 取正值无限增大(参见图 1.2.15).

例 2.3.7　当 $x \to -\infty$ 时, 函数 $\sin x$ 的值在 -1 和 1 之间振荡(参见图 1.2.17).

将定义 2.3.1 中的 "$U(+\infty)$" 改为 "$U(-\infty)$" 且将 "$x \to +\infty$" 改为 "$x \to -\infty$", 得当 $x \to -\infty$ 时, 函数 $f(x)$ 的极限的定义. 当 $x \to -\infty$ 时, 函数 $f(x)$ 为无穷大(正无穷大、负无穷大)的定义可类似给出.

若当 $x \to -\infty$ 时, 函数 $f(x)$ 的极限不存在, 则习惯说 $\lim\limits_{x \to -\infty} f(x)$ 不存在.

例 2.3.8　由例 2.3.5、例 2.3.6、例 2.3.7 与 $x \to -\infty$ 时函数 $f(x)$ 的极限的定义和函数 $f(x)$ 为无穷大的定义可知,

$$\lim_{x \to -\infty} \frac{1}{x} = 0 \; ; \; \lim_{x \to -\infty} \arctan x = -\frac{\pi}{2} \; ; \; \lim_{x \to -\infty} a^x (a > 1) = 0 \; ;$$

$$\lim_{x \to -\infty} a^x (0 < a < 1) = +\infty \; ; \; \lim_{x \to -\infty} \sin x \text{ 不存在}.$$

2.3.3　当 $x \to \infty$ 时, 函数 $f(x)$ 的极限及无穷大

将定义 2.3.1 中的 "$U(+\infty)$" 改为 "$U(\infty)$" 且将 "$x \to +\infty$" 改为 "$x \to \infty$", 得当 $x \to \infty$ 时, 函数 $f(x)$ 的极限的定义. 当 $x \to \infty$ 时, 函数 $f(x)$ 为无穷大(正无穷大、负无穷大)的定义可类似给出.

若当 $x \to \infty$ 时, 函数 $f(x)$ 的极限不存在, 则习惯说 $\lim\limits_{x \to \infty} f(x)$ 不存在.

定理 2.3.1　$\lim\limits_{x \to \infty} f(x) = A$ 的充要条件是

$$\lim_{x \to +\infty} f(x) = \lim_{x \to -\infty} f(x) = A \; .$$

因此, 当 $\lim\limits_{x \to +\infty} f(x)$ 与 $\lim\limits_{x \to -\infty} f(x)$ 都存在但不相等, 或 $\lim\limits_{x \to +\infty} f(x)$ 与 $\lim\limits_{x \to -\infty} f(x)$ 中至少有一个不存在时, 就可断定 $\lim\limits_{x \to \infty} f(x)$ 不存在.

例 2.3.9　由例 2.3.4 与例 2.3.8 及定理 2.3.1 可知,

$$\lim_{x \to \infty} \frac{1}{x} = 0 \; ; \; \lim_{x \to \infty} \arctan x \text{ 不存在} \; ;$$

$$\lim_{x \to \infty} a^x (\, a > 0 \text{ 且 } a \neq 1 \,) \text{ 不存在} \; ; \; \lim_{x \to \infty} \sin x \text{ 不存在}.$$

同理可知, $\lim\limits_{x \to \infty} \cos x$ 不存在; $\lim\limits_{x \to \infty} \text{arccot}\, x$ 不存在.

因函数在无穷远处与其在有限点处的极限的实质是一样的, 只不过是自变量的变化方式不同, 且关于函数极限的结论对自变量的每种变化方式都是成立的. 为简明起见, 从下一

节起,在叙述定义或定理时,不再对自变量的每种变化方式进行那种几乎重复的、令人感到乏味的叙述. 用极限号"lim"表示该定义或定理对自变量的六种变化方式

$$x \to x_0, x \to x_0^-, x \to x_0^+, x \to \infty, x \to +\infty, x \to -\infty$$

中的任意一种均成立,且在同一个讨论中出现的 lim 代表自变量的同一种变化方式.

2.3.4* 水平渐近线

若 $\lim\limits_{x \to \infty} f(x) = A$ 或 $\lim\limits_{x \to +\infty} f(x) = A$ 或 $\lim\limits_{x \to -\infty} f(x) = A$,则称直线 $y = A$ 为曲线 $y = f(x)$ 的**水平渐近线**.

曲线 $y = f(x)$ 若有水平渐近线,则最多有两条水平渐近线.

例 2.3.10 直线 $y = 0$ 是曲线 $y = \dfrac{1}{x}$ 和 $y = a^x$ ($a > 0$ 且 $a \neq 1$)的水平渐近线;

曲线 $y = \arctan x$ 有两条水平渐近线 $y = \dfrac{\pi}{2}$ 和 $y = -\dfrac{\pi}{2}$;

曲线 $y = \operatorname{arccot} x$ 有两条水平渐近线 $y = 0$ 和 $y = \pi$.

当曲线 $y = f(x)$ 以直线 $y = A$ 为水平渐近线时,曲线 $y = f(x)$ 既可从直线 $y = A$ 的上方趋近于直线 $y = A$,也可从直线 $y = A$ 的下方趋近于直线 $y = A$,还可以在直线 $y = A$ 的上、下两方交错地趋近于直线 $y = A$.

曲线 $y = f(x)$ 与它的水平渐近线 $y = A$ 可能没交点,也可能有一个乃至多个交点,甚至可能有无穷多个交点.

例如,曲线 $f(x) = \begin{cases} x, & x \geq 0 \\ \dfrac{1}{x}, & x < 0 \end{cases}$ 与其水平渐近线 $y = 0$ 交于点 $(0,0)$;

曲线 $f(x) = \begin{cases} \sin x, & x \geq 0 \\ \dfrac{1}{x}, & x < 0 \end{cases}$ 与其水平渐近线 $y = 0$ 交于点 $(k\pi, 0)$ $(k \in \mathbf{N})$.

例 2.3.11 写出下列各曲线的水平渐近线方程:

(1) $y = \dfrac{1}{x+2} + 2$; (2) $y = \mathrm{e}^{\frac{1}{x-3}}$; (3) $y = \begin{cases} \arctan x, & x < 0 \\ \operatorname{arccot} x, & x > 0 \end{cases}$.

解 (1)因为 $\lim\limits_{x \to \infty} (\dfrac{1}{x+2} + 2) = 2$,所以曲线的水平渐近线方程为 $y = 2$.

(2)因为 $\lim\limits_{x \to \infty} \mathrm{e}^{\frac{1}{x-3}} = 1$,所以曲线的水平渐近线方程为 $y = 1$.

(3)因为 $\lim\limits_{x \to -\infty} f(x) = \lim\limits_{x \to -\infty} \arctan x = -\dfrac{\pi}{2}$, $\lim\limits_{x \to +\infty} f(x) = \lim\limits_{x \to +\infty} \operatorname{arccot} x = 0$,所以曲线的水平渐近线方程为 $y = -\dfrac{\pi}{2}$ 和 $y = 0$.

2.4　极限的运算法则与初等函数的连续性

前面利用极限定义及由其导出的相关知识,确定了一些函数的极限.但这不能满足实际的需要,因为对较复杂的函数很难直接确定其极限.为此,还需要研究极限的运算法则,以便由一些已知的简单函数的极限,求出另外一些复杂的函数的极限,从而扩大极限的讨论范围,提高计算极限的能力.

2.4.1　极限的四则运算法则

定理 2.4.1　若 $\lim f(x) = A$, $\lim g(x) = B$,则

（1）$\lim[f(x) \pm g(x)] = \lim f(x) \pm \lim g(x) = A \pm B$.

（2）$\lim[f(x) \cdot g(x)] = \lim f(x) \cdot \lim g(x) = AB$.

特别地,有 $\lim[Cf(x)] = C\lim f(x) = CA$（ C 为常数）.

此外,在 $A^{\alpha}(\alpha \in \mathbf{R})$ 有意义的情况下,有

$$\lim[f(x)]^{\alpha} = [\lim f(x)]^{\alpha} = A^{\alpha} .$$

（3）当 $\lim g(x) = B \neq 0$ 时,有 $\lim \dfrac{f(x)}{g(x)} = \dfrac{\lim f(x)}{\lim g(x)} = \dfrac{A}{B}$.

定理 2.4.1 中的（1）和（2）对有限个函数的情形也是成立的.

定理 2.4.2　若函数 $f(x)$ 、$g(x)$ 均在区间 I 上有定义,且均在点 $x_0 \in I$ 处连续,则这两个函数的代数和 $f(x) \pm g(x)$ 、乘积 $f(x) \cdot g(x)$ 、商 $\dfrac{f(x)}{g(x)}$（ $g(x_0) \neq 0$ ）在点 x_0 处也连续.

2.4.2　极限的复合运算法则

定理 2.4.3　设由函数 $y = f(u)$ 与 $u = g(x)$ 构成的复合函数 $y = f[g(x)]$ 在点 x_0 的某个空心邻域 $\mathring{U}(x_0)$ 内有定义.当 $\lim\limits_{x \to x_0} g(x) = a$ 且 $\lim\limits_{u \to a} f(u) = A$ 时,若下列两个条件中的一个成立,则

$$\lim_{x \to x_0} f[g(x)] = \lim_{u \to a} f(u) = A . \tag{2.4.1}$$

（1）存在点 x_0 的某个空心邻域 $\mathring{U}(x_0, \delta_1)$,使得对任意的 $x \in \mathring{U}(x_0, \delta_1)$,都有 $g(x) \neq a$;

（2）函数 $f(u)$ 在点 $u = a$ 处连续.

定理 2.4.3 的结论表明,若函数 $f(u)$ 与 $g(x)$ 满足定理 2.4.3 的条件（1）,作代换 $u = g(x)$,可把求复合函数 $y = f[g(x)]$ 当 $x \to x_0$ 时的极限 $\lim\limits_{x \to x_0} f[g(x)]$ 转化为求外层函数 $f(u)$ 当 $u \to a$ 时的极限 $\lim\limits_{u \to a} f(u)$.因此,求复合函数的极限时,可用变量替换的方法,即

$$\lim_{x \to x_0} f[g(x)] = \lim_{u \to a} f(u) = A .$$

定理 2.4.3 的结论表明,若函数 $f(u)$ 与 $g(x)$ 满足定理 2.4.3 的条件（2）,则

$$\lim_{x \to x_0} f[g(x)] = \lim_{u \to a} f(u) = f(a) = f[\lim_{x \to x_0} g(x)] . \tag{2.4.2}$$

因此,求复合函数 $y = f[g(x)]$ 当 $x \to x_0$ 时的极限时,函数运算"f"与极限运算"$\lim$"可以交换次序,即极限运算可移到内层函数上进行.这给求复合函数的极限提供了一个十分简洁的方法.

由函数在一点处连续的定义与极限的复合运算法则,即可解决复合函数的连续问题.

定理 2.4.4 设函数 $u = g(x)$ 在点 x_0 处连续,且 $u_0 = g(x_0)$,而函数 $y = f(u)$ 在点 u_0 处连续.若点 x_0 为复合函数 $y = f[g(x)]$ 定义区间内一点,则复合函数 $y = f[g(x)]$ 在点 x_0 处连续,即

$$\lim_{x \to x_0} f[g(x)] = f[g(x_0)] .$$

2.4.3 区间上的连续函数与初等函数的连续性

1. 连续函数

若函数 $f(x)$ 在开区间 (a,b) 内每一点处都连续,则称函数 $f(x)$ 在**开区间 (a,b) 内连续**.若函数 $f(x)$ 在开区间 (a,b) 内连续,且在左端点 a 处右连续并在右端点 b 处左连续,则称函数 $f(x)$ 在**闭区间 $[a,b]$ 上连续**.在某区间连续的函数称为该区间的**连续函数**,该区间称为函数的**连续区间**.

函数在某区间连续时,其图形是一条连续变化的没有缝隙的曲线.

例 2.4.1 确定函数 $f(x) = \begin{cases} 1, & x = -1 \\ x, & -1 < x \leqslant 1 \end{cases}$ 的连续性.

解 函数 $f(x)$ 在区间 $(-1,1)$ 内连续.因为

$$\lim_{x \to -1^+} f(x) = \lim_{x \to -1^+} x = -1 , f(-1) = 1 ;$$

$$\lim_{x \to 1^-} f(x) = \lim_{x \to 1^-} x = 1 , f(1) = 1 ,$$

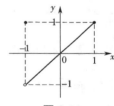

图 2.4.1

所以函数 $f(x)$ 在点 $x = -1$ 处不右连续,在点 $x = 1$ 处左连续.

因此,函数 $f(x)$ 在区间 $(-1,1]$ 上连续,在闭区间 $[-1,1]$ 上不连续(图 2.4.1).

2. 基本初等函数及初等函数的连续性

从基本初等函数的图像可以看出,基本初等函数在其各自的定义区间内都是连续的.

根据初等函数的定义,由基本初等函数连续性及连续函数的和、差、积、商的连续性和复合函数连续性可得到下面的重要结论.

定理 2.4.5 一切初等函数在其定义区间内都是连续的.

定理 2.4.5 表明,**初等函数的定义区间就是其连续区间**.

根据这一重要结论,求初等函数在其定义区间内任一点的极限值,就等于求该初等函数在同一点处的函数值.这使求函数极限问题的讨论得到很大的简化.剩下的只有两类求极限的问题有待考虑:一类是求初等函数在其无定义点处的极限,其中比较重要且比较复杂的是确定所谓不定式的极限;另一类是非初等函数的极限问题,其中比较常见的是由初等函数构成的分段函数在各段分界点处的极限问题.

2.4.4　无穷小与无穷小分出法及"$\infty - \infty$"型不定式

1. 无穷小

下面引入在理论上和实际中都起着重要作用的无穷小量.

定义 2.4.1　极限为零的函数称为**无穷小量**,简称**无穷小**.

若 $\lim\limits_{x \to x_0} f(x) = 0$,则称函数 $f(x)$ 为当 $x \to x_0$ 时的无穷小,或称当 $x \to x_0$ 时函数 $f(x)$ 为无穷小. 对于自变量 x 的其他变化方式,有类似的定义.

2. 无穷小与无穷大的关系

定理 2.4.6　在自变量 x 的同一变化过程中,

（1）若函数 $f(x)$ 是无穷大,则函数 $\dfrac{1}{f(x)}$ 是无穷小;

（2）若函数 $f(x)$ 是无穷小,且 $f(x) \neq 0$,则函数 $\dfrac{1}{f(x)}$ 是无穷大.

定理 2.4.6 表明,无穷大与无穷小之间有着密切的关系,所以有关无穷大的研究可以转化为相应的无穷小来研究.

3. 无穷小分出法

求分式的极限时,若分子、分母的极限都是无穷大,则称这种极限为"$\dfrac{\infty}{\infty}$"**型不定式**（之所以称其为"不定式",是因为关于它的存在性以及存在时其值等于什么,完全由解析式的具体结构决定,不存在一般性的结论）. 此时不能直接运用商的极限运算法则,通常利用无穷大与无穷小的倒数关系,将无穷大转化成无穷小以求出极限,该方法称为**无穷小分出法**.

例 2.4.2　求函数极限 $\lim\limits_{x \to +\infty} \dfrac{e^x + e^{-x}}{e^x - e^{-x}}$ 的值.

解　$\lim\limits_{x \to +\infty} \dfrac{e^x + e^{-x}}{e^x - e^{-x}} = \lim\limits_{x \to +\infty} \dfrac{1 + e^{-2x}}{1 - e^{-2x}} = \dfrac{1 + 0}{1 - 0} = 1$.

例 2.4.3　求函数极限 $\lim\limits_{x \to \infty} \dfrac{a_0 x^k + a_1 x^{k-1} + \cdots + a_{k-1} x + a_k}{b_0 x^l + b_1 x^{l-1} + \cdots + b_{l-1} x + b_l}$ （其中 $a_0 \neq 0, b_0 \neq 0, k$ 、 l 均为正整数）的值（结果可作为公式直接使用）.

解　$\lim\limits_{x \to \infty} \dfrac{a_0 x^k + a_1 x^{k-1} + \cdots + a_{k-1} x + a_k}{b_0 x^l + b_1 x^{l-1} + \cdots + b_{l-1} x + b_l}$

$$= \lim\limits_{x \to \infty} x^{k-l} \dfrac{a_0 + a_1 \dfrac{1}{x} + \cdots + a_{k-1} \dfrac{1}{x^{k-1}} + a_k \dfrac{1}{x^k}}{b_0 + b_1 \dfrac{1}{x} + \cdots + b_{l-1} \dfrac{1}{x^{l-1}} + b_l \dfrac{1}{x^l}} = \begin{cases} 0, & k < l \\ \dfrac{a_0}{b_0}, & k = l \\ \infty, & k > l \end{cases} .$$

例 2.4.4　求函数极限 $\lim\limits_{x \to +\infty} \dfrac{\sqrt{x^2 + 3x + 2}}{3x - 2}$ 的值.

解　$\lim\limits_{x \to +\infty} \dfrac{\sqrt{x^2 + 3x + 2}}{3x - 2} = \lim\limits_{x \to +\infty} \dfrac{\dfrac{\sqrt{x^2 + 3x + 2}}{x}}{\dfrac{3x - 2}{x}} = \lim\limits_{x \to +\infty} \dfrac{\sqrt{\dfrac{x^2 + 3x + 2}{x^2}}}{\dfrac{3x - 2}{x}} = \lim\limits_{x \to +\infty} \dfrac{\sqrt{1 + \dfrac{3}{x} + \dfrac{2}{x^2}}}{3 - \dfrac{2}{x}} = \dfrac{1}{3}$.

例 2.4.5　求函数极限 $\lim\limits_{x\to\infty}\dfrac{(x^2-x-2)(2x+1)^3}{(x-2)^5}$ 的值.

解　$\lim\limits_{x\to\infty}\dfrac{(x^2-x-2)(2x+1)^3}{(x-2)^5}=\lim\limits_{x\to\infty}\dfrac{\dfrac{x^2-x-2}{x^2}\cdot\dfrac{(2x+1)^3}{x^3}}{\dfrac{(x-2)^5}{x^5}}$

$=\lim\limits_{x\to\infty}\dfrac{\dfrac{x^2-x-2}{x^2}\cdot(\dfrac{2x+1}{x})^3}{(\dfrac{x-2}{x})^5}=\lim\limits_{x\to\infty}\dfrac{(1-\dfrac{1}{x}-\dfrac{2}{x^2})(2+\dfrac{1}{x})^3}{(1-\dfrac{2}{x})^5}=\dfrac{1\cdot2^3}{1^5}=8$.

4.“$\infty-\infty$”型不定式

除两个无穷大的商被称为“$\dfrac{\infty}{\infty}$”型不定式外,两个无穷大的代数和也没有确定的结果,不一定是无穷大,通常称之为“$\infty-\infty$”**型不定式**.“$\infty-\infty$”型不定式一般通过通分或有理化的方法化为“$\dfrac{0}{0}$”**型不定式**(即分子、分母都为无穷小的分式极限)或“$\dfrac{\infty}{\infty}$”型不定式处理.

例 2.4.6　求函数极限 $\lim\limits_{x\to-\infty}(\sqrt{x^2+x}-\sqrt{x^2-x})$ 的值.

解　$\lim\limits_{x\to-\infty}(\sqrt{x^2+x}-\sqrt{x^2-x})=\lim\limits_{x\to-\infty}\dfrac{(\sqrt{x^2+x}-\sqrt{x^2-x})(\sqrt{x^2+x}+\sqrt{x^2-x})}{\sqrt{x^2+x}+\sqrt{x^2-x}}$

$=\lim\limits_{x\to-\infty}\dfrac{2x}{\sqrt{x^2+x}+\sqrt{x^2-x}}=\lim\limits_{x\to-\infty}\dfrac{2}{-\sqrt{1+\dfrac{1}{x}}-\sqrt{1-\dfrac{1}{x}}}=-1$.

例 2.4.7　求函数极限 $\lim\limits_{x\to-1}(\dfrac{1}{1+x}-\dfrac{3}{1+x^3})$ 的值.

解　$\lim\limits_{x\to-1}(\dfrac{1}{1+x}-\dfrac{3}{1+x^3})=\lim\limits_{x\to-1}\dfrac{x^2-x+1-3}{1+x^3}$

$=\lim\limits_{x\to-1}\dfrac{(x+1)(x-2)}{(x+1)(x^2-x+1)}=\lim\limits_{x\to-1}\dfrac{x-2}{x^2-x+1}=-1$.

例 2.4.8　求函数极限 $\lim\limits_{x\to\frac{\pi}{2}}(\dfrac{\sin x}{\cos^2 x}-\tan^2 x)$ 的值.

解　$\lim\limits_{x\to\frac{\pi}{2}}(\dfrac{\sin x}{\cos^2 x}-\tan^2 x)=\lim\limits_{x\to\frac{\pi}{2}}\dfrac{\sin x-\sin^2 x}{\cos^2 x}$

$=\lim\limits_{x\to\frac{\pi}{2}}\dfrac{\sin x\cdot(1-\sin x)}{1-\sin^2 x}=\lim\limits_{x\to\frac{\pi}{2}}\dfrac{\sin x}{1+\sin x}=\dfrac{1}{2}$.

2.4.5* 无穷大的性质及几种特殊情况下的极限计算

1. 无穷大与有界函数的关系

(1)若函数 $f(x)$ 可以在自变量的某种变化趋势下成为无穷大,则其必为无界函数.

在自变量 x 的某种变化过程中,若函数 $f(x)$ 是无穷大,则当自变量 x 变化到一定阶段后,函数 $f(x)$ 的绝对值 $|f(x)|$ 就会大于事先任意给定的正数 M(不论 M 多么大).这说明在

自变量 x 的相应范围内，函数 $f(x)$ 是无界的.

（2）若函数 $f(x)$ 为无界函数，其不一定可以成为无穷大.

例如，虽然函数 $x\sin x$ 在 $(-\infty,+\infty)$ 内是无界的（参见例 1.2.12），但当 $x\to\infty$ 时，函数 $x\sin x$ 不是无穷大. 这是因为，当 $x=k\pi(k\in\mathbf{Z})$ 时，函数 $x\sin x$ 的值为 0，不满足无穷大的定义.

2. 无穷大的运算性质

因为无穷大是极限不存在的一种情形，所以有关极限（无穷小）的运算性质不能随便套用到无穷大上. 具体地讲，除两个无穷大的商被称为"$\dfrac{\infty}{\infty}$"型不定式和两个无穷大的代数和被称为"$\infty-\infty$"型不定式外，可以肯定的是：

（1）两个正（负）无穷大的和，或者一个正（负）无穷大与一个负（正）无穷大的差还是正（负）无穷大；

（2）无穷大与有界函数的代数和还是无穷大；

（3）两个无穷大的积还是无穷大.

此外，需指出的是，有界函数与无穷大之积不一定还是无穷大.

例如，当 $x\to\infty$ 时，函数 x 是无穷大，函数 $\sin x$ 是有界函数，但函数 $x\sin x$ 不是无穷大，仅仅是无界函数（参见例 1.2.12）.

3. 几种特殊情况下的极限计算

下面的几类函数在点 x_0 的两侧或 ∞ 的两个方向具有不同的变化趋势，考察这几类函数在点 x_0 或 ∞ 的极限时，必须分别考察这几类函数在点 x_0 两侧或 ∞ 两个方向的极限.

（1）极限计算中含有取整函数（参见例 2.4.9）；

（2）极限计算中含有"a^∞"（$a>0$ 且 $a\neq1$）或"$\arctan\infty$"或"$\operatorname{arccot}\infty$"的形式（参见例 2.4.10、例 2.4.11）；

（3）极限计算中含有绝对值函数（参见例 2.4.10）；

（4）极限计算中含有偶次根式（参见例 2.4.11）.

例 2.4.9　求函数极限 $\lim\limits_{x\to n}(x-[x])$（$n\in\mathbf{N}_+$）（$[x]$ 是取整函数）的值.

解　因为 $\lim\limits_{x\to n^-}(x-[x])=\lim\limits_{x\to n^-}(x-(n-1))=1$，而
$$\lim\limits_{x\to n^+}(x-[x])=\lim\limits_{x\to n^+}(x-n)=0,$$
所以 $\lim\limits_{x\to n}(x-[x])$ 不存在.

例 2.4.10　求函数极限 $\lim\limits_{x\to1}\left(\dfrac{2+\mathrm{e}^{\frac{1}{x-1}}}{1+\mathrm{e}^{\frac{4}{x-1}}}+\dfrac{x-1}{|x-1|}\right)$ 的值.

解　因为 $x\to1^-$ 时，$\dfrac{1}{x-1}\to-\infty$，$\mathrm{e}^{\frac{1}{x-1}}\to0$，所以
$$f(1^-)=\lim\limits_{x\to1^-}\left(\frac{2+\mathrm{e}^{\frac{1}{x-1}}}{1+\mathrm{e}^{\frac{4}{x-1}}}+\frac{x-1}{|x-1|}\right)=\lim\limits_{x\to1^-}\left(\frac{2+\mathrm{e}^{\frac{1}{x-1}}}{1+\mathrm{e}^{\frac{4}{x-1}}}+\frac{x-1}{-(x-1)}\right)=2-1=1\ .$$

因为 $x \to 1^+$ 时，$\dfrac{1}{x-1} \to +\infty$，$\mathrm{e}^{\frac{1}{x-1}} \to +\infty$，$\mathrm{e}^{-\frac{1}{x-1}} \to 0$，所以

$$f(1^+) = \lim_{x \to 1^+}\left(\frac{2+\mathrm{e}^{\frac{1}{x-1}}}{1+\mathrm{e}^{\frac{1}{x-1}}} + \frac{x-1}{|x-1|}\right) = \lim_{x \to 1^+}\left(\frac{\left(2+\mathrm{e}^{\frac{1}{x-1}}\right)\big/\mathrm{e}^{\frac{4}{x-1}}}{\left(1+\mathrm{e}^{\frac{1}{x-1}}\right)\big/\mathrm{e}^{\frac{4}{x-1}}} + \frac{x-1}{x-1}\right)$$

$$= \lim_{x \to 1^+}\left(\frac{2\mathrm{e}^{-\frac{4}{x-1}} + \mathrm{e}^{-\frac{3}{x-1}}}{\mathrm{e}^{-\frac{4}{x-1}} + 1} + 1\right) = 0 + 1 = 1 .$$

因为 $f(1^-) = f(1^+) = 1$，所以

$$\lim_{x \to 1}\left(\frac{2+\mathrm{e}^{\frac{1}{x-1}}}{1+\mathrm{e}^{\frac{4}{x-1}}} + \frac{x-1}{|x-1|}\right) = 1 .$$

例 2.4.11 求函数极限 $\lim\limits_{x \to \infty}(\sqrt{x^2+x} - \sqrt{x^2-x})\arctan x$ 的值.

解 因为

$$\lim_{x \to -\infty}(\sqrt{x^2+x} - \sqrt{x^2-x})\arctan x$$

$$= \lim_{x \to -\infty}\frac{(\sqrt{x^2+x} - \sqrt{x^2-x})(\sqrt{x^2+x} + \sqrt{x^2-x})}{\sqrt{x^2+x} + \sqrt{x^2-x}}\arctan x$$

$$= \lim_{x \to -\infty}\frac{2x}{\sqrt{x^2+x} + \sqrt{x^2-x}}\lim_{x \to -\infty}\arctan x = \lim_{x \to -\infty}\frac{-2}{\sqrt{1+\frac{1}{x}} + \sqrt{1-\frac{1}{x}}}\left(-\frac{\pi}{2}\right)$$

$$= (-1)\left(-\frac{\pi}{2}\right) = \frac{\pi}{2} ,$$

$$\lim_{x \to +\infty}(\sqrt{x^2+x} - \sqrt{x^2-x})\arctan x$$

$$= \lim_{x \to +\infty}\frac{(\sqrt{x^2+x} - \sqrt{x^2-x})(\sqrt{x^2+x} + \sqrt{x^2-x})}{\sqrt{x^2+x} + \sqrt{x^2-x}}\arctan x$$

$$= \lim_{x \to +\infty}\frac{2x}{\sqrt{x^2+x} + \sqrt{x^2-x}} \cdot \lim_{x \to +\infty}\arctan x = \lim_{x \to +\infty}\frac{2}{\sqrt{1+\frac{1}{x}} + \sqrt{1-\frac{1}{x}}} \cdot \frac{\pi}{2} = \frac{\pi}{2} ,$$

所以　　$\lim\limits_{x \to \infty}(\sqrt{x^2+x} - \sqrt{x^2-x})\arctan x = \dfrac{\pi}{2}$.

2.5　无穷小的性质及比较

2.5.1　具有极限的函数与无穷小的关系

定理 2.5.1 在 x 的同一变化过程中，若函数 $f(x)$ 有极限 A，则函数 $\alpha(x) = f(x) - A$ 是无穷小；反之，在 x 的同一变化过程中，若函数 $\alpha(x) = f(x) - A$ 是无穷小，则函数 $f(x)$ 以 A 为极限.

根据定理 2.5.1,函数 $f(x)$ 如果有极限 A,就可表达成极限 A 与某一无穷小 $\alpha(x)$ 之和,即

$$f(x) = A + \alpha(x)\ (\alpha(x) \to 0)\ .$$

因为函数极限与无穷小之间有密切的关系,所以函数极限的研究可以转化为相应的无穷小来研究,这正是无穷小重要的一个原因. 此外,微积分基本分析方法的核心是利用"均匀"研究"非均匀",而"非均匀"转化为"均匀"是通过局部无限变小实现的,这也是无穷小重要的一个原因.

2.5.2　无穷小的代数性质

定理 2.5.2　在自变量的同一变化过程中
（1）有限个无穷小的代数和还是无穷小;
（2）有限个无穷小的乘积还是无穷小;
（3）常数与无穷小的乘积是无穷小;
（4）有界函数与无穷小的乘积是无穷小.

例 2.5.1　证明函数极限 $\lim\limits_{x \to 0} x \sin \dfrac{1}{x} = 0$.

证明　因 $\lim\limits_{x \to 0} \sin \dfrac{1}{x}$ 不存在,故不能用乘积的极限运算法则.

当 $x \to 0$ 时,函数 x 是无穷小,且函数 $\sin \dfrac{1}{x}$ 为有界函数. 由有界函数与无穷小的乘积是无穷小知,当 $x \to 0$ 时,函数 $x \sin \dfrac{1}{x}$ 是无穷小,即

$$\lim\limits_{x \to 0} x \sin \dfrac{1}{x} = 0\ .$$

例 2.5.2　求函数极限 $\lim\limits_{x \to \infty} \dfrac{x+2}{x^2+x}(3+\sin x)$ 的值.

解　因为 $\lim\limits_{x \to \infty}(3+\sin x)$ 不存在,所以不能用乘积的极限运算法则.

当 $x \to \infty$ 时,函数 $\dfrac{x+2}{x^2+x}$ 是无穷小,且函数 $3+\sin x$ 为有界函数,所以

$$\lim\limits_{x \to \infty} \dfrac{x+2}{x^2+x}(3+\sin x) = 0\ .$$

例 2.5.3　求函数极限 $\lim\limits_{x \to \infty} \dfrac{x-\sin x}{x+\cos x}$ 的值.

解　$\lim\limits_{x \to \infty} \dfrac{x-\sin x}{x+\cos x} = \lim\limits_{x \to \infty} \dfrac{1-\dfrac{1}{x}\sin x}{1+\dfrac{1}{x}\cos x} = \dfrac{1-0}{1+0} = 1$.

2.5.3　无穷小的比较

由定理 2.5.2 知,两个无穷小的和、差、积都是无穷小,但是两个无穷小的商不一定是无

穷小. 两个无穷小商的极限, 可能为零, 可能是非零常数, 可能为无穷大, 也可能为其他形式的不存在. 因此, 比较两个无穷小在自变量同一变化过程中的商是有意义的, 且能为处理不定式极限问题带来新方法, 故引入无穷小阶的概念.

定义 2.5.1 设函数 α 与函数 β ($\beta \neq 0$) 在 x 的同一变化过程中都是无穷小:

(1) 若 $\lim \dfrac{\alpha}{\beta} = 0$, 则称函数 α 是比函数 β **高阶的无穷小**, 记作 $\alpha = o(\beta)$;

(2) 若 $\lim \dfrac{\alpha}{\beta} = \infty$, 则称函数 α 是比函数 β **低阶的无穷小**;

(3) 若 $\lim \dfrac{\alpha}{\beta} = C$ ($C \neq 0$), 则称函数 α 与函数 β 为**同阶无穷小**;

特别地, 若 $\lim \dfrac{\alpha}{\beta} = 1$, 则称函数 α 与函数 β 是**等价无穷小**, 记作 $\alpha \sim \beta$.

(4*) 若 $\lim \dfrac{\alpha}{\beta^k} = C$ ($C \neq 0, k > 0$), 则称函数 α 是函数 β 的 **k 阶无穷小**.

等价无穷小是同阶无穷小的特殊情形, 即 $C = 1$ 时的情形. 等价无穷小具有对称性与传递性, 即若 $\alpha \sim \beta$, 则 $\beta \sim \alpha$; 若 $\alpha \sim \beta, \beta \sim \gamma$, 则 $\alpha \sim \gamma$.

两个无穷小可以比较的前提是其商的极限存在或为无穷大, 这表明并不是任何两个无穷小相互之间都是可以进行比较的.

例如, 当 $x \to 0$ 时, x 与 $x \sin \dfrac{1}{x}$ 都是无穷小, 但 $\lim\limits_{x \to 0} \dfrac{x \sin \dfrac{1}{x}}{x} = \lim\limits_{x \to 0} \sin \dfrac{1}{x}$ 不存在, 这两个无穷小的比较是无意义的.

例 2.5.4 比较下列各对无穷小的阶:

(1) 当 $x \to -1$ 时, $x^2 + 2x + 1$ 与 $x^2 - 1$;

(2) 当 $x \to 0$ 时, x 与 $\sqrt{x^2 + 1} - 1$;

(3) 当 $x \to 2$ 时, $2x^2 - 3x - 2$ 与 $3x^2 + x - 14$;

(4) 当 $x \to 0$ 时, $\sqrt{1+x} - \sqrt{1-x}$ 与 x.

解 (1) 因为 $\lim\limits_{x \to -1} \dfrac{x^2 + 2x + 1}{x^2 - 1} = \lim\limits_{x \to -1} \dfrac{(x+1)^2}{(x+1)(x-1)} = \lim\limits_{x \to -1} \dfrac{x+1}{x-1} = 0$, 所以当 $x \to -1$ 时, $x^2 + 2x + 1$ 是比 $x^2 - 1$ 高阶的无穷小.

(2) 因为

$$\lim\limits_{x \to 0} \frac{x}{\sqrt{x^2 + 1} - 1} = \lim\limits_{x \to 0} \frac{x(\sqrt{x^2 + 1} + 1)}{(\sqrt{x^2 + 1} - 1)(\sqrt{x^2 + 1} + 1)}$$

$$= \lim\limits_{x \to 0} \frac{x(\sqrt{x^2 + 1} + 1)}{x^2 + 1 - 1} = \lim\limits_{x \to 0} \frac{\sqrt{x^2 + 1} + 1}{x} = \infty,$$

所以当 $x \to 0$ 时, x 是比 $\sqrt{x^2 + 1} - 1$ 低阶的无穷小.

(3) 因为 $\lim\limits_{x \to 2} \dfrac{2x^2 - 3x - 2}{3x^2 + x - 14} = \lim\limits_{x \to 2} \dfrac{(x-2)(2x+1)}{(x-2)(3x+7)} = \lim\limits_{x \to 2} \dfrac{2x+1}{3x+7} = \dfrac{5}{13}$, 所以当 $x \to 2$ 时, $2x^2 - 3x - 2$ 与 $3x^2 + x - 14$ 为同阶无穷小.

（4）因为

$$\lim_{x \to 0} \frac{\sqrt{1+x} - \sqrt{1-x}}{x} = \lim_{x \to 0} \frac{(\sqrt{1+x} - \sqrt{1-x})(\sqrt{1+x} + \sqrt{1-x})}{x(\sqrt{1+x} + \sqrt{1-x})}$$

$$= \lim_{x \to 0} \frac{1+x-(1-x)}{x(\sqrt{1+x} + \sqrt{1-x})} = \lim_{x \to 0} \frac{2}{\sqrt{1+x} + \sqrt{1-x}} = 1 ,$$

所以当 $x \to 0$ 时，$\sqrt{1+x} - \sqrt{1-x}$ 与 x 为同阶无穷小，且为等价无穷小. 即当 $x \to 0$ 时，$\sqrt{1+x} - \sqrt{1-x} \sim x$.

例 2.5.5[*]　若函数极限 $\lim\limits_{x \to 2} \dfrac{x^2 + ax + b}{x-2} = 6$，求常数 a 与 b 的值.

解　由 $\lim\limits_{x \to 2}(x-2) = 0$ 与 $\lim\limits_{x \to 2} \dfrac{x^2 + ax + b}{x-2} = 6$ 及定义 2.5.1（3），得

$$\lim_{x \to 2}(x^2 + ax + b) = 4 + 2a + b = 0 ,$$

所以　　$b = -4 - 2a$.

将 $b = -4 - 2a$ 代入 $\lim\limits_{x \to 2} \dfrac{x^2 + ax + b}{x-2} = 6$，得

$$\lim_{x \to 2} \frac{x^2 + ax - 4 - 2a}{x-2} = \lim_{x \to 2} \frac{(x-2)(x+a+2)}{x-2} = \lim_{x \to 2}(x+a+2) = 4 + a = 6 ,$$

所以　　$\begin{cases} a = 2 \\ b = -8 \end{cases}$.

2.5.4　等价无穷小替换法则

定理 2.5.3　设函数 $\alpha(\alpha \neq 0)$、$\beta(\beta \neq 0)$、$\gamma(\gamma \neq 0)$ 都是在 x 的同一变化过程中的无穷小，则在该变化过程中：

（1）若 $\alpha \sim \gamma$，则 $\lim \alpha\beta = \lim \gamma\beta$；

（2）若 $\alpha \sim \gamma$，且 $\lim \dfrac{\gamma}{\beta}$ 存在，则 $\lim \dfrac{\alpha}{\beta} = \lim \dfrac{\gamma}{\beta}$；

（3）若 $\alpha \sim \gamma$，且 $\lim \dfrac{\beta}{\gamma}$ 存在，则 $\lim \dfrac{\beta}{\alpha} = \lim \dfrac{\beta}{\gamma}$.

定理 2.5.3 表明在含有函数乘除的极限运算中，极限中乘积的因子或分式的分子、分母可用其等价无穷小来替换，而不改变原极限值. 作等价无穷小替换时，若分子或分母为几个因子的乘积，可以将其中的因子用其等价无穷小来替换. 用来替换的等价无穷小选择的适当，可以使某些"$\dfrac{0}{0}$"型不定式的极限计算变得简单易解. 但是，若分子或分母为和式，不能将和式中的某一项或若干项用其等价无穷小来替换，而是应将分子或分母整个加以替换.

例 2.5.6　求函数极限 $\lim\limits_{x \to 0} \dfrac{\sqrt{1+x} - \sqrt{1-x}}{x^3 - x^2 + 5x}$ 的值.

解　由例 2.5.4（4）知，当 $x \to 0$ 时，$\sqrt{1+x} - \sqrt{1-x} \sim x$，所以

$$\lim_{x \to 0} \frac{\sqrt{1+x} - \sqrt{1-x}}{x^3 - x^2 + 5x} = \lim_{x \to 0} \frac{x}{x^3 - x^2 + 5x} = \lim_{x \to 0} \frac{1}{x^2 - x + 5} = \frac{1}{5} .$$

2.6　两个重要极限

2.6.1　夹挤准则

无论是用极限定义及相关知识还是用极限运算法则确定函数的极限,都是在极限值已知的前提下,通过计算求得结果.但若仅停留于此,则极限的作用不能充分发挥.这是因为有的函数的极限虽然是存在的,但其极限值却是从未见过的数.所以还需要在事先不涉及函数极限值的前提下,而仅依靠函数本身的内在性质来确定函数极限的方法.

定理 2.6.1（夹挤准则）　若当 $x \in \overset{\circ}{U}(x_0)$（$x \in U(\infty)$）时,有 $g(x) \leq f(x) \leq h(x)$,且 $\lim\limits_{\substack{x \to x_0 \\ (x \to \infty)}} g(x) = A$、$\lim\limits_{\substack{x \to x_0 \\ (x \to \infty)}} h(x) = A$,则 $\lim\limits_{\substack{x \to x_0 \\ (x \to \infty)}} f(x) = A$.

夹挤准则是一个判定准则,它不仅是证明极限存在的行之有效的工具,而且提供了一个求极限的方法.夹挤准则在确定极限存在的同时也确定了它的极限值,能具体地求出极限值.

夹挤准则中的极限过程 $x \to x_0(x \to \infty)$ 改为 $x \to x_0^-$、$x \to x_0^+(x \to -\infty$、$x \to +\infty)$,并将其中的邻域 $\overset{\circ}{U}(x_0)$（$U(\infty)$）做相应地调整,其结论仍然成立.

2.6.2　第一个重要极限

利用 $\lim\limits_{x \to 0} \cos x = 1$ 与 $\lim\limits_{x \to 0} 1 = 1$ 和夹挤准则可以证明第一重要极限:

$$\lim_{x \to 0} \frac{\sin x}{x} = 1（这里 x 以弧度为单位）.$$

例 2.6.1　求函数极限 $\lim\limits_{x \to 0} \dfrac{\tan x}{x}$ 的值.

解　$\lim\limits_{x \to 0} \dfrac{\tan x}{x} = \lim\limits_{x \to 0} (\dfrac{\sin x}{x} \cdot \dfrac{1}{\cos x}) = \lim\limits_{x \to 0} \dfrac{\sin x}{x} \cdot \lim\limits_{x \to 0} \dfrac{1}{\cos x} = 1$.

例 2.6.2　求函数极限 $\lim\limits_{x \to 0} \dfrac{1 - \cos x}{x^2}$ 的值.

解　$\lim\limits_{x \to 0} \dfrac{1 - \cos x}{x^2} = \lim\limits_{x \to 0} \dfrac{(1 - \cos x)(1 + \cos x)}{x^2(1 + \cos x)} = \lim\limits_{x \to 0} (\dfrac{\sin x}{x})^2 \cdot \lim\limits_{x \to 0} \dfrac{1}{1 + \cos x} = \dfrac{1}{2}$.

例 2.6.3　求函数极限 $\lim\limits_{x \to 0} \dfrac{\arcsin x}{x}$ 的值.

解　设 $u = \arcsin x$,则 $x = \sin u$;且当 $x \to 0$ 时,$u \to 0$.于是

$$\lim_{x \to 0} \frac{\arcsin x}{x} = \lim_{u \to 0} \frac{u}{\sin u} = \lim_{u \to 0} \frac{1}{\dfrac{\sin u}{u}} = 1 .$$

同法可得:$\lim\limits_{x \to 0} \dfrac{\arctan x}{x} = 1$.

由等价无穷小的定义和等价无穷小的对称性、传递性与例 2.6.1、例 2.6.2、例 2.6.3 及第一重要极限,得当 $x \to 0$ 时,

$$\sin x \sim \tan x \sim \arcsin x \sim \arctan x \sim x, \quad 1-\cos x \sim \frac{1}{2} x^2 .$$

将上面的结果一般化(假设所涉及的各复合函数均有意义),得若在 x 的某一变化过程中,函数 $f(x) \to 0$,则在 x 的同一变化过程中,有

$$\sin f(x) \sim \tan f(x) \sim \arcsin f(x) \sim \arctan f(x) \sim f(x) ,$$

$$1-\cos f(x) \sim \frac{1}{2} f^2(x) .$$

例 2.6.4　求函数极限 $\lim\limits_{x\to\infty} x \sin \dfrac{1}{x}$ 的值.

解　因为当 $x \to \infty$ 时, $\dfrac{1}{x} \to 0$,所以当 $x \to \infty$ 时, $\sin \dfrac{1}{x} \sim \dfrac{1}{x}$. 于是

$$\lim_{x\to\infty} x \sin \frac{1}{x} = \lim_{x\to\infty} x \cdot \frac{1}{x} = 1 .$$

例 2.6.5　求函数极限 $\lim\limits_{x\to 3} \dfrac{\arcsin(x^2-9)}{x-3}$ 的值.

解　因为当 $x \to 3$ 时, $x^2-9 \to 0$,所以当 $x \to 3$ 时, $\arcsin(x^2-9) \sim x^2-9$. 于是

$$\lim_{x\to 3} \frac{\arcsin(x^2-9)}{x-3} = \lim_{x\to 3} \frac{x^2-9}{x-3} = \lim_{x\to 3}(x+3) = 6 .$$

例 2.6.6　求函数极限 $\lim\limits_{x\to 0} \dfrac{1-\cos 3x}{x \arctan 7x}$ 的值.

解　因为当 $x \to 0$ 时, $3x \to 0$, $7x \to 0$,所以当 $x \to 0$ 时, $1-\cos 3x \sim \dfrac{1}{2}(3x)^2$, $\arctan 7x \sim 7x$,于是

$$\lim_{x\to 0} \frac{1-\cos 3x}{x \arctan 7x} = \lim_{x\to 0} \frac{\frac{1}{2}(3x)^2}{x \cdot 7x} = \frac{9}{14} .$$

例 2.6.7　求函数极限 $\lim\limits_{x\to 0} \dfrac{\tan x - \sin x}{x^3}$ 的值.

解　$\lim\limits_{x\to 0} \dfrac{\tan x - \sin x}{x^3} = \lim\limits_{x\to 0} \dfrac{\tan x(1-\cos x)}{x^3}$ （当 $x \to 0$ 时, $\tan x \sim x, 1-\cos x \sim \dfrac{1}{2} x^2$ ）

$$= \lim_{x\to 0} \frac{x \cdot \frac{1}{2} x^2}{x^3} = \frac{1}{2} .$$

例 2.6.8　求函数极限 $\lim\limits_{x\to\pi} \dfrac{\sin 3x}{\tan 5x}$ 的值.

解　设 $t = x - \pi$,则当 $x \to \pi$ 时, $t \to 0$,且 $x = t + \pi$,所以

$$\lim_{x\to\pi} \frac{\sin 3x}{\tan 5x} = \lim_{t\to 0} \frac{\sin(3\pi+3t)}{\tan(5\pi+5t)} = \lim_{t\to 0} \frac{-\sin 3t}{\tan 5t} = \lim_{t\to 0} \frac{-3t}{5t} = -\frac{3}{5} .$$

2.6.3　第二个重要极限

利用单调有界准则可证明第二重要极限:

$$\lim_{x\to\infty}(1+\frac{1}{x})^x = \mathrm{e} .$$

其中 e 是无理数,其值为 e = 2.718 28 ···.

若令 $t = \dfrac{1}{x}$,则当 $x \to 0$ 时,$t \to \infty$,于是得到第二重要极限的一个变式:

$$\lim_{x \to 0}(1+x)^{\frac{1}{x}} = \lim_{t \to \infty}(1+\frac{1}{t})^t = e .$$

将上述结论进行一般化推广,可得第二重要极限的一般形式:若在自变量的某一变化过程中有 $f(x) \to 0$,则

$$\lim[1+f(x)]^{\frac{1}{f(x)}} = e$$

$f(x) \to 0$.

求解幂指函数型函数 $[f(x)]^{g(x)}$ ($f(x)>0$ 且 $f(x) \neq 1$)的极限时,若 $\lim f(x) = 1$,且 $\lim g(x) = \infty$,则称这样的极限为"1^{∞}"型不定式.

显然,第二重要极限是"1^{∞}"型不定式.根据求复合函数极限定理(定理 2.4.3)与指数函数的连续性,以及第二重要极限的一般形式,可以进一步得到"1^{∞}"型不定式极限计算的一般公式.

定理 2.6.2 (**"1^{∞}"型不定式极限的计算公式**) 若在自变量的同一变化过程中,有 $\lim f(x) = 1$,$\lim g(x) = \infty$,则

$$\lim[f(x)]^{g(x)} = e^{\lim g(x)[f(x)-1]} .$$

证明 因为在自变量的同一变化过程中,有 $\lim f(x) = 1$,$\lim g(x) = \infty$,所以有

$$\lim[f(x)]^{g(x)} = \lim[1+f(x)-1]^{g(x)} (此时显然有 \lim[f(x)-1] = 0)$$

$$= \lim[1+f(x)-1]^{\frac{1}{f(x)-1}[f(x)-1]g(x)} = \lim\left\{[1+f(x)-1]^{\frac{1}{f(x)-1}}\right\}^{g(x)[f(x)-1]} = e^{\lim g(x)[f(x)-1]} .$$

例 2.6.9 求下列各函数极限的值:

(1) $\lim\limits_{x \to 0}(1-x)^{\frac{1}{4x}}$;   (2) $\lim\limits_{x \to \infty}(1+\dfrac{1}{3x})^{2x-1}$;

(3) $\lim\limits_{x \to \infty}(\dfrac{5x-1}{5x+1})^{3x+2}$;   (4) $\lim\limits_{x \to 2}(3x-5)^{\frac{3}{2-x}}$;

(5) $\lim\limits_{x \to 0}\sqrt[x]{(1+3x)^{1-2x}}$;   (6) $\lim\limits_{x \to 0}(1-5x)^{\frac{4}{\sin 3x}+1}$.

解 (1)因为 $\lim\limits_{x \to 0}(1-x)^{\frac{1}{4x}}$ 是"1^{∞}"型不定式,所以

$$\lim_{x \to 0}(1-x)^{\frac{1}{4x}} = e^{\lim\limits_{x \to 0}\frac{1}{4x}(1-x-1)} = e^{-\frac{1}{4}} .$$

(2)因为 $\lim\limits_{x \to \infty}(1+\dfrac{1}{3x})^{2x-1}$ 是"1^{∞}"型不定式,所以

$$\lim_{x \to \infty}(1+\frac{1}{3x})^{2x-1} = e^{\lim\limits_{x \to \infty}(2x-1)(1+\frac{1}{3x}-1)} = e^{\lim\limits_{x \to \infty}\frac{2x-1}{3x}} = e^{\frac{2}{3}} .$$

(3)因为 $\lim\limits_{x \to \infty}\dfrac{5x-1}{5x+1} = 1$,$\lim\limits_{x \to \infty}(3x+2) = \infty$,所以 $\lim\limits_{x \to \infty}(\dfrac{5x-1}{5x+1})^{3x+2}$ 是"1^{∞}"型不定式.又因为

$$\lim_{x\to\infty}(3x+2)(\frac{5x-1}{5x+1}-1)=\lim_{x\to\infty}\frac{-2(3x+2)}{5x+1}=-\frac{6}{5},$$

所以　　　$\lim_{x\to\infty}(\frac{5x-1}{5x+1})^{3x+2}=e^{-\frac{6}{5}}$.

（4）因为 $\lim_{x\to 2}(3x-5)=1$，$\lim_{x\to 2}\frac{3}{2-x}=\infty$，所以 $\lim_{x\to 2}(3x-5)^{\frac{3}{2-x}}$ 是 "1^∞" 型不定式. 又因为

$$\lim_{x\to 2}\frac{3}{2-x}(3x-5-1)=\lim_{x\to 2}\frac{9(x-2)}{2-x}=-9,$$

所以　　　$\lim_{x\to 2}(3x-5)^{\frac{3}{2-x}}=e^{-9}$.

（5）因为 $\lim_{x\to 0}\sqrt[x]{(1+3x)^{1-2x}}=\lim_{x\to 0}(1+3x)^{\frac{1-2x}{x}}$ 是 "1^∞" 型不定式，所以

$$\lim_{x\to 0}\sqrt[x]{(1+3x)^{1-2x}}=\lim_{x\to 0}(1+3x)^{\frac{1-2x}{x}}=e^{\lim_{x\to 0}\frac{1-2x}{x}\cdot 3x}=e^{\lim_{x\to 0}3(1-2x)}=e^3.$$

（6）因为 $\lim_{x\to 0}(1-5x)^{\frac{4}{\sin 3x}+1}$ 是 "1^∞ 型" 不定式，又因为

$$\lim_{x\to 0}(\frac{4}{\sin 3x}+1)(1-5x-1)=\lim_{x\to 0}(\frac{4}{\sin 3x}+1)(-5x)=-\lim_{x\to 0}(\frac{20x}{\sin 3x}+5x)$$

$$=-(\lim_{x\to 0}\frac{20x}{\sin 3x}+\lim_{x\to 0}5x)=-(\lim_{x\to 0}\frac{20x}{3x}+0)=-\frac{20}{3},$$

所以　　　$\lim_{x\to 0}(1-5x)^{\frac{4}{\sin 3x}+1}=e^{-\frac{20}{3}}$.

例 2.6.10　求函数极限 $\lim_{x\to 0}\dfrac{\ln(1+x)}{x}$ 的值.

解　$\lim_{x\to 0}\dfrac{\ln(1+x)}{x}=\lim_{x\to 0}\ln(1+x)^{\frac{1}{x}}=\ln\lim_{x\to 0}(1+x)^{\frac{1}{x}}=\ln e=1$.

（即当 $x\to 0$ 时，$\ln(1+x)\sim x$）

例 2.6.11　求函数极限 $\lim_{x\to 0}\dfrac{e^x-1}{x}$ 的值.

解　设 $u=e^x-1$，则 $x=\ln(1+u)$，且当 $x\to 0$ 时，$u\to 0$，于是

$$\lim_{x\to 0}\frac{e^x-1}{x}=\lim_{u\to 0}\frac{u}{\ln(1+u)}=\lim_{u\to 0}\frac{1}{\dfrac{\ln(1+u)}{u}}=1.$$

（即当 $x\to 0$ 时，$e^x-1\sim x$）

例 2.6.12*　求函数极限 $\lim_{x\to 0}\dfrac{(1+x)^\alpha-1}{x}$（$\alpha\in\mathbf{R}$ 且 $\alpha\neq 0$）的值.

解　设 $u=(1+x)^\alpha-1$，则 $\ln(1+u)=\alpha\ln(1+x)$，且 $x\to 0$ 时，$u\to 0$，于是

$$\lim_{x\to 0}\frac{(1+x)^\alpha-1}{x}=\lim_{x\to 0}\frac{(1+x)^\alpha-1}{\ln(1+x)}\quad (x\to 0 \text{ 时}, \ln(1+x)\sim x)$$

$$=\lim_{u\to 0}\frac{\alpha u}{\ln(1+u)}=\alpha.$$

（即当 $x\to 0$ 时，$(1+x)^\alpha-1\sim\alpha x$）

由等价无穷小的定义和等价无穷小的对称性、传递性与例 2.6.10、例 2.6.11、例 2.6.12 得,当 $x \to 0$ 时,

$$\ln(1+x) \sim e^x - 1 \sim x , (1+x)^\alpha - 1 \sim \alpha x (\alpha \in \mathbf{R} \text{且} \alpha \neq 0).$$

将上面的结果一般化(假设所涉及的各复合函数均有意义),可得若在 x 的某一变化过程中,函数 $f(x) \to 0$,则在 x 的同一变化过程中,有

$$\ln[1 + f(x)] \sim e^{f(x)} - 1 \sim f(x) ;$$
$$a^{f(x)} - 1 = e^{f(x)\ln a} - 1 \sim f(x)\ln a (a > 0 \text{且} a \neq 1) ;$$
$$[1 + f(x)]^\alpha - 1 \sim \alpha f(x) (\alpha \in \mathbf{R} \text{且} \alpha \neq 0).$$

例 2.6.13 求函数极限 $\lim\limits_{x \to 0} \dfrac{\sqrt[3]{1+x^4} - 1}{1 - \cos x^2}$ 的值.

解 因为当 $x \to 0$ 时,$x^4 \to 0$,$x^2 \to 0$,所以当 $x \to 0$ 时,

$$\sqrt[3]{1+x^4} - 1 \sim \frac{1}{3}x^4 , 1 - \cos x^2 \sim \frac{1}{2}x^4 .$$

于是　　　$$\lim\limits_{x \to 0} \frac{\sqrt[3]{1+x^4} - 1}{1 - \cos x^2} = \lim\limits_{x \to 0} \frac{\frac{1}{3}x^4}{\frac{1}{2}x^4} = \frac{2}{3} .$$

例 2.6.14 求函数极限 $\lim\limits_{x \to 0} \dfrac{\ln(1-2x)}{\sqrt{1+x+x^2} - 1}$ 的值.

解 因为当 $x \to 0$ 时,$-2x \to 0$,$x + x^2 \to 0$,所以当 $x \to 0$ 时,

$$\ln(1-2x) \sim -2x , \sqrt{1+x+x^2} - 1 \sim \frac{1}{2}(x+x^2) .$$

于是　　　$$\lim\limits_{x \to 0} \frac{\ln(1-2x)}{\sqrt{1+x+x^2} - 1} = \lim\limits_{x \to 0} \frac{-2x}{\frac{1}{2}(x+x^2)} = \lim\limits_{x \to 0} \frac{-4}{1+x} = -4 .$$

例 2.6.15 求函数极限 $\lim\limits_{x \to \infty} x^2(e^{-\cos\frac{1}{x}} - e^{-1})$ 的值.

解 $$\lim\limits_{x \to \infty} x^2(e^{-\cos\frac{1}{x}} - e^{-1}) = e^{-1} \lim\limits_{x \to \infty} x^2(e^{1-\cos\frac{1}{x}} - 1) = e^{-1} \lim\limits_{x \to \infty} x^2(1 - \cos\frac{1}{x})$$

$$= e^{-1} \lim\limits_{x \to \infty} [x^2 \cdot \frac{1}{2}(\frac{1}{x})^2] = \frac{1}{2e} . (\text{当} x \to \infty \text{时}, e^{1-\cos\frac{1}{x}} - 1 \sim 1 - \cos\frac{1}{x} \sim \frac{1}{2}(\frac{1}{x})^2)$$

例 2.6.16 求函数极限 $\lim\limits_{x \to 0} \dfrac{e^{-x^2} - \arcsin x^2 - 1}{\ln^2(1-2x) + \arctan^2 2x}$ 的值.

解 $$\lim\limits_{x \to 0} \frac{e^{-x^2} - \arcsin x^2 - 1}{\ln^2(1-2x) + \arctan^2 2x} = \lim\limits_{x \to 0} \frac{\dfrac{e^{-x^2} - 1}{x^2} - \dfrac{\arcsin x^2}{x^2}}{\dfrac{\ln^2(1-2x)}{x^2} + \dfrac{\arctan^2 2x}{x^2}}$$

$$= \frac{\lim\limits_{x \to 0} \dfrac{e^{-x^2} - 1}{x^2} - \lim\limits_{x \to 0} \dfrac{\arcsin x^2}{x^2}}{\lim\limits_{x \to 0} \dfrac{\ln^2(1-2x)}{x^2} + \lim\limits_{x \to 0} \dfrac{\arctan^2 2x}{x^2}} = \frac{\lim\limits_{x \to 0} \dfrac{-x^2}{x^2} - \lim\limits_{x \to 0} \dfrac{x^2}{x^2}}{\lim\limits_{x \to 0} \dfrac{(-2x)^2}{x^2} + \lim\limits_{x \to 0} \dfrac{(2x)^2}{x^2}} = \frac{-1-1}{4+4} = -\frac{1}{4} .$$

例 2.6.17* 求函数极限 $\lim\limits_{x\to\infty}(\dfrac{1}{x}+\mathrm{e}^{\frac{1}{x}})^{x}$ 的值.

解 因为 $\lim\limits_{x\to\infty}x(\dfrac{1}{x}+\mathrm{e}^{\frac{1}{x}}-1)=\lim\limits_{x\to\infty}(x\cdot\dfrac{1}{x})+\lim\limits_{x\to\infty}x(\mathrm{e}^{\frac{1}{x}}-1)=1+\lim\limits_{x\to\infty}x\cdot\dfrac{1}{x}=2$ ，所以

$$\lim\limits_{x\to\infty}(\dfrac{1}{x}+\mathrm{e}^{\frac{1}{x}})^{x}=\mathrm{e}^{\lim\limits_{x\to\infty}x(\frac{1}{x}+\mathrm{e}^{\frac{1}{x}}-1)}=\mathrm{e}^{2}\ .$$

例 2.6.18* 求函数极限 $\lim\limits_{x\to 0}(\dfrac{a^{x}+b^{x}}{2})^{\frac{1}{x}}$ （ a 、 b 为正数 ）的值.

解 因为

$$\lim\limits_{x\to 0}\dfrac{1}{x}(\dfrac{a^{x}+b^{x}}{2}-1)=\lim\limits_{x\to 0}\dfrac{a^{x}+b^{x}-2}{2x}=\lim\limits_{x\to 0}\dfrac{(a^{x}-1)+(b^{x}-1)}{2x}$$

$$=\lim\limits_{x\to 0}\dfrac{a^{x}-1}{2x}+\lim\limits_{x\to 0}\dfrac{b^{x}-1}{2x}=\lim\limits_{x\to 0}\dfrac{x\ln a}{2x}+\lim\limits_{x\to 0}\dfrac{x\ln b}{2x}=\dfrac{1}{2}(\ln a+\ln b)\ ,$$

所以　　 $\lim\limits_{x\to 0}(\dfrac{a^{x}+b^{x}}{2})^{\frac{1}{x}}=\mathrm{e}^{\frac{1}{2}(\ln a+\ln b)}=\mathrm{e}^{\frac{1}{2}\ln(ab)}=\mathrm{e}^{\ln(ab)^{\frac{1}{2}}}=(ab)^{\frac{1}{2}}=\sqrt{ab}\ .$

第 3 章　导数与微分

微分学是微积分的重要组成部分,它的基本概念是导数与微分.导数反映了函数相对于自变量的改变而变化的快慢程度,即函数的变化率;微分反映了当自变量有微小变化时,函数大约有多少变化,即函数增量的近似值.

3.1　导数的概念

在自然科学和工程技术领域中,以及在经济领域和社会科学研究中,还有许多有关变化率的问题都可以归结为计算形如式(2.1.1)、式(2.1.3)的极限.因需要求解这些问题,促使人们研究形如式(2.1.1)、式(2.1.3)的极限,从而导致了微分学的诞生.

3.1.1　导数的定义与几何意义

定义 3.1.1　设函数 $f(x)$ 在点 x_0 的某邻域 $U(x_0)$ 内有定义,若极限

$$\lim_{x \to x_0} \frac{f(x) - f(x_0)}{x - x_0} \tag{3.1.1}$$

存在,则称函数 $f(x)$ 在点 x_0 处**可导**,并称该极限值为函数 $f(x)$ 在点 x_0 处的**导数**,记作 $f'(x_0)$ 或 $y'|_{x=x_0}$,即

$$y'|_{x=x_0} = f'(x_0) = \lim_{x \to x_0} \frac{f(x) - f(x_0)}{x - x_0} .$$

若极限 $\lim\limits_{x \to x_0} \dfrac{f(x) - f(x_0)}{x - x_0}$ 不存在,则称函数 $f(x)$ 在点 x_0 处**不可导**.

若不可导的原因是极限 $\lim\limits_{x \to x_0} \dfrac{f(x) - f(x_0)}{x - x_0} = \infty$($+\infty$ 或 $-\infty$),为方便起见,也称函数 $f(x)$ 在点 x_0 处的导数为无穷大(正无穷大或负无穷大).

由导数定义知,运动方程为 $s = s(t)$ 的质点做变速直线运动时,在 t_0 时刻的速度

$$v(t_0) = s'(t_0) .$$

由导数定义知,函数 $f(x)$ 在点 x_0 处的导数 $f'(x_0)$,表示函数曲线 $y = f(x)$ 在点 $(x_0, f(x_0))$ 处的切线斜率,这就是**导数的几何意义**.

例 3.1.1　证明函数 $f(x) = \sqrt[3]{x}$ 在点 $x = 0$ 处不可导.

证明　因为 $\lim\limits_{x \to 0} \dfrac{f(x) - f(0)}{x - 0} = \lim\limits_{x \to 0} \dfrac{\sqrt[3]{x} - 0}{x} = \lim\limits_{x \to 0} \dfrac{1}{\sqrt[3]{x^2}} = +\infty$,所以 $f'(0)$ 不存在.

例 3.1.2　设函数 $f(x) = x(x-1)(x-2)\cdots(x-100)$,求 $f'(1)$.

解　$f'(1) = \lim\limits_{x \to 1} \dfrac{f(x) - f(1)}{x - 1} = \lim\limits_{x \to 1} \dfrac{x(x-1)(x-2)\cdots(x-100) - 0}{x - 1}$

$$= \lim_{x \to 1} x(x-2)\cdots(x-100) = -99! \ .$$

注：对于 $n \in \mathbf{N}_+$，记 $1\cdot 2\cdot 3\cdots(n-1)n = n!$（读作" n 的阶乘"）；特别规定 $0! = 1$.

若将定义 3.1.1 中的邻域 $U(x_0)$ 改为左邻域 $(x_0-\delta, x_0]$（或右邻域 $[x_0, x_0+\delta)$），且极限 $\lim\limits_{x \to x_0^-} \dfrac{f(x)-f(x_0)}{x-x_0}$（或 $\lim\limits_{x \to x_0^+} \dfrac{f(x)-f(x_0)}{x-x_0}$）存在，则称函数 $f(x)$ 在点 x_0 处**左可导**（或**右可导**），并称该极限值为函数 $f(x)$ 在点 x_0 处的**左导数**（或**右导数**），记为 $f_-'(x_0)$（或 $f_+'(x_0)$），即

$$f_-'(x_0) = \lim_{x \to x_0^-} \frac{f(x)-f(x_0)}{x-x_0} \ ; \ f_+'(x_0) = \lim_{x \to x_0^+} \frac{f(x)-f(x_0)}{x-x_0} \ .$$

函数 $f(x)$ 在点 x_0 处可导的充要条件是函数 $f(x)$ 在点 x_0 处的左导数与右导数都存在并且相等.

因此，当函数 $f(x)$ 在点 x_0 处的左导数、右导数都存在但不相等，或函数 $f(x)$ 在点 x_0 处的左导数、右导数中至少有一个不存在时，就可以断定函数 $f(x)$ 在点 x_0 处不可导.

例 3.1.3　证明函数 $f(x) = |x|$ 在点 $x = 0$ 处不可导.

证明　$f_-'(0) = \lim\limits_{x \to 0^-} \dfrac{f(x)-f(0)}{x-0} = \lim\limits_{x \to 0^-} \dfrac{-x}{x} = -1 \ ,$

$f_+'(0) = \lim\limits_{x \to 0^+} \dfrac{f(x)-f(0)}{x-0} = \lim\limits_{x \to 0^+} \dfrac{x}{x} = 1 \ .$

因为 $f_-'(0) \neq f_+'(0)$，所以函数 $f(x) = |x|$ 在点 $x = 0$ 处不可导.

例 3.1.4　设函数 $f(x) = \begin{cases} 2x-4, & x<1 \\ -2, & x=1 \\ x^2-3, & x>1 \end{cases}$，求 $f'(1)$.

解　$f_-'(1) = \lim\limits_{x \to 1^-} \dfrac{f(x)-f(1)}{x-1} = \lim\limits_{x \to 1^-} \dfrac{2x-4-(-2)}{x-1} = \lim\limits_{x \to 1^-} \dfrac{2x-2}{x-1} = 2 \ ,$

$f_+'(1) = \lim\limits_{x \to 1^+} \dfrac{f(x)-f(1)}{x-1} = \lim\limits_{x \to 1^+} \dfrac{x^2-3-(-2)}{x-1} = \lim\limits_{x \to 1^+} \dfrac{x^2-1}{x-1} = 2 \ .$

因为 $f_-'(1) = f_+'(1) = 2$，所以 $f'(1) = 2$.

3.1.2　函数可导性与连续性的关系

设函数 $f(x)$ 在点 x_0 处可导，即 $f'(x_0)$ 存在，则有

$$f'(x_0) = \lim_{x \to x_0} \frac{f(x)-f(x_0)}{x-x_0} \ ; \ \lim_{x \to x_0}(x-x_0) = 0 \ .$$

由定义 2.5.1 知，

$$\lim_{x \to x_0}[f(x)-f(x_0)] = 0 \ ,$$

即　　　$\lim\limits_{x \to x_0} f(x) = f(x_0)$.

因此，若函数 $f(x)$ 在点 x_0 处可导，则函数 $f(x)$ 在点 x_0 处必连续. 反之，当函数 $f(x)$ 在点 x_0 处连续时，函数 $f(x)$ 在点 x_0 处不一定可导.

例如，函数 $f(x) = |x|$ 在点 $x = 0$ 处连续，但在点 $x = 0$ 处不可导.

显然，若函数 $f(x)$ 在点 x_0 处不连续，则函数 $f(x)$ 在点 x_0 处必不可导.

3.1.3 函数增量与函数连续、可导的等价定义

对于函数 $y = f(x)$ ，当自变量 x 从它的一个初值 x_0 变到终值 x 时，相应的函数值从 $f(x_0)$ 变到 $f(x)$ ，此时称

$$x - x_0$$

为**自变量 x 的增量**（或**改变量**），记作 Δx ；相应地称

$$f(x) - f(x_0)$$

为**函数 $f(x)$ 的增量**（或**改变量**），记作 $\Delta y\big|_{x=x_0}$. 即

$$\Delta x = x - x_0 ，\Delta y\big|_{x=x_0} = f(x) - f(x_0) .$$

由 $\Delta x = x - x_0$ ，得 $x = x_0 + \Delta x$ ，于是函数 $y = f(x)$ 在点 x_0 处的增量又可表示为

$$\Delta y\big|_{x=x_0} = f(x_0 + \Delta x) - f(x_0) ，$$

显然，当 $\Delta x = 0$ 时，有 $\Delta y = 0$.

因为 $x \to x_0 \Leftrightarrow \Delta x \to 0$ ，所以函数 $f(x)$ 在点 x_0 处的导数定义可以写成增量形式.

定义 3.1.2 设函数 $y = f(x)$ 在 x_0 的某邻域 $U(x_0)$ 内有定义，若极限

$$\lim_{\Delta x \to 0} \frac{\Delta y}{\Delta x} = \lim_{\Delta x \to 0} \frac{f(x_0 + \Delta x) - f(x_0)}{\Delta x} \tag{3.1.2}$$

存在，则称函数 $f(x)$ 在点 x_0 处**可导**，并称该极限值为函数 $f(x)$ 在点 x_0 处的**导数**，记作 $f'(x_0)$ 或 $y'\big|_{x=x_0}$ ，即

$$f'(x_0) = \lim_{\Delta x \to 0} \frac{\Delta y}{\Delta x} = \lim_{\Delta x \to 0} \frac{f(x_0 + \Delta x) - f(x_0)}{\Delta x} .$$

因为导数 $f'(x_0)$ 是 $\dfrac{\Delta y}{\Delta x}$ 当 $\Delta x \to 0$ 时的极限，所以无论 Δx 如何选取，当 $\Delta x \to 0$ 时，只要 $\dfrac{\Delta y}{\Delta x}$ 的极限存在，则该极限值便是一个确定的数值，它不会再含有 Δx . 因此，导数 $f'(x_0)$ 的数值只与点 x_0 有关，并不依赖于 Δx .

也就是说，式（3.1.2）中的记号 Δx 只是一个运算记号，在极限运算完成后便会消失. 因此，在需要时可以用任意其他的记号代替 Δx .

例如，下面式（3.1.3）与式（3.1.4）与式（3.1.2）等价：

$$f'(x_0) = \lim_{t \to 0} \frac{f(x_0 + t) - f(x_0)}{t} ， \tag{3.1.3}$$

$$f'(x_0) = \lim_{h \to \infty} \frac{f\left(x_0 + \dfrac{1}{h}\right) - f(x_0)}{\dfrac{1}{h}} = \lim_{h \to \infty} h\left[f\left(x_0 + \frac{1}{h}\right) - f(x_0)\right] . \tag{3.1.4}$$

例 3.1.5[*] 设 $f'(x_0)$ 与 $f'(2)$ 存在，求下列极限：

（1）$\displaystyle\lim_{\Delta x \to 0} \frac{f(x_0 - 2\Delta x) - f(x_0)}{\Delta x}$ ；   （2）$\displaystyle\lim_{x \to 2} \frac{f(x) - f(2)}{4 - 2x}$ ；

（3）$\lim\limits_{t\to\infty} t[f(x_0) - f(x_0 - \dfrac{1}{t})]$ ；　　　　（4）$\lim\limits_{h\to 0} \dfrac{f(x_0 - 4h) - f(x_0 + 3h)}{h}$.

解　（1）原式 $= -2\lim\limits_{\Delta x\to 0} \dfrac{f(x_0 - 2\Delta x) - f(x_0)}{-2\Delta x} = -2f'(x_0)$.

（2）原式 $= -\dfrac{1}{2}\lim\limits_{x\to 2} \dfrac{f(x) - f(2)}{x - 2} = -\dfrac{1}{2} f'(2)$.

（3）原式 $= \lim\limits_{t\to\infty} \dfrac{f(x_0 - \dfrac{1}{t}) - f(x_0)}{-\dfrac{1}{t}} = f'(x_0)$.

（4）原式 $= \lim\limits_{h\to 0} \dfrac{f(x_0 - 4h) - f(x_0) + f(x_0) - f(x_0 + 3h)}{h}$

$= -4\lim\limits_{h\to 0} \dfrac{f(x_0 - 4h) - f(x_0)}{-4h} - 3\lim\limits_{h\to 0} \dfrac{f(x_0 + 3h) - f(x_0)}{3h} = -7f'(x_0)$.

例 3.1.6[*]　设函数 $f(x)$ 在 $U(0)$ 内可导，且 $x \neq 0$ 时，有 $f(x) \neq 0$. 如果 $f(0) = 0$ ，$f'(0) = -2$ ，求 $\lim\limits_{x\to 0}[1 - 2f(x)]^{\frac{1}{\sin x}}$.

解　因为 $\lim\limits_{x\to 0}[1 - 2f(x)]^{\frac{1}{\sin x}}$ 为 " 1^{∞} " 型未定式，所以

$$\lim\limits_{x\to 0}[1 - 2f(x)]^{\frac{1}{\sin x}} = \mathrm{e}^{\lim\limits_{x\to 0}\frac{1}{\sin x}[-2f(x)]} = \mathrm{e}^{-2\lim\limits_{x\to 0}\frac{f(x)}{\sin x}} = \mathrm{e}^{-2\lim\limits_{x\to 0}\frac{f(x) - f(0)}{x - 0}} = \mathrm{e}^{-2f'(0)} = \mathrm{e}^4 .$$

因为 $\lim\limits_{x\to x_0} f(x) = f(x_0) \Leftrightarrow \lim\limits_{x\to x_0}[f(x) - f(x_0)] = 0 \Leftrightarrow \lim\limits_{\Delta x\to 0} \Delta y = 0$ ，所以函数 $y = f(x)$ 在点 x_0 处连续的定义可以写成增量形式.

定义 3.1.3　若函数 $y = f(x)$ 在点 x_0 的某邻域 $U(x_0)$ 内有定义，且

$$\lim\limits_{\Delta x\to 0} \Delta y = 0 ,$$

则称函数 $f(x)$ 在点 x_0 处**连续**.

定义 3.1.3 称为函数连续的无穷小定义. 它表明，当自变量有微小的变化时，相应的函数值的变化也很微小.

若函数 $f(x)$ 在开区间 (a,b) 内的每一点处都可导，则称函数 $f(x)$ 在**开区间 (a,b) 内可导**，或称函数 $f(x)$ 是开区间 (a,b) 内的**可导函数**. 这时对开区间 (a,b) 内的每一个 x 值，都对应着函数 $f(x)$ 的一个确定的导数值，因而在开区间 (a,b) 内构成了一个新函数. 这个新函数称为函数 $f(x)$ 在开区间 (a,b) 内的**导函数**，记作 $f'(x)$ 或 y' . 在式（3.1.2）中，把 x_0 换为 x ，即得计算导函数的公式

$$f'(x) = \lim\limits_{\Delta x\to 0} \dfrac{f(x + \Delta x) - f(x)}{\Delta x} . \tag{3.1.5}$$

式（3.1.5）中的 x 可取开区间 (a,b) 内的任意值，但在计算极限时，要把 x 看作常量，把 Δx 看作变量.

导函数 $f'(x)$ 与函数 $f(x)$ 在点 x_0 处的导数 $f'(x_0)$ 是不同的. 对可导函数 $f(x)$ 而言，函数 $f(x)$ 在点 x_0 处的导数 $f'(x_0)$ ，就是它的导函数 $f'(x)$ 在点 x_0 处的函数值，即

$$f'(x_0) = f'(x)\big|_{x = x_0} .$$

　　以后为方便起见,在不致引起混淆的前提下,将导函数也简称为导数. 以后求导数时,若没有指明求在某一定点处的导数,都是指求导函数.

　　若函数 $f(x)$ 在开区间 (a,b) 内可导,且在左端点 a 处右可导,并在右端点 b 处左可导,则称函数 $f(x)$ 在**闭区间 $[a,b]$ 上可导**.

3.1.4* 　导数的几何意义及可导与连续的进一步讨论

　　1. 函数在一点处可导与函数曲线在该点处有切线的关系

　　定义 3.1.4　如果曲线 $y=f(x)$ 在点 $(x_0,f(x_0))$ 处的切线存在,则称过切点 $(x_0,f(x_0))$ 且与切线垂直的直线为曲线 $y=f(x)$ 在点 $(x_0,f(x_0))$ 处的**法线**.

　　由函数导数的几何意义知,函数 $f(x)$ 在点 x_0 处的导数 $f'(x_0)$ 表示函数曲线 $y=f(x)$ 在点 $(x_0,f(x_0))$ 处的切线斜率. 也就是说,若函数 $f(x)$ 在点 x_0 处可导,则其函数曲线在点 $(x_0,f(x_0))$ 处必有切线. 但是,若函数曲线 $y=f(x)$ 在点 $(x_0,f(x_0))$ 处有切线,函数 $f(x)$ 在点 x_0 处却不一定可导.

　　设函数 $f(x)$ 在点 x_0 处连续,则函数 $f(x)$ 在点 x_0 处可导与函数曲线在点 $(x_0,f(x_0))$ 处有切线的具体关系如下.

　　（1）当 $f'(x_0)$ 存在且 $f'(x_0) \neq 0$ 时,曲线 $y=f(x)$ 在点 $(x_0,f(x_0))$ 处有切线,且切线与 x 轴斜交. 此时,

$$k_{切} = f'(x_0) , \ k_{法} = -\frac{1}{f'(x_0)} \ .$$

　　式（3.1.6）与式（3.1.7）分别为切线方程和法线方程:

$$y-f(x_0) = f'(x_0)(x-x_0) ; \tag{3.1.6}$$

$$y-f(x_0) = -\frac{1}{f'(x_0)}(x-x_0) \ . \tag{3.1.7}$$

　　（2）当 $f'(x_0) = 0$ 时,曲线 $y=f(x)$ 在点 $(x_0,f(x_0))$ 处有切线,且切线与 x 轴平行. 此时,

$$k_{切} = 0 , \ k_{法} \ \text{不存在}(=\infty) ,$$

　　式（3.1.8）与式（3.1.9）分别为切线方程和法线方程:

$$y = f(x_0) \ . \tag{3.1.8}$$

$$x = x_0 \ . \tag{3.1.9}$$

　　（3）当 $f'(x_0)$ 不存在但 $f'(x_0) = \infty$ 时,曲线 $y=f(x)$ 在点 $(x_0,f(x_0))$ 处有切线,且切线与 x 轴垂直. 此时,

$$k_{切} \ \text{不存在}(=\infty) , \ k_{法} = 0 \ .$$

　　式（3.1.10）与式（3.1.11）分别为切线方程和法线方程:

$$x = x_0 \ . \tag{3.1.10}$$

$$y = f(x_0) \ . \tag{3.1.11}$$

　　（4）当 $f'(x_0)$ 不存在且 $f'(x_0) \neq \infty$ 时,曲线 $y=f(x)$ 在点 $(x_0,f(x_0))$ 处无切线.

　　例 3.1.7　写出下列各曲线在点 $(1,f(1))$ 处的切线方程与法线方程.

（1）$y = x^2$;
（2）$y = \sqrt[3]{(x-1)^2}$;

（3）$y = (x-1)^3$;
（4）$y = \dfrac{|x-1|}{x+1}$.

解 （1）因为 $k_{切} = f'(1) = \lim\limits_{x \to 1} \dfrac{f(x) - f(1)}{x-1} = \lim\limits_{x \to 1} \dfrac{x^2 - 1}{x-1} = 2$, $k_{法} = -\dfrac{1}{k_{切}} = -\dfrac{1}{2}$,所以

切线方程为 $y - 1 = 2(x-1) \Rightarrow 2x - y - 1 = 0$;

法线方程为 $y - 1 = -\dfrac{1}{2}(x-1) \Rightarrow x + 2y - 3 = 0$.

（2）因为 $k_{切} = f'(1) = \lim\limits_{x \to 1} \dfrac{f(x) - f(1)}{x-1} = \lim\limits_{x \to 1} \dfrac{\sqrt[3]{(x-1)^2}}{x-1} = \infty$, $k_{法} = -\dfrac{1}{k_{切}} = 0$,所以

切线方程为 $x = 1$;

法线方程为 $y = f(1) = 0$.

（3）因为 $k_{切} = f'(1) = \lim\limits_{x \to 1} \dfrac{f(x) - f(1)}{x-1} = \lim\limits_{x \to 1} \dfrac{(x-1)^3}{x-1} = 0$, $k_{法} = -\dfrac{1}{k_{切}} = \infty$,所以

切线方程为 $y = f(1) = 0$;

法线方程为 $x = 1$.

（4）因为 $f'_-(1) = \lim\limits_{x \to 1^-} \dfrac{f(x) - f(1)}{x-1} = \lim\limits_{x \to 1^-} \dfrac{\dfrac{1-x}{x+1} - 0}{x-1} = -\dfrac{1}{2}$,

$$f'_+(1) = \lim\limits_{x \to 1^+} \dfrac{f(x) - f(1)}{x-1} = \lim\limits_{x \to 1^+} \dfrac{\dfrac{x-1}{x+1} - 0}{x-1} = \dfrac{1}{2} \neq f'_-(1) ,$$

所以 $f'(1)$ 不存在且 $f'(1) \neq \infty$,故曲线在点 $(1, f(1))$ 处无切线方程与法线方程.

2. 单侧导数与连续的关系

定理 3.1.1 若函数 $f(x)$ 在点 x_0 处的左导数、右导数都存在,则函数 $f(x)$ 在点 x_0 处连续.

证明 若函数 $f(x)$ 在点 x_0 处的左导数存在,即

$$f_-'(x_0) = \lim\limits_{x \to x_0^-} \dfrac{f(x) - f(x_0)}{x - x_0} ; \lim\limits_{x \to x_0^-}(x - x_0) = 0 ,$$

所以 $\qquad \lim\limits_{x \to x_0^-}[f(x) - f(x_0)] = 0$,

即 $\qquad \lim\limits_{x \to x_0^-} f(x) = f(x_0)$,

因此函数 $f(x)$ 在点 x_0 处左连续.

同理可得 $\lim\limits_{x \to x_0^+} f(x) = f(x_0)$,即函数 $f(x)$ 在点 x_0 处右连续.

因为函数 $f(x)$ 在点 x_0 处既左连续又右连续,所以函数 $f(x)$ 在点 x_0 处连续.

需注意的是,定理 3.1.1 的逆命题并不成立. 即当函数在一点处连续时,函数在该点处不一定存在左导数与右导数.

例如,函数 $f(x) = \sqrt[3]{x^2}$ 在点 $x = 0$ 处连续,但在点 $x = 0$ 处不存在左导数与右导数(请读者参照例 3.1.1 自行证明).

3.2 导数的四则运算法则

从理论上讲,函数 $f(x)$ 的导数计算问题已经解决.因为按照导数定义,只要计算出极限 $\lim\limits_{\Delta x \to 0}\dfrac{f(x+\Delta x)-f(x)}{\Delta x}$ 即可得到函数 $f(x)$ 的导数.但是,往往直接计算此极限并不是一件容易的事.特别是当 $f(x)$ 是较复杂的复合函数时,计算上述极限就更加困难.因此,若没有一套化繁为简、化难为易的求导法则,导数的应用势必会受到很大的局限.

从本节起将系统地学习一套函数求导法则,借助于这些求导法则和基本初等函数的导数公式,就能比较方便地求出初等函数的导数.

3.2.1 几个基本初等函数的导数公式

例 3.2.1 求常数函数 $y = C$ (C 为常数)的导数.

解 当自变量 x 有增量 Δx 时,有
$$\Delta y = f(x+\Delta x)-f(x) = C - C = 0 .$$

所以
$$y' = \lim_{\Delta x \to 0}\frac{\Delta y}{\Delta x} = \lim_{\Delta x \to 0}\frac{0}{\Delta x} = 0 ,$$

即
$$(C)' = 0 .$$

例 3.2.2 求指数函数 $y = a^x$ ($a > 0$ 且 $a \neq 1$)的导数.

解 当自变量 x 有增量 Δx 时,有
$$\Delta y = f(x+\Delta x)-f(x) = a^{x+\Delta x}-a^x = a^x(a^{\Delta x}-1) = a^x(\mathrm{e}^{\Delta x \cdot \ln a}-1) .$$

因为当 $\Delta x \to 0$ 时,$\mathrm{e}^{\Delta x \cdot \ln a}-1 \sim \Delta x \ln a$,所以
$$y' = \lim_{\Delta x \to 0}\frac{\Delta y}{\Delta x} = \lim_{\Delta x \to 0}\frac{a^x(\mathrm{e}^{\Delta x \cdot \ln a}-1)}{\Delta x} = \lim_{\Delta x \to 0}\frac{a^x(\Delta x \cdot \ln a)}{\Delta x} = a^x \ln a ,$$

即
$$(a^x)' = a^x \ln a .$$

特别地,有 $(\mathrm{e}^x)' = \mathrm{e}^x$.

例 3.2.3 求对数函数 $y = \log_a x$ ($a > 0$ 且 $a \neq 1$)的导数.

解 当自变量 x 有增量 Δx 时,有
$$\Delta y = f(x+\Delta x)-f(x) = \log_a(x+\Delta x)-\log_a x = \log_a\left(1+\frac{\Delta x}{x}\right) = \frac{\ln(1+\frac{\Delta x}{x})}{\ln a} .$$

因为当 $\Delta x \to 0$ 时,$\ln(1+\dfrac{\Delta x}{x}) \sim \dfrac{\Delta x}{x}$,所以
$$y' = \lim_{\Delta x \to 0}\frac{\Delta y}{\Delta x} = \lim_{\Delta x \to 0}\frac{\ln(1+\frac{\Delta x}{x})}{\Delta x \cdot \ln a} = \lim_{\Delta x \to 0}\frac{\frac{\Delta x}{x}}{\Delta x \cdot \ln a} = \frac{1}{x \ln a} ,$$

即
$$(\log_a x)' = \frac{1}{x \ln a} .$$

特别地,有 $(\ln x)' = \dfrac{1}{x}$.

可以证明,对于任意的 $x \neq 0$,有

$$(\log_a |x|)' = \frac{1}{x \ln a} \; ; \; (\ln |x|)' = \frac{1}{x} \; .$$

例 3.2.4* 求幂函数 $y = x^\alpha$ ($\alpha \in \mathbf{R}$ 且 $\alpha \neq 0$)的导数.

解 设 x 是函数 $y = x^\alpha$ 的定义域内的点,且 $x \neq 0$.

当自变量 x 有增量 Δx 时,有

$$\Delta y = f(x + \Delta x) - f(x) = (x + \Delta x)^\alpha - x^\alpha = x^\alpha [(1 + \frac{\Delta x}{x})^\alpha - 1] \; .$$

因为当 $\Delta x \to 0$ 时, $(1 + \frac{\Delta x}{x})^\alpha - 1 \sim \alpha \frac{\Delta x}{x}$,所以

$$y' = \lim_{\Delta x \to 0} \frac{\Delta y}{\Delta x} = \lim_{\Delta x \to 0} \frac{x^\alpha[(1 + \frac{\Delta x}{x})^\alpha - 1]}{\Delta x} = \lim_{\Delta x \to 0} \frac{x^\alpha \cdot \alpha \frac{\Delta x}{x}}{\Delta x} = \alpha x^{\alpha - 1} \; .$$

即 $\qquad (x^\alpha)' = \alpha x^{\alpha - 1} \quad (\alpha \neq 0, x \neq 0)$.

至于在点 $x = 0$ 处,则出现下面几种不同的情形.

(1)当 $\alpha < 0$ 时,幂函数 x^α 在点 $x = 0$ 处无定义,从而在点 $x = 0$ 处不可导.

(2)当 $\alpha > 0$ 时,幂函数 $y = x^\alpha$ 在点 $x = 0$ 处有定义,即 $f(0) = 0$,这时

$$f'(0) = \lim_{x \to 0} \frac{f(x) - f(0)}{x - 0} = \lim_{x \to 0} \frac{x^\alpha}{x} = \lim_{x \to 0} x^{\alpha - 1} = \begin{cases} \infty, & 0 < \alpha < 1 \\ 1, & \alpha = 1 \\ 0, & \alpha > 1 \end{cases} \; .$$

这表示当 $\alpha > 0$ 时,公式 $(x^\alpha)' = \alpha x^{\alpha - 1}$ 对点 $x = 0$ 仍适用.

必须说明的是:若幂函数 x^α 仅在 $[0, +\infty)$ 上有定义(如 $\sqrt{x}$),则上面的极限应改为在点 $x = 0$ 处的右极限,且 $f'(0)$ 应改为 $f'_+(0)$.

例 3.2.5 求正弦函数 $y = \sin x$ 的导数.

解 当自变量 x 有增量 Δx 时,有

$$\Delta y = f(x + \Delta x) - f(x) = \sin(x + \Delta x) - \sin x$$

$$= \sin x \cos \Delta x + \cos x \sin \Delta x - \sin x$$

$$= \sin x (\cos \Delta x - 1) + \sin \Delta x \cos x \; .$$

因为当 $\Delta x \to 0$ 时, $\cos \Delta x - 1 \sim -\frac{1}{2}(\Delta x)^2 , \sin \Delta x \sim \Delta x$,所以

$$y' = \lim_{\Delta x \to 0} \frac{\Delta y}{\Delta x} = \lim_{\Delta x \to 0} \frac{\sin x(\cos \Delta x - 1) + \sin \Delta x \cos x}{\Delta x}$$

$$= \lim_{\Delta x \to 0} \frac{-\frac{1}{2}(\Delta x)^2 \sin x}{\Delta x} + \lim_{\Delta x \to 0} \frac{\Delta x \cdot \cos x}{\Delta x} = \cos x \; ,$$

即 $\qquad (\sin x)' = \cos x$.

同法可得: $(\cos x)' = -\sin x$.

3.2.2　导数的四则运算法则及应用

定理 3.2.1　若函数 $u = u(x)$ 和 $v = v(x)$ 在点 x 处都可导,则

（1）$[u(x) \pm v(x)]' = u'(x) \pm v'(x)$,

特别地,有 $[u(x) + C]' = u'(x)$（C 为常数）;

（2）$[u(x) \cdot v(x)]' = u'(x) \cdot v(x) + v'(x) \cdot u(x)$,

特别地,有 $[Cu(x)]' = Cu'(x)$（C 为常数）;

（3）当 $v(x) \neq 0$ 时,$[\dfrac{u(x)}{v(x)}]' = \dfrac{u'(x) \cdot v(x) - v'(x) \cdot u(x)}{v^2(x)}$;

特别地,有 $[\dfrac{C}{v(x)}]' = -\dfrac{Cv'(x)}{v^2(x)}$（$C$ 为常数）.

证明*　（1）式是显然的,（3）式请读者自行证明,下面证明（2）式.

当自变量 x 有增量 Δx 时,函数 $u(x)$、$v(x)$ 及 y 相应的有增量 Δu、Δv 及 Δy ,且

$$\Delta u = u(x + \Delta x) - u(x) \Rightarrow u(x + \Delta x) = u(x) + \Delta u ,$$

$$\Delta v = v(x + \Delta x) - v(x) \Rightarrow v(x + \Delta x) = v(x) + \Delta v ,$$

$$\Delta y = u(x + \Delta x)v(x + \Delta x) - u(x)v(x)$$
$$= [u(x) + \Delta u][v(x) + \Delta v] - u(x)v(x)$$
$$= v(x)\Delta u + u(x)\Delta v + \Delta u \Delta v .$$

因为 $u(x)$、$v(x)$ 在点 x 处可导,所以有

$$u'(x) = \lim_{\Delta x \to 0} \frac{\Delta u}{\Delta x} , \quad v'(x) = \lim_{\Delta x \to 0} \frac{\Delta v}{\Delta x} .$$

由可导一定连续知

$$\lim_{\Delta x \to 0} \Delta u = 0 , \quad \lim_{\Delta x \to 0} \Delta v = 0 .$$

从而依导数定义及极限运算法则,得

$$y' = \lim_{\Delta x \to 0} \frac{\Delta y}{\Delta x} = \lim_{\Delta x \to 0} [v(x)\frac{\Delta u}{\Delta x} + u(x)\frac{\Delta v}{\Delta x} + \Delta u \frac{\Delta v}{\Delta x}]$$
$$= v(x) \lim_{\Delta x \to 0} \frac{\Delta u}{\Delta x} + u(x) \lim_{\Delta x \to 0} \frac{\Delta v}{\Delta x} + \lim_{\Delta x \to 0} \Delta u \lim_{\Delta x \to 0} \frac{\Delta v}{\Delta x}$$
$$= u'(x)v(x) + v'(x)u(x) ,$$

所以　　　$[u(x) \cdot v(x)]' = u'(x) \cdot v(x) + v'(x) \cdot u(x)$.

例 3.2.6　求下列函数的导数:

（1）$f(x) = \sqrt{x} + \dfrac{2}{x} - \cos\dfrac{\pi}{8}$;　　　　　　　　（2）$f(x) = x^2 \ln x$.

解　（1）$f'(x) = (x^{\frac{1}{2}})' + 2(x^{-1})' - (\cos\dfrac{\pi}{8})' = \dfrac{1}{2}x^{-\frac{1}{2}} - 2x^{-2} - 0 = \dfrac{1}{2\sqrt{x}} - \dfrac{2}{x^2}$.

（2）$f'(x) = (x^2)' \ln x + (\ln x)'x^2 = 2x \ln x + \dfrac{1}{x} \cdot x^2 = 2x \ln x + x$.

例 3.2.7　求下列函数的导数:

（1）$y = \sec x$;　　　　　　　　　（2）$y = \tan x$.

解　（1）$y' = (\dfrac{1}{\cos x})' = -\dfrac{(\cos x)'}{\cos^2 x} = \dfrac{\sin x}{\cos^2 x} = \dfrac{1}{\cos x} \cdot \dfrac{\sin x}{\cos x} = \sec x \tan x$ ，即

$(\sec x)' = \sec x \tan x$.

同法可得：$(\csc x)' = -\csc x \cot x$.

（2）$y' = (\dfrac{\sin x}{\cos x})' = \dfrac{(\sin x)' \cos x - (\cos x)' \sin x}{\cos^2 x} = \dfrac{\cos^2 x + \sin^2 x}{\cos^2 x} = \sec^2 x$ ，即

$(\tan x)' = \sec^2 x$.

同法可得：$(\cot x)' = -\csc^2 x$.

至此，我们已经得到除反三角函数外的所有基本初等函数的导数公式，即

（1）$(C)' = 0$（C 为常数）；

（2）$(x^\alpha)' = \alpha x^{\alpha-1}$（$\alpha \in \mathbf{R}$ 且 $\alpha \neq 0$）；

（3）$(a^x)' = a^x \ln a$（$a > 0$ 且 $a \neq 1$），特别地，有 $(\mathrm{e}^x)' = \mathrm{e}^x$；

（4）$(\log_a |x|)' = \dfrac{1}{x \ln a}$（$a > 0$ 且 $a \neq 1$），特别地，有 $(\ln|x|)' = \dfrac{1}{x}$；

（5）$(\sin x)' = \cos x$；

（6）$(\cos x)' = -\sin x$；

（7）$(\tan x)' = \sec^2 x$；

（8）$(\cot x)' = -\csc^2 x$；

（9）$(\sec x)' = \sec x \tan x$；

（10）$(\csc x)' = -\csc x \cot x$.

由于在今后的导数计算中使用频率比较高，所以下面的几个结论应特别记住：

$$(x)' = 1\ ; \ (\sqrt{x})' = \dfrac{1}{2\sqrt{x}}\ ; \ (\dfrac{1}{x})' = -\dfrac{1}{x^2}\ .$$

例 3.2.8　求下列函数的导数：

（1）$y = (\cot x + \csc x) \log_2 x$；　　　　　　（2）$y = \dfrac{1 + \tan x}{1 - \tan x}$.

解　（1）$y' = (\cot x + \csc x)' \log_2 x + (\log_2 x)'(\cot x + \csc x)$

$\qquad = -(\csc^2 x + \cot x \csc x) \log_2 x + \dfrac{\cot x + \csc x}{x \ln 2}$

$\qquad = (\cot x + \csc x)(\dfrac{1}{x \ln 2} - \csc x \log_2 x)$.

（2）$y' = \dfrac{\sec^2 x \cdot (1 - \tan x) - (-\sec^2 x)(1 + \tan x)}{(1 - \tan x)^2} = \dfrac{2 \sec^2 x}{(1 - \tan x)^2}$.

例 3.2.9*　求曲线 $y = x \ln x$ 上平行于直线 $2x - y + 3 = 0$ 的切线方程.

解　设切点坐标为 (x_0, y_0) .

由于函数 $y = x \ln x$ 的导数为

$\qquad y' = 1 + \ln x$ ，

所以曲线 $y = x \ln x$ 在切点 (x_0, y_0) 处的切线斜率为

$\qquad k_{切} = y'|_{x=x_0} = 1 + \ln x_0$.

直线 $2x-y+3=0$ 的斜率为 2 .

因为曲线 $y=x\ln x$ 的切线与直线 $2x-y+3=0$ 平行,所以
$$1+\ln x_0=2 ,$$
解得　　　　$x_0=\mathrm{e} , y_0=\mathrm{e} .$

所以所求切线方程为 $y-\mathrm{e}=2(x-\mathrm{e})$,即
$$y-2x+\mathrm{e}=0 .$$

例 3.2.10　求函数 $f(x)=x\cdot\sin x\cdot\ln x$ 的导数.

解　$f'(x)=[(x\cdot\sin x)\cdot\ln x]'=(x\cdot\sin x)'\cdot\ln x+(\ln x)'x\cdot\sin x$

$\qquad=[(x)'\cdot\sin x+(\sin x)'\cdot x]\cdot\ln x+x\cdot\sin x\cdot(\ln x)'$

$\qquad=(x)'\cdot\sin x\cdot\ln x+x\cdot(\sin x)'\cdot\ln x+x\cdot\sin x\cdot(\ln x)'$

$\qquad=\sin x\cdot\ln x+x\cdot\cos x\cdot\ln x+x\cdot\sin x\cdot\dfrac{1}{x}$

$\qquad=(1+\ln x)\sin x+x\cos x\ln x .$

事实上,定理 3.2.1 中的(1)式与(2)式在使用中都可以由两个可导函数推广到有限个可导函数的情形. 在求解例 3.2.10 的过程中可以明显看出,当对三个函数连乘积求导时,有着与两个函数乘积求导法则相同的特征,即若函数 $u(x)$ 、$v(x)$ 、$k(x)$ 均在点 x 处可导,则
$$(uvk)'=(u)'vk+u(v)'k+uv(k)' .$$

例 3.2.11　设函数 $f(x)=x(x-1)(x-2)\cdots(x-100)$,求 $f'(0)$.

解　**方法一(公式法)：**
$$f'(x)=x'(x-1)\cdots(x-100)+x(x-1)'\cdots(x-100)+\cdots+x(x-1)\cdots(x-100)'$$
$$=(x-1)(x-2)\cdots(x-100)+x(x-2)\cdots(x-100)+\cdots+x(x-1)(x-2)\cdots(x-99) ,$$
$$f'(0)=(x-1)(x-2)\cdots(x-100)|_{x=0}=100! .$$

方法二(定义法)：
$$f'(0)=\lim_{x\to 0}\frac{f(x)-f(0)}{x-0}=\lim_{x\to 0}\frac{x(x-1)(x-2)\cdots(x-100)-0}{x}$$
$$=\lim_{x\to 0}[(x-1)(x-2)\cdots(x-100)]=100! .$$

方法三(构造函数法)：

设 $g(x)=(x-1)(x-2)\cdots(x-100)$,则 $f(x)=xg(x)$.

因为 $f'(x)=[xg(x)]'=x'g(x)+x[g(x)]'=g(x)+x[g(x)]'$,所以
$$f'(0)=g(0)+x[g(x)]'|_{x=0}=g(0)=100! .$$

比较求解例 3.2.11 的三种方法,很显然方法一最为烦琐;方法二最快捷、易懂;方法三则明显需要很好的技巧,不易掌握.

在一般的导数计算中,使用频率最高,也是最方便的方法是公式法,即利用基本初等函数的导数公式以及导数四则运算法则进行计算. 但在某些时候,尤其是在计算函数在某一点处的导数的时候,公式法使用起来可能不方便或根本就不能使用,此时通常会考虑采用定义法,即利用导数的定义进行计算.

例 3.2.12*　设函数 $f(x)=\sqrt[3]{x}\sin x$,求 $f'(0)$.

解　因为函数 $\sqrt[3]{x}$ 在点 $x=0$ 处不可导（参见例 3.1.1），故不能使用导数的四则运算法则.

$$f'(0) = \lim_{x \to 0} \frac{f(x) - f(0)}{x - 0} = \lim_{x \to 0} \frac{\sqrt[3]{x} \sin x}{x} = \lim_{x \to 0} \frac{\sqrt[3]{x} \cdot x}{x} = \lim_{x \to 0} \sqrt[3]{x} = 0 .$$

由例 3.2.12 知，若函数 $f(x)$ 在点 x 处不可导，而函数 $g(x)$ 在点 x 处可导，则函数 $f(x)g(x)$ 在点 x 处有可能是可导的.

3.3　微分及反函数求导法则

3.3.1　函数增量公式

在许多实际问题中，当自变量有微小变化时，需要计算函数的改变量. 即当函数 $f(x)$ 在点 x 处有微小改变量 Δx 时，计算相应的函数的改变量 Δy . 这需要知道 Δy 与 Δx 之间的函数关系式，而函数的改变量的定义（ $\Delta y = f(x + \Delta x) - f(x)$ ）并没有给出 Δy 与 Δx 之间的函数关系式.

前面研究函数 $f(x)$ 在点 x 处的连续性（ $\lim\limits_{\Delta x \to 0} \Delta y = 0$ ）与可导性（ $f'(x) = \lim\limits_{\Delta x \to 0} \dfrac{\Delta y}{\Delta x}$ ）时，都涉及了自变量的增量 Δx 与函数的增量 Δy .

当函数 $f(x)$ 在点 x 处连续时，由 $\lim\limits_{\Delta x \to 0} \Delta y = 0$ 只能得到当 $\Delta x \to 0$ 时，$\Delta y \to 0$ ，并不能建立 Δy 与 Δx 之间的函数关系式.

下面研究函数 $f(x)$ 在点 x 处可导的情形.

若函数 $f(x)$ 在点 x 处可导，由 $\lim\limits_{\Delta x \to 0} \dfrac{\Delta y}{\Delta x} = f'(x)$ 和函数极限与无穷小的关系（定理 2.5.1 ）得

$$\frac{\Delta y}{\Delta x} = f'(x) + \alpha(\Delta x)（ 其中 \alpha(\Delta x) 为 \Delta x \to 0 时的无穷小 ）. \tag{3.3.1}$$

将式（ 3.3.1 ）两端同乘以 Δx ，得

$$\Delta y = f'(x)\Delta x + \alpha(\Delta x)\Delta x = f'(x)\Delta x + o(\Delta x) . \tag{3.3.2}$$

需要指出的是，因为 Δx 在式（ 3.3.1 ）中出现于分母处，所以式（ 3.3.2 ）只在 $\Delta x \neq 0$ 时成立. 事实上，因为当 $\Delta x = 0$ 时，式（ 3.3.2 ）中出现的 $\alpha(0)$ 尚未有定义，所以即使当 $\Delta x = 0$ 时，$\Delta y = 0$ 这个应有的结果也不能在式（ 3.3.2 ）中得出.

因此，不妨定义

$$\alpha(0) = \lim_{\Delta x \to 0} \alpha(\Delta x) = 0 .$$

这样不仅无论 Δx 是否为零，式（ 3.3.2 ）都会成立，而且当 $\Delta x = 0$ 时，也会有 $\Delta y = 0$ 成立.

因此得到如下结论：若函数 $f(x)$ 在点 x 处可导，则有**函数增量公式**

$$\Delta y = f'(x)\Delta x + \alpha(\Delta x)\Delta x = f'(x)\Delta x + o(\Delta x) , \tag{3.3.3}$$

其中　　　$\alpha(0) = \lim\limits_{\Delta x \to 0} \alpha(\Delta x) = 0 .$

3.3.2　函数微分的定义

由函数增量公式可知,可导函数 $f(x)$ 在点 x 处的增量由两部分构成,即

$$f'(x)\Delta x \quad \text{与} \quad o(\Delta x)\,(\text{即}\,\alpha(\Delta x)\Delta x).$$

$f'(x)\Delta x$ 与 $\alpha(\Delta x)\Delta x$ 具有如下特征:

（1）若 $f'(x) \neq 0$,因为

$$\lim_{\Delta x \to 0}\frac{\Delta y}{f'(x)\Delta x} = \lim_{\Delta x \to 0}\frac{f'(x)\Delta x + \alpha(\Delta x)\Delta x}{f'(x)\Delta x} = \lim_{\Delta x \to 0}[1 + \frac{\alpha(\Delta x)}{f'(x)}] = 1 ,$$

所以当 $\Delta x \to 0$ 时, $f'(x)\Delta x$ 与 Δy 是等价无穷小;

（2）因为

$$\lim_{\Delta x \to 0}\frac{\alpha(\Delta x)\Delta x}{\Delta y} = \lim_{\Delta x \to 0}\frac{\Delta y - f'(x)\Delta x}{\Delta y} = \lim_{\Delta x \to 0}[1 - \frac{f'(x)}{\dfrac{\Delta y}{\Delta x}}] = 0 ,$$

所以当 $\Delta x \to 0$ 时, $\alpha(\Delta x)\Delta x$ 是比 Δy 高阶的无穷小.

因此,对可导函数的增量 Δy 而言,若 $f'(x) \neq 0$,则当 $|\Delta x|$ 很小时,起主要作用的是 $f'(x)\Delta x$,称 $f'(x)\Delta x$ 为 Δy 的**线性主部**.

在实际应用中,很多时候并不需要计算 Δy 的精确值,在保证一定精度的条件下求出 Δy 的近似值即可. 所以,当 $|\Delta x|$ 很小时,可用 $f'(x)\Delta x$ 近似代替 Δy ,且 $|\Delta x|$ 越小, $f'(x)\Delta x$ 近似代替 Δy 的精度越高. 这就将计算复杂的 Δy 转化为计算其线性主部 $f'(x)\Delta x$,所产生的误差 $\alpha(\Delta x)\Delta x$ 是比 Δx 高阶的无穷小.

定义 3.3.1　可导函数 $f(x)$ 在点 x 处的增量 Δy 的线性主部 $f'(x)\Delta x$ 称为函数 $f(x)$ 在点 x 处（关于 Δx ）的**微分**,记作 $\mathrm{d}y$ 或 $\mathrm{d}f(x)$,即

$$\mathrm{d}y = \mathrm{d}f(x) = f'(x)\Delta x . \tag{3.3.4}$$

当函数 $f(x)$ 在点 x 处有微分 $\mathrm{d}y$ 时,也称函数 $f(x)$ 在点 x 处**可微**. 当函数 $f(x)$ 在区间 I 内的每一点处都可微时,称函数 $f(x)$ 在区间 I 内可微,或称函数 $f(x)$ 是区间 I 内的**可微函数**.

例 3.3.1　求函数 $y = x^3$ 在点 $x = 2$ 处当有 $\Delta x = 0.02$ 时的增量与微分.

解　因为 $\Delta y = (x + \Delta x)^3 - x^3 = 3x^2\Delta x + 3x \cdot (\Delta x)^2 + (\Delta x)^3$,所以

$$\Delta y\Big|_{\substack{x=2 \\ \Delta x=0.02}} = 3 \times 2^2 \times 0.02 + 3 \times 2 \times 0.02^2 + (0.02)^3 = 0.242\ 408 .$$

因为 $\mathrm{d}y = f'(x)\Delta x = 3x^2\Delta x$,所以

$$\mathrm{d}y\Big|_{\substack{x=2 \\ \Delta x=0.02}} = 3 \times 2^2 \times 0.02 = 0.24 .$$

例 3.3.2　设函数 $y = x\ln x - \sin x + \mathrm{e}^2$,求 $\mathrm{d}y$ 与 $\mathrm{d}y\big|_{x=1}$.

解　因为 $y' = (x\ln x)' - (\sin x)' + (\mathrm{e}^2)' = x'\ln x + x(\ln x)' - \cos x + 0 = \ln x + 1 - \cos x$,所以

$$\mathrm{d}y = y'\mathrm{d}x = (\ln x - \cos x + 1)\mathrm{d}x ;$$

$$\mathrm{d}y\big|_{x=1} = (\ln x - \cos x + 1)\big|_{x=1}\,\mathrm{d}x = (1 - \cos 1)\mathrm{d}x .$$

3.3.3 可微与可导的关系

函数在一点处可导与可微在形式上看是不同的,但由定义 3.3.1 知,对一元函数 $f(x)$ 而言,函数 $f(x)$ 在点 x 处可导和函数 $f(x)$ 在点 x 处可微是等价的. 它们需要相同的条件,虽然形式各异,但本质相同,因此它们是同义语,彼此没有区别. 当专称函数 $f(x)$ 在点 x 处可微时,往往是为了突出函数 $f(x)$ 具有式(3.3.4)所表达的性质.

对函数 $y = x$,有

$$\mathrm{d}y = \mathrm{d}x = (x)'\Delta x = \Delta x ,$$

即　　　　$\mathrm{d}x = \Delta x$.

这表明,当 x 是自变量时,它的增量就等于自身的微分.

这样一来,式(3.3.4)又可改写成:

$$\mathrm{d}y = f'(x)\mathrm{d}x \tag{3.3.5}$$

现在可以给出"导数"的另外一种记号.

将式(3.3.5)的两边同除以 $\mathrm{d}x$,得

$$\frac{\mathrm{d}y}{\mathrm{d}x} = f'(x) \tag{3.3.6}$$

这就是说,导数 $f'(x)$ 可用 $\dfrac{\mathrm{d}y}{\mathrm{d}x}$ 或 $\dfrac{\mathrm{d}f(x)}{\mathrm{d}x}$ 或 $\dfrac{\mathrm{d}}{\mathrm{d}x}f(x)$ 表示. 从此以后,导数的这两种记号将经常被混用而无须加以特殊的说明.

由于 $\dfrac{\mathrm{d}y}{\mathrm{d}x}$ 是函数的微分 $\mathrm{d}y$ 与自变量的微分 $\mathrm{d}x$ 的商,因此导数也称为**微商**.

若求出了函数 $f(x)$ 在点 x 处的导数 $f'(x)$,再乘上 $\mathrm{d}x$ 即得函数 $f(x)$ 在点 x 处的微分 $\mathrm{d}y$. 反之,若已知函数 $f(x)$ 在点 x 处的微分 $\mathrm{d}y$,再除以 $\mathrm{d}x$ 即得函数 $f(x)$ 在点 x 处的导数 $f'(x)$. 因此,求出了导数(微分)就意味着求出了微分(导数),所以求导数与求微分都称为**微分法或微分运算**.

必须注意,导数与微分虽然有着密切的关系,却还是有区别的.

首先,从导数与微分的来源与结构上看,导数作为具有确定结构的差商的极限,反映的是函数在一点处的变化率,比微分更为基本;微分则是函数在一点处由自变量的增量而引起的函数增量的线性主部. 因为导数可以表示成两个微分之商,故在某些场合,微分表现出比导数具有更大的灵活性与适应性.

其次,函数 $f(x)$ 在点 x_0 处的导数 $f'(x_0)$ 是一个确定的数值且仅与 x_0 有关;而函数 $f(x)$ 在点 x_0 处的微分 $\mathrm{d}f(x)\big|_{x=x_0} = f'(x_0)\Delta x$ 是 Δx 的线性函数(定义域为 R),且是 $\Delta x \to 0$ 时的无穷小,它的值不仅与 x_0 有关,还与 Δx 有关.

3.3.4 反函数求导法则

定理 3.3.1(**反函数求导法则**)　设可导函数 $f(x)$ 的反函数 $x = f^{-1}(y)$ 仍可导,且 $[f^{-1}(y)]' \neq 0$,则

$$f'(x) = \frac{\mathrm{d}y}{\mathrm{d}x} = \frac{1}{\mathrm{d}x/\mathrm{d}y} = \frac{1}{[f^{-1}(y)]'} . \tag{3.3.7}$$

因为反函数导数公式中没有改变自变量的记号,所以对 y 求导后需将 y 换回为 x.

例 3.3.3　求下列函数的导数:

(1) $y = \arcsin x$;　　　　　　　　　　(2) $y = \arctan x$.

解 (1) 因为 $y = \arcsin x(x \in (-1,1))$ 是 $x = \sin y$ ($y \in (-\frac{\pi}{2}, \frac{\pi}{2})$)的反函数,所以由反函数求导法则,得

$$(\arcsin x)' = \frac{1}{(\sin y)'} = \frac{1}{\cos y} = \frac{1}{\sqrt{1-\sin^2 y}} = \frac{1}{\sqrt{1-x^2}} \ (x \in (-1,1)) .$$

同法可得: $(\arccos x)' = -\frac{1}{\sqrt{1-x^2}} \ (x \in (-1,1))$.

(2) 因为 $y = \arctan x(x \in R)$ 是 $x = \tan y$ ($y \in (-\frac{\pi}{2}, \frac{\pi}{2})$)的反函数,所以由反函数求导法则,得

$$(\arctan x)' = \frac{1}{(\tan y)'} = \frac{1}{\sec^2 y} = \frac{1}{1+\tan^2 y} = \frac{1}{1+x^2} \ (x \in \mathbf{R}) .$$

同法可得: $(\text{arc cot } x)' = -\frac{1}{1+x^2} \ (x \in \mathbf{R})$.

利用反函数求导法则,我们可得到四种常用反三角函数的导数公式,即

(1) $(\arcsin x)' = \frac{1}{\sqrt{1-x^2}} \ (x \in (-1,1))$;

(2) $(\arccos x)' = -\frac{1}{\sqrt{1-x^2}} \ (x \in (-1,1))$;

(3) $(\arctan x)' = \frac{1}{1+x^2}$;

(4) $(\text{arc cot } x)' = -\frac{1}{1+x^2}$.

至此,综合前述 3.2.2 中的 10 个导数公式,我们已经得到所有基本初等函数的共 14 个导数公式.

3.3.5　微分公式与微分运算法则

因为可导函数 $f(x)$ 的微分 $\mathrm{d}y$ 等于其导数 $f'(x)$ 乘以自变量的微分 $\mathrm{d}x$,从而根据基本初等函数导数公式和导数四则运算法则,即可得到相应的基本初等函数微分公式和微分四则运算法则.

1. 基本初等函数微分公式

(1) $\mathrm{d}(C) = 0$ (C 为常数).

(2) $\mathrm{d}(x^\alpha) = \alpha x^{\alpha-1}\mathrm{d}x$ ($\alpha \in \mathbf{R}$ 且 $\alpha \neq 0$).

(3) $\mathrm{d}(a^x) = a^x \ln a\,\mathrm{d}x$ ($a > 0$ 且 $a \neq 1$).

(4) $\mathrm{d}(\mathrm{e}^x) = \mathrm{e}^x\mathrm{d}x$.

（5）$d(\log_a |x|) = \dfrac{1}{x \ln a} dx \ (a > 0 \ 且 \ a \neq 1)$.

（6）$d(\ln |x|) = \dfrac{1}{x} dx$.

（7）$d(\sin x) = \cos x dx$.

（8）$d(\cos x) = -\sin x dx$.

（9）$d(\tan x) = \sec^2 x dx$.

（10）$d(\cot x) = -\csc^2 x dx$.

（11）$d(\sec x) = \sec x \tan x dx$.

（12）$d(\csc x) = -\csc x \cot x dx$.

（13）$d(\arcsin x) = \dfrac{1}{\sqrt{1-x^2}} dx$.

（14）$d(\arccos x) = -\dfrac{1}{\sqrt{1-x^2}} dx$.

（15）$d(\arctan x) = \dfrac{1}{1+x^2} dx$.

（16）$d(\operatorname{arccot} x) = -\dfrac{1}{1+x^2} dx$.

2. 微分四则运算法则

设函数 $u = u(x)$、$v = v(x)$ 均在点 x 处可微, 则

（1）$d[u(x) \pm v(x)] = d[u(x)] \pm d[v(x)]$,

特别地, 有 $d[u(x) + C] = d[u(x)]$（C 为常数）;

（2）$d[u(x)v(x)] = v(x)d[u(x)] + u(x)d[v(x)]$,

特别地, 有 $d[Cu(x)] = Cd[u(x)]$（C 为常数）;

（3）$d[\dfrac{u(x)}{v(x)}] = \dfrac{v(x)d[u(x)] - u(x)d[v(x)]}{v^2(x)}$ $(v(x) \neq 0)$.

例 3.3.4 求函数 $y = e^x \sin x - \dfrac{\ln x}{x}$ 的微分.

解 **方法一**: 因为 $\dfrac{dy}{dx} = (e^x \sin x - \dfrac{\ln x}{x})' = (e^x \sin x)' - (\dfrac{\ln x}{x})'$

$= (e^x)' \sin x + e^x (\sin x)' - \dfrac{x(\ln x)' - (x)' \ln x}{x^2} = e^x \sin x + e^x \cos x - \dfrac{1 - \ln x}{x^2}$,

所以 $dy = (e^x \sin x + e^x \cos x - \dfrac{1 - \ln x}{x^2})dx$.

方法二: $dy = d(e^x \sin x - \dfrac{\ln x}{x}) = d(e^x \sin x) - d(\dfrac{\ln x}{x})$

$= \sin x d(e^x) + e^x d(\sin x) - \dfrac{x d(\ln x) - \ln x dx}{x^2}$

$= e^x \sin x dx + e^x \cos x dx - \dfrac{dx - \ln x dx}{x^2}$

$= (e^x \sin x + e^x \cos x - \dfrac{1 - \ln x}{x^2})dx$.

3.3.6　微分的几何意义

设函数 $f(x)$ 在点 x_0 处可导. 作出函数曲线 $y = f(x)$,以及曲线在点 $P_0(x_0, f(x_0))$ 处的切线 P_0T ,设切线的倾角为 θ .

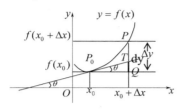

图 3.5.1

给自变量 x 以增量 Δx ,使自变量 x 由 x_0 变化到 $x_0 + \Delta x$. 那么,对应于横坐标 $x_0 + \Delta x$,曲线与切线上分别有点 P 与 T . 由图 3.5.1 知,

$$QT = P_0Q \cdot \tan\theta = \Delta x \cdot \tan\theta = \Delta x \cdot f'(x_0) = \mathrm{d}y .$$

因此,微分的几何意义是函数 $f(x)$ 在点 x_0 处(关于 Δx)的微分 $\mathrm{d}y$,就是当自变量 x 有增量 Δx 而从点 x_0 变到点 $x_0 + \Delta x$ 时,函数曲线 $y = f(x)$ 在点 $P_0(x_0, f(x_0))$ 处的切线 P_0T 上分别对应于点 x_0 与点 $x_0 + \Delta x$ 的纵坐标的增量.

用函数的微分近似代替函数的增量,即是用点 P_0 处的切线上纵坐标增量 QT 近似代替曲线上纵坐标增量 QP ,所产生的误差为 $TP = \Delta y - \mathrm{d}y$. 从图 3.5.1 可以看出,当 Δx 很小时, $|\Delta y - \mathrm{d}y|$ 比 $|\Delta x|$ 要小得多.

3.3.7*　微分几何意义的进一步讨论

由 $\Delta y \approx \mathrm{d}y$ (当 $|\Delta x|$ 很小时)与 $\Delta x = x - x_0$, $\Delta y = f(x) - f(x_0)$, $\mathrm{d}y = f'(x_0)\Delta x$,得

$$f(x) - f(x_0) \approx f'(x_0)(x - x_0) ,$$

即当 $|x - x_0|$ 很小时,

$$f(x) \approx f(x_0) + f'(x_0)(x - x_0) . \tag{3.3.8}$$

式(3.3.8)表明,在点 x_0 附近,函数 $f(x)$ 可以用线性函数 $f(x_0) + f'(x_0)(x - x_0)$ 近似代替,这正是函数 $f(x)$ 在点 x_0 处可导或可微的实质. 式(3.3.8)也常被用来进行函数值的近似计算.

由于 $y = f(x_0) + f'(x_0)(x - x_0)$ 是曲线 $y = f(x)$ 在点 $(x_0, f(x_0))$ 处的切线方程,所以在点 $(x_0, f(x_0))$ 附近,曲线 $y = f(x)$ 可以用切线 $y = f(x_0) + f'(x_0)(x - x_0)$ 来近似代替,也即是所谓的"以直代曲".

例 3.3.5　计算 $\sqrt{1.01}$ 的近似值.

解　设函数 $f(x) = \sqrt{x}$,则 $f'(x) = (\sqrt{x})' = \dfrac{1}{2\sqrt{x}}$.

取 $x_0 = 1$,利用式(3.3.8),有

$$\sqrt{1.01} = f(1.01) \approx f(1) + f'(1)(1.01 - 1) = 1 + \left.\frac{1}{2\sqrt{x}}\right|_{x=1} \times 0.01 = 1.005 .$$

3.4　复合函数的求导法则及一阶微分形式不变性

　　应用基本初等函数的导数公式和导数的四则运算法则,可求出一些比较复杂的初等函数的导数.但产生初等函数的方法,除了函数的四则运算外,还有函数的复合运算,而且稍复杂一点的初等函数是通过函数四则运算和复合运算产生的.因此,若不解决复合函数的求导问题,则基本初等函数的导数公式和导数的四则运算法则就不能充分发挥作用.所以,复合函数的求导法则是求初等函数的导数必不可少的工具.

3.4.1　复合函数的求导法则

　　定理 3.4.1　设函数 $y = f[g(x)]$ 由函数 $y = f(u)$ 与 $u = g(x)$ 复合而成,点 x 为函数 $y = f[g(x)]$ 定义域内的任意一点.若函数 $u = g(x)$ 在点 x 处有导数 $\dfrac{\mathrm{d}u}{\mathrm{d}x} = g'(x)$,函数 $y = f(u)$ 在对应点 u 处有导数 $\dfrac{\mathrm{d}y}{\mathrm{d}u} = f'(u)$,则复合函数 $y = f[g(x)]$ 在点 x 处可导,且

$$\{f[g(x)]\}' = \frac{\mathrm{d}y}{\mathrm{d}x} = \frac{\mathrm{d}y}{\mathrm{d}u} \cdot \frac{\mathrm{d}u}{\mathrm{d}x} = f'(u)g'(x) = f'[g(x)] \cdot g'(x) . \qquad (3.4.1)$$

　　证明*　给自变量 x 以增量 Δx ,函数 $u = g(x)$ 有增量 Δu ,从而函数 $y = f(u)$ 有增量 Δy .因为 u 是中间变量,所以当 $\Delta x \neq 0$ 时, Δu 可能为零.但根据函数增量公式,无论 Δu 是否为零,都有

$$\Delta y = f'(u)\Delta u + \alpha(\Delta u)\Delta u , \qquad (3.4.2)$$

其中 $\alpha(\Delta u)$ 是当 $\Delta u \to 0$ 时的无穷小.

　　因为函数 $u = g(x)$ 在点 x 处可导,所以函数 $u = g(x)$ 在点 x 处连续.从而当 $\Delta x \to 0$ 时,有 $\Delta u \to 0$,因此 $\lim\limits_{\Delta x \to 0} \alpha(\Delta u) = 0$.

　　将式(3.4.2)的两边同除以 Δx ,并对所得结果取 $\Delta x \to 0$ 时的极限,得

$$\frac{\mathrm{d}y}{\mathrm{d}x} = \lim_{\Delta x \to 0} \frac{\Delta y}{\Delta x} = \lim_{\Delta x \to 0} [f'(u)\frac{\Delta u}{\Delta x} + \alpha(\Delta u)\frac{\Delta u}{\Delta x}]$$

$$= f'(u)\lim_{\Delta x \to 0}\frac{\Delta u}{\Delta x} + \lim_{\Delta x \to 0}\alpha(\Delta u)\lim_{\Delta x \to 0}\frac{\Delta u}{\Delta x} = \frac{\mathrm{d}y}{\mathrm{d}u} \cdot \frac{\mathrm{d}u}{\mathrm{d}x} .$$

即　　　　$$\{f[g(x)]\}' = f'(u)g'(x) = f'[g(x)] \cdot g'(x) .$$

　　运用复合函数求导法则求导数的方法通常称为**链式求导法**.

　　需要注意的是,运用链式求导法求导时,因引入中间变量 u ,且对中间变量 u 求导,所以算式 $f'(u)g'(x)$ 中含有中间变量 u .而欲求的是关于自变量 x 的导数,故运用链式求导法后,还需将算式 $f'(u)g'(x)$ 中的中间变量 u 换回为自变量 x 的函数 $g(x)$.

　　例 3.4.1　设函数 $f(x)$ 为可导函数,求下列各复合函数的导数:

（ 1 ） $f(x^2)$;　　　　　　　　　　　　（ 2 ） $f(\sin x)$;

（ 3 ） $f^2(x)$;　　　　　　　　　　　　（ 4 ） $\sin f(x)$.

　　解　（ 1 ）因为函数 $f(x^2)$ 可看作由函数 $f(u)$ 、 $u = x^2$ 复合而成,所以

$$[f(x^2)]' = f'(u)(x^2)' = 2xf'(x^2) .$$

（2）因为函数 $f(\sin x)$ 可看作由函数 $f(u)$、$u = \sin x$ 复合而成，所以

$$[f(\sin x)]' = f'(u)(\sin x)' = f'(\sin x) \cdot \cos x .$$

（3）因为函数 $f^2(x)$ 可看作由函数 u^2、$u = f(x)$ 复合而成，所以

$$[f^2(x)]' = (u^2)'f'(x) = 2u \cdot f'(x) = 2f(x) \cdot f'(x) .$$

（4）因为函数 $\sin f(x)$ 可看作由函数 $\sin u$、$u = f(x)$ 复合而成，所以

$$[\sin f(x)]' = (\sin u)'f'(x) = \cos u \cdot f'(x) = \cos[f(x)] \cdot f'(x) .$$

例 3.4.2　求函数 $y = \arctan \dfrac{x}{a} \, (a \neq 0)$ 与 $y = \arcsin \dfrac{x}{a} \, (a > 0)$ 的导数.

解　因为函数 $y = \arctan \dfrac{x}{a}$ 可看作由函数 $y = \arctan u$、$u = \dfrac{x}{a}$ 复合而成，所以

$$y' = (\arctan u)' \cdot \left(\frac{x}{a}\right)' = \frac{1}{1+u^2} \cdot \frac{1}{a} = \frac{a}{a^2 + x^2} ,$$

即　　$\left(\arctan \dfrac{x}{a}\right)' = \dfrac{a}{a^2 + x^2}$ （ $a \neq 0$ ）.

同法可得：$\left(\arcsin \dfrac{x}{a}\right)' = \dfrac{1}{\sqrt{a^2 - x^2}}$ $(a > 0)$.

例 3.4.3　求函数 $y = (\arcsin x)^2$ 的导数.

解　因为函数 $y = (\arcsin x)^2$ 可看作由函数 $y = u^2$、$u = \arcsin x$ 复合而成，所以

$$y' = (u^2)' \cdot (\arcsin x)' = 2u \cdot \frac{1}{\sqrt{1-x^2}} = \frac{2\arcsin x}{\sqrt{1-x^2}} .$$

例 3.4.4　求函数 $y = \ln \csc x$ 的导数.

解　因为函数 $y = \ln \csc x$ 可看作由函数 $y = \ln u$、$u = \csc x$ 复合而成，所以

$$y' = (\ln u)' \cdot (\csc x)' = \frac{1}{u}(-\csc x \cot x) = -\cot x .$$

在对复合函数的分解和链式求导法比较熟悉后，在求导过程中间变量可以不写出来，而直接写出函数对中间变量的求导结果.

例 3.4.5　求函数 $y = 2\cos(5x - 3)$ 的导数.

解　$y' = -2\sin(5x - 3) \cdot (5x - 3)' = -10\sin(5x - 3)$.

例 3.4.6　求函数 $y = (1 - 2x^2)^{\frac{1}{3}}$ 的导数.

解　$y' = \dfrac{1}{3}(1 - 2x^2)^{-\frac{2}{3}} \cdot (1 - 2x^2)' = -\dfrac{4}{3}x(1 - 2x^2)^{-\frac{2}{3}}$.

例 3.4.7　求证对于任意的 $x \neq 0$，有 $(\log_a |x|)' = \dfrac{1}{x \ln a}$ （ $a > 0$ 且 $a \neq 1$ ）.

证明　（1）当 $x > 0$ 时，$\log_a |x| = \log_a x$，由例 3.2.3 知，

$$(\log_a |x|)' = (\log_a x)' = \frac{1}{x \ln a} .$$

（2）当 $x < 0$ 时，$\log_a |x| = \log_a(-x)$，利用（1）中的结论，有

$$(\log_a |x|)' = [\log_a(-x)]' = \frac{1}{(-x)\ln a}(-x)' = \frac{1}{x \ln a} .$$

综合（1）和（2）的结论得：$(\log_a|x|)' = \dfrac{1}{x\ln a}$（ $a>0$ 且 $a\neq 1$ ）.

例 3.4.8　求函数 $y = \sin 2x\cos 3x$ 的导数.

解　$y' = (\sin 2x)'\cos 3x + (\cos 3x)'\sin 2x$

$\qquad = \cos 2x\cdot(2x)'\cdot\cos 3x - \sin 3x\cdot(3x)'\cdot\sin 2x = 2\cos 2x\cos 3x - 3\sin 3x\sin 2x$.

例 3.4.9　求函数 $y = \dfrac{e^x - e^{-x}}{e^x + e^{-x}}$ 的导数.

解　$y' = \dfrac{(e^x - e^{-x})'(e^x + e^{-x}) - (e^x + e^{-x})'(e^x - e^{-x})}{(e^x + e^{-x})^2}$

$\qquad = \dfrac{[e^x - e^{-x}(-x)'](e^x + e^{-x}) - [e^x + e^{-x}(-x)'](e^x - e^{-x})}{(e^x + e^{-x})^2}$

$\qquad = \dfrac{(e^x + e^{-x})(e^x + e^{-x}) - (e^x - e^{-x})(e^x - e^{-x})}{(e^x + e^{-x})^2} = \dfrac{4}{(e^x + e^{-x})^2}$.

例 3.4.10　求函数 $y = \ln(x + \sqrt{x^2 \pm a^2})$ $(a\neq 0)$ 的导数.

解　$y' = \dfrac{1}{x + \sqrt{x^2 \pm a^2}}(x + \sqrt{x^2 \pm a^2})' = \dfrac{1}{x + \sqrt{x^2 \pm a^2}}[1 + \dfrac{1}{2\sqrt{x^2 \pm a^2}}(x^2 \pm a^2)']$

$\qquad = \dfrac{1}{x + \sqrt{x^2 \pm a^2}}(1 + \dfrac{x}{\sqrt{x^2 \pm a^2}}) = \dfrac{1}{\sqrt{x^2 \pm a^2}}$.

即　　$[\ln(x + \sqrt{x^2 \pm a^2})]' = \dfrac{1}{\sqrt{x^2 \pm a^2}}$ $(a\neq 0)$.

例 3.4.11* 　求幂指函数 $[f(x)]^{g(x)}$ （ $f(x)>0$ 且 $f(x)\neq 1$ ）的导数.

解　$y' = \{[f(x)]^{g(x)}\}' = [e^{g(x)\cdot\ln f(x)}]' = e^{g(x)\cdot\ln f(x)}\cdot[g(x)\cdot\ln f(x)]'$

$\qquad = [f(x)]^{g(x)}\cdot[g'(x)\cdot\ln f(x) + g(x)\cdot\dfrac{f'(x)}{f(x)}]$

$\qquad = [f(x)]^{g(x)}\cdot g'(x)\cdot\ln f(x) + g(x)\cdot[f(x)]^{g(x)-1}\cdot f'(x)$,

特别地,有 $(x^x)' = x^x(\ln x + 1)$ （ $x>0$ 且 $x\neq 1$ ）.

3.4.2　一阶微分形式不变性

当 u 是自变量时,可导函数 $y = f(u)$ 的微分为 $dy = f'(u)du$;当 u 是自变量 x 的可导函数 $u = g(x)$ 时,由可导函数 $y = f(u)$ 、$u = g(x)$ 构成的复合函数 $y = f[g(x)]$ 的微分为

$\qquad dy = y'_x dx = f'(u)g'(x)dx = f'(u)d[g(x)] = f'(u)du$.

由此可知,无论 u 是自变量还是中间变量,可导函数 $y = f(u)$ 的微分 dy 总保持同一个形式,都可以用 $f'(u)du$ 来表示. 这一性质,称为函数的**一阶微分形式不变性**.

根据一阶微分形式不变性,将基本初等函数微分公式中的 x 换成可导函数 $g(x)$ 后公式仍成立,这对于求复合函数 $y = f[g(x)]$ 的微分是十分方便的.

例如,由 $d(e^x) = e^x dx$ 可以得出

$\qquad d[e^{g(x)}] = e^{g(x)}d[g(x)]$ （ $g(x)$ 为可导函数 ）.

利用一阶微分形式不变性,可以方便地求出复合关系比较复杂的复合函数的微分与导数. 在逐步微分的过程中,不论变量之间的关系和复合结构如何错综复杂,都可以不必对因

变量、中间变量、自变量进行辨认和区别,而一律作为自变量来对待.

例 3.4.12　求函数 $y = \log_2 \sec 2^x$ 的微分.

解　$dy = \dfrac{1}{\sec 2^x \cdot \ln 2} d(\sec 2^x) = \dfrac{\sec 2^x \cdot \tan 2^x}{\sec 2^x \cdot \ln 2} d(2^x)$

$= \dfrac{\tan 2^x}{\ln 2} 2^x \ln 2 dx = 2^x \tan 2^x dx$.

例 3.4.13　求函数 $y = \sqrt{\cot \dfrac{x}{2}}$ 的微分.

解　$dy = \dfrac{1}{2}(\cot \dfrac{x}{2})^{-\frac{1}{2}} d(\cot \dfrac{x}{2}) = \dfrac{1}{2\sqrt{\cot \dfrac{x}{2}}}(-\csc^2 \dfrac{x}{2}) d(\dfrac{x}{2}) = -\dfrac{1}{4}\csc^2 \dfrac{x}{2} \sqrt{\tan \dfrac{x}{2}} dx$.

例 3.4.14　求函数 $y = e^{\text{arccot} \sqrt{x}}$ 的微分.

解　$dy = e^{\text{arc cot} \sqrt{x}} d(\text{arc cot} \sqrt{x}) = e^{\text{arc cot} \sqrt{x}} \cdot \dfrac{-1}{1+(\sqrt{x})^2} d(\sqrt{x}) = -\dfrac{e^{\text{arc cot} \sqrt{x}}}{2\sqrt{x}(1+x)} dx$.

3.5　高阶导数及几种特殊求导方法

3.5.1　高阶导数

一般地讲,函数 $y = f(x)$ 的导函数 $y' = f'(x)$ 仍是关于 x 的函数,若极限

$$\lim_{\Delta x \to 0} \frac{f'(x+\Delta x) - f'(x)}{\Delta x}$$

存在,即函数 $y' = f'(x)$ 的导数存在,则称函数 $y' = f'(x)$ 的导数为函数 $y = f(x)$ 的**二阶导数**,可记作 y'', $f''(x)$, $\dfrac{d^2 y}{dx^2}$, $\dfrac{d^2 f(x)}{dx^2}$,即

$$y'' = (y')' = \frac{dy'}{dx} = \frac{d}{dx}\left(\frac{dy}{dx}\right) = \frac{d^2 y}{dx^2} .$$

类似地,二阶导数 $f''(x)$ 的导数称为函数 $f(x)$ 的**三阶导数**,记作 $f'''(x)$ 或 $\dfrac{d^3 y}{dx^3}$. 三阶导数 $f'''(x)$ 的导数称为函数 $f(x)$ 的**四阶导数**,记作 $f^{(4)}(x)$ 或 $\dfrac{d^4 y}{dx^4}$. 其他阶导数依此类推.

一般地,函数 $f(x)$ 的 $n-1$ 阶导数 $f^{(n-1)}(x)$ 的导数称为函数 $f(x)$ 的 **n 阶导数**,记作 $f^{(n)}(x)$ 或 $\dfrac{d^n y}{dx^n}$,即

$$y^{(n)} = (y^{(n-1)})' = \frac{dy^{(n-1)}}{dx} = \frac{d}{dx}\left(\frac{d^{n-1} y}{dx^{n-1}}\right) = \frac{d^n y}{dx^n} = \lim_{\Delta x \to 0} \frac{f^{(n-1)}(x+\Delta x) - f^{(n-1)}(x)}{\Delta x} .$$

二阶和二阶以上的导数统称为**高阶导数**. 相对于高阶导数来说,把函数 $f(x)$ 的导数 $f'(x)$ 称为函数 $f(x)$ 的**一阶导数**,而把函数 $f(x)$ 称为它自己的**零阶导数**.

例 3.5.1　求函数 $y = \sqrt{a^2 - x^2}$ 的二阶导数 y'' .

解 因 $y' = \dfrac{1}{2\sqrt{a^2 - x^2}}(a^2 - x^2)' = -\dfrac{x}{\sqrt{a^2 - x^2}}$,所以

$$y'' = -(\dfrac{x}{\sqrt{a^2 - x^2}})' = -\dfrac{\sqrt{a^2 - x^2} + x\dfrac{x}{\sqrt{a^2 - x^2}}}{a^2 - x^2} = -\dfrac{a^2}{(a^2 - x^2)^{\frac{3}{2}}} = -a^2(a^2 - x^2)^{-\frac{3}{2}} .$$

例 3.5.2* 已知函数 $y = x^n (n \in N^+)$,求 $y^{(n-1)}$, $y^{(n)}$, $y^{(n+1)}$.

解 因 $y' = (x^n)' = nx^{n-1}$, $y'' = (nx^{n-1})' = n(n-1)x^{n-2}$, $y''' = n(n-1)(n-2)x^{n-3}$,$\cdots$,所以

$$y^{(n-1)} = n(n-1)(n-2)\cdots 2 \cdot x = n!x , \ y^{(n)} = (n!x)' = n! , \ y^{(n+1)} = (n!)' = 0 .$$

即

$$(x^n)^{(n-1)} = n!x ; \ (x^n)^{(n)} = n! ; \ (x^n)^{(n+1)} = 0 .$$

例 3.5.3* 设函数 $f(x)$ 为二阶可导函数,求函数 $y = f(x^2)$ 的二阶导数 y'' .

解 因 $y' = 2xf'(x^2)$ (参见例 3.4.1（1）),所以

$$y'' = [2xf'(x^2)]' = 2(x)'f'(x^2) + 2x[f'(x^2)]'$$
$$= 2f'(x^2) + 2x[f''(x^2) \cdot (x^2)'] = 2f'(x^2) + 4x^2 f''(x^2) .$$

3.5.2 由参数方程所确定的函数的导数

对平面曲线的描述,除了前面所介绍的显函数 $y = f(x)$ 以及后面将要学到的隐函数 $F(x, y) = 0$ 外,还学过曲线的参数方程,即

$$x = \varphi(t)、y = \phi(t)(\alpha \leqslant t \leqslant \beta) .$$

在参数方程中给定一个 x 值,可通过 $x = \varphi(t)$ 求出 t 值,然后再通过 $y = \phi(t)$ 求出 y 值,所以 y 是关于 x 的函数,并称此函数关系所表达的函数为**由参数方程所确定的函数**.

虽然可以先将参数方程中的参数 t 消去后再对所得到的直角坐标方程求导,但从参数方程中消去参数 t 有时不仅比较麻烦,而且可能很困难.因此,需要一种直接从参数方程求出它所确定的函数的导数的方法.

设曲线的方程为

$$x = \varphi(t)、y = \phi(t)(\alpha \leqslant t \leqslant \beta) ,$$

其中 $\varphi(t), \phi(t)$ 都是关于 t 的可导函数,而且 $\varphi'(t) \neq 0$.则由

$$\mathrm{d}y = y_t'\mathrm{d}t = \phi'(t)\mathrm{d}t、\mathrm{d}x = x_t'\mathrm{d}t = \varphi'(t)\mathrm{d}t ,$$

得

$$y_x' = \dfrac{\mathrm{d}y}{\mathrm{d}x} = \dfrac{\phi'(t)\mathrm{d}t}{\varphi'(t)\mathrm{d}t} = \dfrac{\phi'(t)}{\varphi'(t)} = \dfrac{y_t'}{x_t'} \tag{3.5-1}$$

式（3.5.1）就是由参数方程所确定的 y 关于 x 的函数的求导公式.

若函数 $x = \varphi(t)、y = \phi(t)(\alpha \leqslant t \leqslant \beta)$ 都具有二阶导数,且 $\varphi'(t) \neq 0$,则可由式（3.5.1）进一步推得由参数方程所确定的 y 关于 x 的函数的二阶导数公式:

$$\dfrac{\mathrm{d}^2 y}{\mathrm{d}x^2} = \dfrac{\mathrm{d}y_x'}{\mathrm{d}x} = \dfrac{\mathrm{d}y_x'}{\mathrm{d}t} \Big/ \dfrac{\mathrm{d}x}{\mathrm{d}t} = \dfrac{(y_x')_t'}{x_t'} . \tag{3.5-2}$$

例 3.5.4 求曲线 $\begin{cases} x = \ln(1 + t^2) + 1 \\ y = 2\arctan t - (1 + t)^2 \end{cases}$ 在对应 $t = 0$ 的点处的切线方程.

解 因为 $y'_t = \dfrac{2}{1+t^2} - 2(1+t) = \dfrac{-2(t^3+t^2+t)}{1+t^2}$，$x'_t = \dfrac{2t}{1+t^2}$，所以

$$\frac{\mathrm{d}y}{\mathrm{d}x} = \frac{y'_t}{x'_t} = -(t^2+t+1) .$$

因为当 $t=0$ 时，曲线上相应点 M_0 的坐标为 $(1,-1)$，所以曲线在点 $M_0(1,-1)$ 处的切线斜率为

$$\frac{\mathrm{d}y}{\mathrm{d}x}\bigg|_{t=0} = -1 ,$$

则曲线在点 $M_0(-1,1)$ 处的切线方程为 $y+1=-(x-1)$，即

$$x+y=0 .$$

例 3.5.5 求由参数方程 $\begin{cases} x = a(t-\sin t) \\ y = a(1-\cos t) \end{cases}$ 所确定的函数的二阶导数 $\dfrac{\mathrm{d}^2 y}{\mathrm{d}x^2}$.

解 因为 $x'_t = a(1-\cos t)$，$y'_t = a\sin t$，所以

$$y'_x = \frac{y'_t}{x'_t} = \frac{\sin t}{1-\cos t} .$$

因为 $(y'_x)'_t = \dfrac{\cos t(1-\cos t) - \sin t \cdot \sin t}{(1-\cos t)^2} = -\dfrac{1}{1-\cos t}$，所以

$$\frac{\mathrm{d}^2 y}{\mathrm{d}x^2} = \frac{(y'_x)'_t}{x'_t} = -\frac{1}{a(1-\cos t)^2} .$$

3.5.3 隐函数及其求导法

在此之前，所见到的函数都是把因变量 y 用含有自变量 x 的解析式（即熟知的 $y=f(x)$）的形式直接表示出来，这样的函数称为**显函数**.

但在实际中，有一些函数的表达式不是像显函数那样将因变量用自变量的解析式表达出来，它的因变量与自变量的对应法则是由一个二元方程 $F(x,y)=0$ 确定的（此时对应法则是被隐含起来的）. 即在二元方程 $F(x,y)=0$ 中，当 x 取某区间内的任一值时，相应地总有满足二元方程 $F(x,y)=0$ 的 y 值存在，故此时 y 可以看作关于 x 的函数.

通常称这种由二元方程 $F(x,y)=0$ 所确定的函数为**隐函数**.

有些二元方程所确定的隐函数较容易化成显函数（称为**隐函数的显化**），但相当多的隐函数化为显函数是很困难的，甚至是不可能的. 但是，不管隐函数是否能显化，都应能直接由二元方程求出它所确定的隐函数的导数.

根据一阶微分形式不变性，不论 y 是自变量或是因变量都有 $\mathrm{d}[\varphi(y)] = \varphi'(y)\mathrm{d}y$，所以在求微分的运算中 x 与 y 可同等看待，不必区分.

例 3.5.6 求曲线 $4x^2 - xy + y^2 = 6$ 在点 $(-1,1)$ 处的切线方程.

解 将方程 $4x^2 - xy + y^2 = 6$ 两边同时求微分，得

$$4\mathrm{d}(x^2) - \mathrm{d}(xy) + \mathrm{d}(y^2) = 0 ,$$

$$8x\mathrm{d}x - y\mathrm{d}x - x\mathrm{d}y + 2y\mathrm{d}y = 0 ,$$

即 $\qquad (x - 2y)\mathrm{d}y = (8x - y)\mathrm{d}x$,

从而 $\qquad \dfrac{\mathrm{d}y}{\mathrm{d}x} = \dfrac{8x - y}{x - 2y}$.

故曲线在点 $(-1,1)$ 处的切线斜率为

$$\left. \frac{\mathrm{d}y}{\mathrm{d}x} \right|_{(-1,1)} = 3 \ ,$$

则曲线在点 $(-1,1)$ 处的切线方程为 $y - 1 = 3(x + 1)$,即

$$3x - y + 4 = 0 \ .$$

例 3.5.7* 求由方程 $y = \sin(x + y)$ 所确定的隐函数的二阶导数 $\dfrac{\mathrm{d}^2 y}{\mathrm{d}x^2}$.

解 将方程 $y = \sin(x + y)$ 两边同时求微分,得

$$\mathrm{d}y = \cos(x + y)(\mathrm{d}x + \mathrm{d}y) \ ,$$

即 $\qquad [1 - \cos(x + y)]\mathrm{d}y = \cos(x + y)\mathrm{d}x$,

故 $\qquad \dfrac{\mathrm{d}y}{\mathrm{d}x} = \dfrac{\cos(x + y)}{1 - \cos(x + y)}$.

因为 $\quad \mathrm{d}\left(\dfrac{\mathrm{d}y}{\mathrm{d}x}\right) = \dfrac{[1 - \cos(x + y)][-\sin(x + y)(\mathrm{d}x + \mathrm{d}y)] - \cos(x + y)\sin(x + y)(\mathrm{d}x + \mathrm{d}y)}{[1 - \cos(x + y)]^2}$

$$= \frac{-\sin(x + y)(\mathrm{d}x + \mathrm{d}y)}{[1 - \cos(x + y)]^2} = \frac{\sin(x + y)\mathrm{d}x}{[\cos(x + y) - 1]^3} \ , \ \left(\textbf{注}:代入 \ \mathrm{d}y = \frac{\cos(x + y)}{1 - \cos(x + y)}\mathrm{d}x\right)$$

所以 $\quad \dfrac{\mathrm{d}^2 y}{\mathrm{d}x^2} = \dfrac{\mathrm{d}\left(\dfrac{\mathrm{d}y}{\mathrm{d}x}\right)}{\mathrm{d}x} = \dfrac{\sin(x + y)}{[\cos(x + y) - 1]^3}$.

3.5.4 对数求导法

对显函数 $y = f(x)$ 的等式两边取自然对数,得

$$\ln|y| = \ln|f(x)| \ .$$

将方程 $\ln|y| = \ln|f(x)|$ 两端同时对 x 求导数,得

$$\frac{1}{y}y' = [\ln|f(x)|]' \ ,$$

即 $\qquad y' = f(x)[\ln|f(x)|]'$.   (3.5-3)

因为上面利用隐函数求导法,将求显函数 $y = f(x)$ 的导数转化成求其自然对数 $\ln|f(x)|$ 的导数,所以称这种求导方法为**对数求导法**.

例 3.5.8 求函数 $y = (x - 1) \cdot \sqrt[3]{\dfrac{(x - 2)^2}{x - 3}}$ 的导数.

解 由式(3.5.3)得

$$y' = (x - 1) \cdot \sqrt[3]{\frac{(x - 2)^2}{x - 3}} \cdot \left[\ln \left| (x - 1) \cdot \sqrt[3]{\frac{(x - 2)^2}{x - 3}} \right| \right]'$$

$$= (x-1) \cdot \sqrt[3]{\frac{(x-2)^2}{x-3}} (\ln|x-1| + \frac{2}{3}\ln|x-2| - \frac{1}{3}\ln|x-3|)'$$

$$= (x-1) \cdot \sqrt[3]{\frac{(x-2)^2}{x-3}} (\frac{1}{x-1} + \frac{2}{3} \cdot \frac{1}{x-2} - \frac{1}{3} \cdot \frac{1}{x-3}) .$$

3.5.5* 关于求导方法的进一步讨论

1. 关于隐函数求导方法的进一步讨论

对于由方程 $F(x,y)=0$ 确定的 y 关于 x 的隐函数的求导问题, 除了前述的微分法外, 还可以利用复合函数求导法加以解决.

具体地, 在将 y 看作关于 x 的函数的前提下, 将二元方程 $F(x,y)=0$ 的两端同时对 x 进行求导, 这样可以得到一个含有 y' (即 y 对 x 的导数) 的方程, 再依据所得方程解出 y', 即可得到 y 对 x 的导数 $\dfrac{\mathrm{d}y}{\mathrm{d}x}$.

例 3.5.9 已知 $xy^2 = \mathrm{e}^{x^2+y}$, 求 $\dfrac{\mathrm{d}y}{\mathrm{d}x}$.

解 将方程 $xy^2 = \mathrm{e}^{x^2+y}$ 两端同时对 x 进行求导, 得

$$(x)'y^2 + x(y^2)_x' = \mathrm{e}^{x^2+y}(x^2+y)_x' ,$$

即　　　　$y^2 + 2xyy' = \mathrm{e}^{x^2+y}(2x + y') .$

解得　　　　$\dfrac{\mathrm{d}y}{\mathrm{d}x} = y' = \dfrac{2x\mathrm{e}^{x^2+y} - y^2}{2xy - \mathrm{e}^{x^2+y}} .$

注: 基于本题的特殊性, 还可利用 $xy^2 = \mathrm{e}^{x^2+y}$ 进一步化简得到

$$\frac{\mathrm{d}y}{\mathrm{d}x} = \frac{y(2x^2-1)}{x(2-y)} .$$

例 3.5.10 利用复合函数求导法求解例 3.5.7.

解 将方程 $y = \sin(x+y)$ 的两端同时对 x 进行求导, 得

$$y' = [\sin(x+y)]_x' = \cos(x+y) \cdot (x+y)_x' = (1+y')\cos(x+y) ,$$

整理得　　　$y' = \dfrac{\cos(x+y)}{1-\cos(x+y)} .$

将方程 $y' = (1+y')\cos(x+y)$ 的两端同时对 x 进行求导, 得

$$y'' = (1+y')_x'\cos(x+y) + (1+y')\cos(x+y)_x' ,$$

即　　　　$y'' = y''\cos(x+y) - (1+y')^2\sin(x+y) ,$

整理得　　　$y'' = \dfrac{(1+y')^2\sin(x+y)}{\cos(x+y)-1} .$

将 $y' = \dfrac{\cos(x+y)}{1-\cos(x+y)}$ 代入上式并整理得

$$\frac{\mathrm{d}^2 y}{\mathrm{d}x^2} = y'' = \frac{\sin(x+y)}{[\cos(x+y)-1]^3} .$$

2. n 阶导数的计算方法

1）直接法

由 n 阶导数定义可知，求函数 $f(x)$ 的 n 阶导数 $f^{(n)}(x)$ 就是对函数 $f(x)$ 连续地求 n 次导数，所以仍然可以应用前面的求导法则和基本初等函数的导数公式求函数 $f(x)$ 的 n 阶导数. 但因为 n 是正整数，所以求函数 $f(x)$ 的 n 阶导数 $f^{(n)}(x)$，就是给出函数 $f(x)$ 的 n 阶导数 $f^{(n)}(x)$ 的表达式. 因此，求 n 阶导数时必须在逐次求导过程中分析归纳出规律，进而写出函数 $f(x)$ 的 n 阶导数 $f^{(n)}(x)$ 的表达式.

具体地，常先求出函数的一阶、二阶、三阶、$\cdots$ 导数，从中分析归纳出函数的 n 阶导数应有怎样的表达式. 有时还需要对函数的一阶、二阶、三阶、$\cdots$ 导数进行适当的恒等变形，但对各阶导数的系数一般不变形化简，以利于分析归纳出规律. 严格地讲，对分析归纳出的函数的 n 阶导数的表达式，应用数学归纳法予以证明. 但为了简便，一般不需用数学归纳法予以证明.

例 3.5.11　求函数 $y = \mathrm{e}^{ax+b}\ (a \neq 0)$ 的 n 阶导数 $y^{(n)}$.

解　由 $(\mathrm{e}^{ax+b})' = a\mathrm{e}^{ax+b}$，$(\mathrm{e}^{ax+b})'' = a^2\mathrm{e}^{ax+b}$，$(\mathrm{e}^{ax+b})''' = a^3\mathrm{e}^{ax+b}$，$\cdots$ 一般地，可得

$$(\mathrm{e}^{ax+b})^{(n)} = a^n\mathrm{e}^{ax+b}.$$

例 3.5.12　求函数 $y = a^{bx}\ (a > 0 \text{ 且 } a \neq 1, b \text{ 为常数})$ 的 n 阶导数 $y^{(n)}$.

解　由 $(a^{bx})' = ba^{bx}\ln a$，$(a^{bx})'' = b^2 a^{bx}\ln^2 a$，$(a^{bx})''' = b^3 a^{bx}\ln^3 a$，$\cdots$ 一般地，可得

$$(a^{bx})^{(n)} = b^n a^{bx}\ln^n a.$$

例 3.5.13　求函数 $y = (1+x)^{\alpha}\ (\alpha \in R)$ 的 n 阶导数 $y^{(n)}$.

解　由 $[(1+x)^{\alpha}]' = \alpha(1+x)^{\alpha-1}$，$[(1+x)^{\alpha}]'' = \alpha(\alpha-1)(1+x)^{\alpha-2}$，

$[(1+x)^{\alpha}]''' = \alpha(\alpha-1)(\alpha-2)(1+x)^{\alpha-3}$，$\cdots$.

一般地，可得

$$[(1+x)^{\alpha}]^{(n)} = \alpha(\alpha-1)(\alpha-2)\cdots(\alpha-n+1)(1+x)^{\alpha-n}.$$

同法可得

$$(x^{\alpha})^{(n)} = \alpha(\alpha-1)(\alpha-2)\cdots(\alpha-n+1)x^{\alpha-n}.$$

特别地，有

$$(x^n)^{(n)} = n!,\ (x^n)^{(m)} = 0\ (m, n \in N_+ \text{ 且 } m > n).$$

例 3.5.14　求函数 $y = \dfrac{1}{ax+b}\ (a \neq 0)$ 的 n 阶导数 $y^{(n)}$.

解　由 $[(ax+b)^{-1}]' = (-1)a(ax+b)^{-2}$，$[(ax+b)^{-1}]'' = (-1)(-2)a^2(ax+b)^{-3}$，

$[(ax+b)^{-1}]''' = (-1)(-2)(-3)a^3(ax+b)^{-4}$，$\cdots$.

一般地，可得

$$(\frac{1}{ax+b})^{(n)} = [(ax+b)^{-1}]^{(n)} = \frac{(-1)^n a^n n!}{(ax+b)^{n+1}}.$$

例 3.5.15　求函数 $y = \sin(ax+b)\ (a \neq 0)$ 的 n 阶导数 $y^{(n)}$.

解　由 $[\sin(ax+b)]' = a\cos(ax+b) = a\sin(\frac{\pi}{2}+ax+b)$，

$$[\sin(ax+b)]'' = -a^2\sin(ax+b) = a^2\sin(\pi+ax+b) = a^2\sin(2\frac{\pi}{2}+ax+b) ,$$

$$[\sin(ax+b)]''' = -a^3\cos(ax+b) = a^3\sin(3\frac{\pi}{2}+ax+b) , \cdots .$$

一般地,可得

$$[\sin(ax+b)]^{(n)} = a^n\sin(n\frac{\pi}{2}+ax+b) .$$

同法可得

$$[\cos(ax+b)]^{(n)} = a^n\cos(n\frac{\pi}{2}+ax+b) .$$

2)间接法

对由两个函数的代数和构成的函数或可化成两个函数的代数和的函数,可利用两个函数的代数和的 n 阶导数的线性运算法则,即

$$[au(x)+bv(x)]^{(n)} = a[u(x)]^{(n)}+b[v(x)]^{(n)} (a 、 b 为常数),$$

以及常用函数的 n 阶导数公式(如例 3.5.9、例 3.5.14 的结论)求其 n 阶导数.

有些函数虽然不能直接使用常用函数的 n 阶导数公式,但其一阶、二阶、三阶、…导数却能转化成适合使用常用函数的 n 阶导数公式的形式,从而求出该函数的 n 阶导数.

例 3.5.16　求函数 $y = \ln(ax+b) (a \neq 0)$ 的 n 阶导数 $y^{(n)}$.

解　因为 $[\ln(ax+b)]' = \dfrac{a}{ax+b}$,所以

$$[\ln(ax+b)]^{(n)} = (-1)^{n-1}\frac{a^n(n-1)!}{(ax+b)^n} .$$

例 3.5.17　求函数 $y = \dfrac{1}{x^2-3x+2}$ 的 n 阶导数 $y^{(n)}$.

解　因为 $\dfrac{1}{x^2-3x+2} = \dfrac{1}{(x-1)(x-2)} = \dfrac{1}{x-2} - \dfrac{1}{x-1}$,所以

$$(\frac{1}{x^2-3x+2})^{(n)} = (\frac{1}{x-2})^{(n)} - (\frac{1}{x-1})^{(n)}$$

$$= (-1)^n n![\frac{1}{(x-2)^{n+1}} - \frac{1}{(x-1)^{n+1}}] .$$

3. 反函数的二阶导数

设二阶可导函数 $f(x)$ 的反函数 $x = f^{-1}(y)$ 仍二阶可导,且 $f'(x) \neq 0$, $[f^{-1}(y)]' \neq 0$,则

$$\frac{\mathrm{d}^2 y}{\mathrm{d}x^2} = \frac{\mathrm{d}(y'_x)}{\mathrm{d}x} = \frac{\mathrm{d}(\frac{1}{x'_y})}{\mathrm{d}x} = \frac{\mathrm{d}(\frac{1}{x'_y})}{\mathrm{d}y} \Big/ \frac{\mathrm{d}x}{\mathrm{d}y} = -\frac{x''_y}{(x'_y)^2} \Big/ x'_y = -\frac{x''_y}{(x'_y)^3} ; \tag{3.5.4}$$

$$\frac{\mathrm{d}^2 x}{\mathrm{d}y^2} = \frac{\mathrm{d}(x'_y)}{\mathrm{d}y} = \frac{\mathrm{d}(\frac{1}{y'_x})}{\mathrm{d}y} = \frac{\mathrm{d}(\frac{1}{y'_x})}{\mathrm{d}x} \Big/ \frac{\mathrm{d}y}{\mathrm{d}x} = -\frac{y''_x}{(y'_x)^2} \Big/ y'_x = -\frac{y''_x}{(y'_x)^3} . \tag{3.5.5}$$

这两个式子说明:

$$y''_x \neq \frac{1}{x''_y} 、 x''_y \neq \frac{1}{y''_x} .$$

运用这两个式子可以在某些情形下避免使用隐函数求导法则和复合函数求导法则以及商的求导法则.

例 3.5.18　已知 $x = y^2 + y$，$u = x^2 + x$，求 $\dfrac{\mathrm{d}^2 y}{\mathrm{d}x^2}$，$\dfrac{\mathrm{d}^2 x}{\mathrm{d}u^2}$，$\dfrac{\mathrm{d}^2 y}{\mathrm{d}u^2}$.

解　因为 $x'_y = \dfrac{\mathrm{d}x}{\mathrm{d}y} = (y^2 + y)' = 2y + 1$；$u'_x = \dfrac{\mathrm{d}u}{\mathrm{d}x} = (x^2 + x)' = 2x + 1$，所以

$$u'_y = \frac{\mathrm{d}u}{\mathrm{d}y} = \frac{\mathrm{d}u}{\mathrm{d}x} \cdot \frac{\mathrm{d}x}{\mathrm{d}y} = u'_x \cdot x'_y = (2x + 1)(2y + 1) .$$

故　　　　$\dfrac{\mathrm{d}y}{\mathrm{d}x} = y'_x = \dfrac{1}{x'_y} = \dfrac{1}{2y + 1}$；

$$\frac{\mathrm{d}x}{\mathrm{d}u} = x'_u = \frac{1}{u'_x} = \frac{1}{2x + 1} ;$$

$$\frac{\mathrm{d}y}{\mathrm{d}u} = y'_u = \frac{1}{u'_y} = \frac{1}{(2x + 1)(2y + 1)} .$$

因为 $x''_y = (2y + 1)'_y = 2$；$u''_x = (2x + 1)'_x = 2$，所以

$$u''_y = (u'_x x'_y)'_y = (u'_x)'_y \cdot x'_y + u'_x \cdot x''_y = (u''_x \cdot x'_y)x'_y + u'_x \cdot x''_y$$
$$= 2(2y + 1)(2y + 1) + 2(2x + 1) = 2(2y + 1)^2 + 2(2x + 1) .$$

故　　　　$\dfrac{\mathrm{d}^2 y}{\mathrm{d}x^2} = -\dfrac{x''_y}{(x'_y)^3} = -\dfrac{2}{(2y + 1)^3}$；

$$\frac{\mathrm{d}^2 x}{\mathrm{d}u^2} = -\frac{u''_x}{(u'_x)^3} = -\frac{2}{(2x + 1)^3} ;$$

$$\frac{\mathrm{d}^2 y}{\mathrm{d}u^2} = -\frac{u''_y}{(u'_y)^3} = -\frac{2(2y + 1)^2 + 2(2x + 1)}{[(2x + 1)(2y + 1)]^3} .$$

第 4 章 定积分与不定积分

在第 3 章中学习了微分学,本章将要学习的积分学与微分学有着密切的联系,它们共同组成了高等数学的主要部分——微积分学. 积分学包括定积分和不定积分. 通过对定积分计算公式的研讨导入微积分学基本公式,并引入原函数(不定积分),从而将原本各自独立的积分与微分联系起来,使微分学与积分学成为一个统一的整体——微积分学.

4.1 定积分

4.1.1 定积分的定义

定积分与导数一样,也是在解决一系列实际问题的过程中逐渐形成的数学概念. 这些问题尽管实质不同,但解决它们的方法与计算的步骤及所得的数学模型却完全一样,所求量最后都归结为求形如式(2.1.4)、(2.1.5)的和式的极限. 这就是定积分产生的实际背景.

定义 4.1.1 设函数 $f(x)$ 在闭区间 $[a,b]$ 上有定义. 在开区间 (a,b) 内任意地插入 $n-1$ 个分点:
$$a = x_0 < x_1 < x_2 < \cdots < x_{i-1} < x_i < \cdots < x_{n-1} < x_n = b ,$$
将闭区间 $[a,b]$ 划分成 n 个小闭区间
$$[x_0,x_1],[x_1,x_2], \cdots,[x_{i-1},x_i],\cdots,[x_{n-1},x_n] ,$$
各个小闭区间的长度依次为
$$\Delta x_1 = x_1 - x_0 , \Delta x_2 = x_2 - x_1 ,\cdots, \Delta x_i = x_i - x_{i-1} , \cdots , \Delta x_n = x_n - x_{n-1} .$$

在每个小闭区间 $[x_{i-1},x_i]$ 上任取一点 ξ_i ,作乘积 $f(\xi_i)\Delta x_i (i=1,2,\cdots,n)$,并作和式(该和式称为**积分和**)
$$\sum_{i=1}^{n} f(\xi_i)\Delta x_i .$$

若不论将闭区间 $[a,b]$ 怎样划分成小闭区间 $[x_{i-1},x_i]$,也不论在小闭区间 $[x_{i-1},x_i]$ 上的点 ξ_i 怎样选取,当各个小闭区间长度的最大值 $\lambda (\lambda = \max\limits_{1 \le i \le n}\{\Delta x_i\})$ 趋于零时,和式 $\sum\limits_{i=1}^{n} f(\xi_i)\Delta x_i$ 都趋于同一个确定的常数(即极限值),则称函数 $f(x)$ 在闭区间 $[a,b]$ 上**可积**,且将此极限值称为函数 $f(x)$ 在闭区间 $[a,b]$ 上的**定积分**,记作
$$\int_a^b f(x)\mathrm{d}x ,$$
即
$$\int_a^b f(x)\mathrm{d}x = \lim_{\lambda \to 0} \sum_{i=1}^{n} f(\xi_i)\Delta x_i .$$

其中 x 称为**积分变量**, $f(x)$ 称为**被积函数**, $f(x)\mathrm{d}x$ 称为**被积表达式**, 闭区间 $[a,b]$ 称为**积分区间**, a 称为**积分下限**, b 称为**积分上限**, "$\int$"称为**积分号**.

因为定积分 $\int_a^b f(x)\mathrm{d}x$ 是和式的极限, 所以当定积分 $\int_a^b f(x)\mathrm{d}x$ 存在时, 其值是一个确定的常数. 因此, 定积分 $\int_a^b f(x)\mathrm{d}x$ 的值只与被积函数 $f(x)$ 及积分区间 $[a,b]$ 有关, 而与积分变量用什么字母表示无关, 从而将积分变量换成其他的字母时并不改变定积分的值, 即

$$\int_a^b f(x)\mathrm{d}x = \int_a^b f(t)\mathrm{d}t = \int_a^b f(u)\mathrm{d}u .$$

由定积分的定义可知, 若函数 $f(x)$ 在闭区间 $[a,b]$ 上可积, 则函数 $f(x)$ 在闭区间 $[a,b]$ 上必为有界函数. 这是因为若函数 $f(x)$ 在闭区间 $[a,b]$ 上为无界函数, 则在闭区间 $[a,b]$ 的某一种划分下, 函数 $f(x)$ 至少在其中一个小闭区间 $[x_{i-1},x_i]$ $(i=1,2,\cdots,n)$ 上仍为无界函数. 于是可选取 $\xi_i \in [x_{i-1},x_i]$, 使 $|f(\xi_i)|$ 任意的大, 从而可使 $\left|\sum_{i=1}^n f(\xi_i)\Delta x_i\right|$ 任意的大, 这说明和式 $\sum_{i=1}^n f(\xi_i)\Delta x_i$ 是无界变量. 而在极限过程中, 无界变量没有极限, 于是函数 $f(x)$ 在闭区间 $[a,b]$ 上不可积.

由此可知, 定积分是对有界函数而言的. 下面的例 4.1.1 表明, 函数 $f(x)$ 在闭区间 $[a,b]$ 上有界只是函数 $f(x)$ 在闭区间 $[a,b]$ 上可积的必要条件, 并非充分条件.

例 4.1.1* 确定下面狄利克雷函数的可积性:

$$D(x) = \begin{cases} 1, & x\text{为有理数} \\ 0, & x\text{为无理数} \end{cases} .$$

解 显然狄利克雷函数在任一闭区间 $[a,b]$ 上有界. 对闭区间 $[a,b]$ 的任一种划分, 每一个小闭区间 $[x_{i-1},x_i]$ $(i=1,2,\cdots,n)$ 中都既有有理数又有无理数.

在每一个小闭区间 $[x_{i-1},x_i]$ 上任取一点 ξ_i.

若 ξ_i 全取为有理数, 则

$$\sum_{i=1}^n D(\xi_i)\Delta x_i = \sum_{i=1}^n \Delta x_i = b - a ;$$

若 ξ_i 全取为无理数, 则

$$\sum_{i=1}^n D(\xi_i)\Delta x_i = 0 .$$

所以, 当 $\lambda \to 0$ 时, $\sum_{i=1}^n D(\xi_i)\Delta x_i$ 无极限, 即狄利克雷函数 $D(x)$ 在闭区间 $[a,b]$ 上是不可积的.

下面给出函数 $f(x)$ 在闭区间 $[a,b]$ 上的定积分一定存在的两个充分条件(证明超出本课程范围).

4.1.2　定积分的存在性

定理 4.1.1 （1）若函数 $f(x)$ 在闭区间 $[a,b]$ 上连续, 则函数 $f(x)$ 在闭区间 $[a,b]$ 上可积.

（2）若函数 $f(x)$ 在闭区间 $[a,b]$ 上为有界函数,且仅有有限个间断点,则函数 $f(x)$ 在闭区间 $[a,b]$ 上可积.

4.1.3 定积分的基本性质

在下面的讨论中,假定所遇到的函数在所给定的闭区间上是可积的.

定理 4.1.2 被积函数中的常数因子可以提到积分号的外面,即

$$\int_a^b kf(x)\mathrm{d}x = k\int_a^b f(x)\mathrm{d}x（k 为常数）.$$

证明* 因为函数 $f(x)$ 在闭区间 $[a,b]$ 上可积,根据定积分的定义,$\lim\limits_{\lambda\to 0}\sum\limits_{i=1}^n f(\xi_i)\Delta x_i$ 存在,于是有

$$\int_a^b kf(x)\mathrm{d}x = \lim_{\lambda\to 0}\sum_{i=1}^n kf(\xi_i)\Delta x_i = k\lim_{\lambda\to 0}\sum_{i=1}^n f(\xi_i)\Delta x_i = k\int_a^b f(x)\mathrm{d}x .$$

定理 4.1.3 两个可积函数代数和的定积分等于它们定积分的代数和,即

$$\int_a^b [f(x)\pm g(x)]\mathrm{d}x = \int_a^b f(x)\mathrm{d}x \pm \int_a^b g(x)\mathrm{d}x .$$

证明* 因为函数 $f(x)$、$g(x)$ 在闭区间 $[a,b]$ 上可积,根据定积分的定义,对闭区间 $[a,b]$ 的同一种划分,有 $\lim\limits_{\lambda\to 0}\sum\limits_{i=1}^n f(\xi_i)\Delta x_i$ 和 $\lim\limits_{\lambda\to 0}\sum\limits_{i=1}^n g(\xi_i)\Delta x_i$ 存在.

根据定积分的定义和极限运算法则,有

$$\int_a^b [f(x)\pm g(x)]\mathrm{d}x = \lim_{\lambda\to 0}\sum_{i=1}^n [f(\xi_i)\pm g(\xi_i)]\Delta x_i$$

$$= \lim_{\lambda\to 0}\sum_{i=1}^n f(\xi_i)\Delta x_i \pm \lim_{\lambda\to 0}\sum_{i=1}^n g(\xi_i)\Delta x_i = \int_a^b f(x)\mathrm{d}x \pm \int_a^b g(x)\mathrm{d}x .$$

定理 4.1.4（定积分对积分区间的可加性） 设函数 $f(x)$ 在闭区间 $[a,b]$ 上可积,c 为 $[a,b]$ 内任意一点,则

$$\int_a^b f(x)\mathrm{d}x = \int_a^c f(x)\mathrm{d}x + \int_c^b f(x)\mathrm{d}x . \tag{4.1.1}$$

证明* 因为函数 $f(x)$ 在闭区间 $[a,b]$ 上可积,所以不论将闭区间 $[a,b]$ 如何划分,积分和的极限是不变的. 因此,在划分闭区间 $[a,b]$ 时,可使点 c 始终是一个分点,将和式分成两部分,即

$$\sum_{[a,b]} f(\xi_i)\Delta x_i = \sum_{[a,c]} f(\xi_i)\Delta x_i + \sum_{[c,b]} f(\xi_i)\Delta x_i .$$

其中三个和式分别表示相应闭区间 $[a,b]$、$[a,c]$、$[c,b]$ 上的和式.

令 $\lambda\to 0$,上式两边同时取极限,得

$$\lim_{\lambda\to 0}\sum_{[a,b]} f(\xi_i)\Delta x_i = \lim_{\lambda\to 0}\sum_{[a,c]} f(\xi_i)\Delta x_i + \lim_{\lambda\to 0}\sum_{[c,b]} f(\xi_i)\Delta x_i ,$$

所以 $\quad\displaystyle\int_a^b f(x)\mathrm{d}x = \int_a^c f(x)\mathrm{d}x + \int_c^b f(x)\mathrm{d}x .$

在定积分定义中限定了 $a<b$,给实际应用和理论分析带来不便. 为此,对定积分做以下

两点补充规定：

（1）当 $a > b$ 时，规定 $\int_a^b f(x)\mathrm{d}x = -\int_b^a f(x)\mathrm{d}x$ ；

（2）当 $a = b$ 时，规定 $\int_a^a f(x)\mathrm{d}x = 0$.

有了这两个规定后，式（4.1.1）中的 c 可以不必介于 a 和 b 之间，即不论 a、b、c 间的大小关系如何，只要函数 $f(x)$ 在所述区间上可积，式（4.1.1）总是成立的.

例如，当 $a < b < c$ 时，由式（4.1.1），有

$$\int_a^c f(x)\mathrm{d}x = \int_a^b f(x)\mathrm{d}x + \int_b^c f(x)\mathrm{d}x ,$$

移项得

$$\int_a^b f(x)\mathrm{d}x = \int_a^c f(x)\mathrm{d}x - \int_b^c f(x)\mathrm{d}x = \int_a^c f(x)\mathrm{d}x + \int_c^b f(x)\mathrm{d}x .$$

4.1.4　定积分的计算公式

用定积分定义求定积分的值不仅很烦琐，而且有时很困难，甚至可能根本无法求得定积分的值. 因此必须寻找一个具有普遍性且行之有效的计算定积分的方法，否则就会影响定积分的实用价值.

根据定积分的定义，以连续函数 $v(t)$ 为瞬时速度做变速直线运动的质点，从时刻 $t = a$ 到时刻 $t = b$ 这一时间间隔内所经过的路程为

$$\int_a^b v(t)\mathrm{d}t .$$

这段路程又等于路程函数 $s(t)$ 在闭区间 $[a,b]$ 上的增量

$$s(b) - s(a) .$$

因此，有

$$\int_a^b v(t)\mathrm{d}t = s(b) - s(a) .$$

由于 $v(t) = s'(t)$，从而若求定积分 $\int_a^b v(t)\mathrm{d}t$ 的值，就只需求满足 $s'(t) = v(t)$ 的函数 $s(t)$ 在闭区间 $[a,b]$ 上的增量 $s(b) - s(a)$.

上面得出的结果是否具有普遍性呢？ 即一般地，定积分 $\int_a^b f(x)\mathrm{d}x$ 的值是否等于满足 $F'(x) = f(x)$ 的函数 $F(x)$ 在闭区间 $[a,b]$ 上的增量 $F(b) - F(a)$ 呢？ 若结论正确，则将大大地简化定积分的计算，并为计算定积分提供一种非常有效的方法.

牛顿（Newton）和莱布尼茨（Leibniz）证明了上面得出的结果具有一般性，并建立了下面的微积分学基本公式.

定理 4.1.5（**牛顿-莱布尼茨公式**（证明见例 5.8-1）） 设函数 $f(x)$ 在闭区间 $[a,b]$ 上连续，且在闭区间 $[a,b]$ 上有 $F'(x) = f(x)$，则

$$\int_a^b f(x)\mathrm{d}x = F(x)\Big|_a^b = F(b) - F(a) . \tag{4.1.2}$$

牛顿-莱布尼茨公式阐明了函数 $f(x)$ 在闭区间 $[a,b]$ 上的定积分 $\int_a^b f(x)\mathrm{d}x$ 与函数 $F(x)$

之间的密切关系:函数 $f(x)$ 在闭区间 $[a,b]$ 上的定积分 $\int_a^b f(x)\mathrm{d}x$ 的值等于函数 $F(x)$ 在积分上限 b 与积分下限 a 处的函数值之差 $F(b)-F(a)$.

这样,就将求繁重的和式极限问题转化为求函数 $F(x)$ 的问题,使定积分计算这个难题获得了突破性进展,成为计算定积分的强有力工具.

例 4.1.2 计算下列各定积分的值:

(1) $\int_1^2 \mathrm{e}^x \mathrm{d}x$; 　　　　　　　　　　　　　　(2) $\int_0^\pi \cos x\mathrm{d}x$;

(3) $\int_1^2 \dfrac{3}{x}\mathrm{d}x$; 　　　　　　　　　　　　　　(4) $\int_0^1 (3x^2-2x+1)\mathrm{d}x$.

解 (1)因为 $(\mathrm{e}^x)'=\mathrm{e}^x$,所以

$$\int_1^2 \mathrm{e}^x \mathrm{d}x = \mathrm{e}^x \Big|_1^2 = \mathrm{e}^2 - \mathrm{e} .$$

(2)因为 $(\sin x)'=\cos x$,所以

$$\int_0^\pi \cos x\mathrm{d}x = \sin x \Big|_0^\pi = \sin \pi - \sin 0 = 0 .$$

(3)因为 $(\ln|x|)'=\dfrac{1}{x}$,所以

$$\int_1^2 \frac{3}{x}\mathrm{d}x = 3\int_1^2 \frac{1}{x}\mathrm{d}x = 3\ln|x| \Big\|_1^2 = 3(\ln 2 - \ln 1) = 3\ln 2 .$$

(4)因为 $(x^3)'=3x^2$, $(x^2)'=2x$, $(x)'=1$,所以

$$\int_0^1 (3x^2-2x+1)\mathrm{d}x = \int_0^1 3x^2\mathrm{d}x - \int_0^1 2x\mathrm{d}x + \int_0^1 \mathrm{d}x$$

$$= x^3 \Big|_0^1 - x^2 \Big|_0^1 + x \Big|_0^1 = (1-0)-(1-0)+(1-0) = 1 .$$

例 4.1.3 设函数 $f(x)=\begin{cases} x, & 0\leqslant x<2 \\ x^2, & 2\leqslant x\leqslant 4 \end{cases}$,求 $\int_1^3 f(x)\mathrm{d}x$.

解 由定理 4.1.4 知, $\int_1^3 f(x)\mathrm{d}x = \int_1^2 f(x)\mathrm{d}x + \int_2^3 f(x)\mathrm{d}x = \int_1^2 x\mathrm{d}x + \int_2^3 x^2\mathrm{d}x$.

因为 $(\dfrac{1}{2}x^2)'=x$, $(\dfrac{1}{3}x^3)'=x^2$,所以

$$\int_1^3 f(x)\mathrm{d}x = \int_1^2 x\mathrm{d}x + \int_2^3 x^2\mathrm{d}x = \frac{1}{2}x^2 \Big|_1^2 + \frac{1}{3}x^3 \Big|_2^3$$

$$= \frac{1}{2}(4-1) + \frac{1}{3}(27-8) = \frac{47}{6} .$$

例 4.1.4* 计算定积分 $\int_0^{\frac{\pi}{2}} \max(\sin x, \cos x)\mathrm{d}x$ 的值.

解 因为 $\max\limits_{0\leqslant x\leqslant \frac{\pi}{2}}(\sin x, \cos x) = \begin{cases} \cos x, & 0\leqslant x<\dfrac{\pi}{4} \\ \dfrac{\sqrt{2}}{2}, & x=\dfrac{\pi}{4} \\ \sin x, & \dfrac{\pi}{4}<x\leqslant \dfrac{\pi}{2} \end{cases}$,且 $(\sin x)'=\cos x$, $(-\cos x)'=\sin x$,

所以

$$\int_0^{\frac{\pi}{2}} \max(\sin x, \cos x) \mathrm{d}x = \int_0^{\frac{\pi}{4}} \cos x \mathrm{d}x + \int_{\frac{\pi}{4}}^{\frac{\pi}{2}} \sin x \mathrm{d}x$$

$$= \sin x \Big|_0^{\frac{\pi}{4}} + (-\cos x) \Big|_{\frac{\pi}{4}}^{\frac{\pi}{2}} = (\sin \frac{\pi}{4} - \sin 0) - (\cos \frac{\pi}{2} - \cos \frac{\pi}{4})$$

$$= (\frac{\sqrt{2}}{2} - 0) - (0 - \frac{\sqrt{2}}{2}) = \sqrt{2} .$$

例 4.1.5* 设函数 $f(x)$ 满足 $f(x) = \dfrac{1}{1+x^2} + x^3 \int_0^1 f(x) \mathrm{d}x$,求函数 $f(x)$ 的解析式.

解 设 $\int_0^1 f(x) \mathrm{d}x = A$,则 $f(x) = \dfrac{1}{1+x^2} + Ax^3$.

因为 $(\arctan x)' = \dfrac{1}{1+x^2}$, $(\dfrac{1}{4}x^4)' = x^3$,所以

$$A = \int_0^1 (\frac{1}{1+x^2} + Ax^3) \mathrm{d}x = \arctan x \Big|_0^1 + \frac{A}{4} x^4 \Big|_0^1$$

$$= (\arctan 1 - \arctan 0) + \frac{A}{4}(1-0) = (\frac{\pi}{4} - 0) + \frac{A}{4}$$

$$= \frac{\pi}{4} + \frac{A}{4} ,$$

解得 $A = \dfrac{\pi}{3}$,

所以 $f(x) = \dfrac{1}{1+x^2} + \dfrac{\pi}{3} x^3$.

4.2 原函数与不定积分

4.2.1 原函数及其性质

鉴于牛顿-莱布尼茨公式中的函数 $F(x)$ 对计算定积分的重要性,引入一个新的概念——原函数.

定义 4.2.1 若在某一区间 I 上,函数 $f(x)$ 与函数 $F(x)$ 满足关系式

$$F'(x) = f(x) \text{ 或 } \mathrm{d}F(x) = f(x) \mathrm{d}x ,$$

则称函数 $F(x)$ 为函数 $f(x)$ 在区间 I 上的一个**原函数**.

凡说到原函数,都是针对在某一区间上而言的. 为了叙述方便,今后讨论原函数时,在不至于发生混淆的情况下,不再指明相关区间.

关于一个已知函数的原函数是否存在的问题,将在 6.8.2 中证明如下的原函数存在定理.

定理 4.2.1 若函数 $f(x)$ 在闭区间 $[a,b]$ 上连续,则函数 $f(x)$ 在闭区间 $[a,b]$ 上存在原函数.

若函数 $F(x)$ 是函数 $f(x)$ 的一个原函数,由 $[F(x)+C]' = F'(x) = f(x)$ (其中 C 是任意常数,即可取任何一个确定的常数)和定义 4.2.1 知,函数 $F(x)+C$ 也是函数 $f(x)$ 的一个原函

数. 这就说明, 若函数 $f(x)$ 存在原函数, 则其原函数会有无穷多个. 更重要的事实是, 下面的定理 4.2.2 表明: 除函数 $F(x)+C$ 外, 函数 $f(x)$ 无其他形式的原函数.

定理 4.2.2 若函数 $F(x)$ 是函数 $f(x)$ 的一个原函数, 则函数 $F(x)+C$ 表示函数 $f(x)$ 的任意一个原函数, 其中 C 是任意常数.

证明* 设函数 $G(x)$ 是函数 $f(x)$ 的任意一个不同于函数 $F(x)$ 的原函数, 则

$$G'(x) = F'(x) = f(x) .$$

由 $[G(x)-F(x)]' = G'(x) - F'(x) = f(x) - f(x) = 0$ 及推论 5.2.1 知

$$G(x) - F(x) = C ,$$

所以 $\qquad G(x) = F(x) + C .$

定理 4.2.2 表明, 函数 $f(x)$ 的任意一个原函数都可以表示成 $F(x)+C$, 即函数 $f(x)$ 的所有原函数都可以写成 $F(x)+C$ 的形式, 所以函数 $F(x)+C$ 是函数 $f(x)$ 的原函数的一般表达式.

定理 4.2.2 同时指出了函数 $f(x)$ 的原函数的特征: 若函数 $f(x)$ 存在一个原函数, 则其就有无穷多个原函数存在, 且函数 $f(x)$ 的任意两个原函数之间仅相差一个常数, 即

$$G'(x) = F'(x) \Leftrightarrow G(x) - F(x) = C .$$

例 4.2.1 判断下列各组函数是否为同一函数的原函数:

（1）$\sin x$ 与 $\sin 2x$;　　　　　　　　　（2）$\arctan x$ 与 $-\operatorname{arccot} x$;

（3）$\ln 2x$ 与 $\ln 3x$;　　　　　　　　　　（4）e^x 与 e^{x+2}.

解（1）因为 $(\sin x)' = \cos x$, $(\sin 2x)' = \cos x \cdot (2x)' = 2\cos x \neq \cos x$,

所以函数 $\sin x$ 与 $\sin 2x$ 不是同一函数的原函数.

（2）因为 $(\arctan x)' = \dfrac{1}{1+x^2}$, $(-\operatorname{arccot} x)' = \dfrac{1}{1+x^2}$, 所以函数 $\arctan x$ 与 $-\operatorname{arccot} x$ 是同一函数 $\dfrac{1}{1+x^2}$ 的原函数.

（3）因为 $(\ln 2x)' = \dfrac{1}{2x} \cdot (2x)' = \dfrac{1}{2x} \cdot 2 = \dfrac{1}{x}$, $(\ln 3x)' = \dfrac{1}{3x} \cdot (3x)' = \dfrac{1}{3x} \cdot 3 = \dfrac{1}{x}$, 所以函数 $\ln 2x$ 与 $\ln 3x$ 是同一函数 $\dfrac{1}{x}$（$x > 0$）的原函数.

（4）因为 $(e^x)' = e^x$, $(e^{x+2})' = e^{x+2}(x+2)' = e^{x+2} \neq e^x$,

所以函数 e^x 与 e^{x+2} 不是同一函数的原函数.

4.2.2 不定积分与基本积分公式

定义 4.2.2 函数 $f(x)$ 的任意一个原函数 $F(x)+C$ 称为函数 $f(x)$ 的**不定积分**, 记作

$$\int f(x)\mathrm{d}x ,$$

即 $\qquad \displaystyle\int f(x)\mathrm{d}x = F(x) + C ,$

这里 C 是任意一个常数, 且 $F'(x) = f(x)$.

定义 4.2.2 中各符号的含义与定义 4.1.1 中一致. 由定义 4.2.2 知, 求函数 $f(x)$ 的不定积

分 $\int f(x)\mathrm{d}x$ ，只需求出函数 $f(x)$ 的一个原函数 $F(x)$ 后再加上任意常数 C 即可.

需要特别指出的是，由于函数 $f(x)$ 的不定积分 $\int f(x)\mathrm{d}x$ 表示的是函数 $f(x)$ 的任意一个原函数，所以 $\int f(x)\mathrm{d}x = \int f(x)\mathrm{d}x$（即 $\int f(x)\mathrm{d}x - \int f(x)\mathrm{d}x = 0$ ）并不恒成立. 因为函数 $f(x)$ 的任意两个原函数之间相差一个常数 C ，所以有

$$\int f(x)\mathrm{d}x = \int f(x)\mathrm{d}x + C\left(\text{即} \int f(x)\mathrm{d}x - \int f(x)\mathrm{d}x = C\right); \qquad (4.2.1)$$

$$k_1\int f(x)\mathrm{d}x + k_2\int f(x)\mathrm{d}x = (k_1 + k_2)\int f(x)\mathrm{d}x + C\left(k_1 \text{、} k_2 \text{为常数}\right). \qquad (4.2.2)$$

由于在不定积分 $\int f(x)\mathrm{d}x$ 的结果中必然包含一个任意常数，因此式（4.2.2）右边的任意常数 C 在积分的计算过程中可以先不写出来，只要在最终的计算结果中体现出来即可.

定理 4.2.3　　$\left[\int f(x)\mathrm{d}x\right]' = f(x)$ 或 $\mathrm{d}\left[\int f(x)\mathrm{d}x\right] = f(x)\mathrm{d}x$ ；

$$\int f'(x)\mathrm{d}x = f(x) + C \text{ 或 } \int \mathrm{d}f(x) = f(x) + C .$$

证明　　$\left[\int f(x)\mathrm{d}x\right]' = [F(x) + C]' = F'(x) = f(x)$ ；

$$\mathrm{d}\left[\int f(x)\mathrm{d}x\right] = \left[\int f(x)\mathrm{d}x\right]'\mathrm{d}x = f(x)\mathrm{d}x ;$$

由不定积分定义知 $\int f'(x)\mathrm{d}x = f(x) + C$ 成立；

$$\int \mathrm{d}f(x) = \int f'(x)\mathrm{d}x = f(x) + C .$$

求不定积分或求原函数都称为积分法. 定理 4.2.3 表明，若先积分后微分，则二者的作用相互抵消；反之，若先微分后积分，则二者的作用抵消后差一常数项. 因此，可以认为积分法和微分法是互逆运算.

求导数与求不定积分由下述的等价事实联系着：

$$F'(x) = f(x) \Leftrightarrow \int f(x)\mathrm{d}x = F(x) + C \qquad (4.2.3)$$

式（4.2.3）表明，借助于由"$\Leftrightarrow$"号联系着的上述关系，可以将有关导数的公式与法则"逆转"到不定积分中，从而得到相应的不定积分的公式与法则. 对应于基本初等函数的导数公式，有如下的基本积分公式（以下各积分公式中的 C 均表示任意常数）：

（1）$\int 0\mathrm{d}x = C$ ；

（2）$\int \mathrm{d}x = x + C$ ，

特别地，有 $\int k\mathrm{d}x = kx + C$（ k 为常数）；

（3）$\int a^x\mathrm{d}x = \dfrac{a^x}{\ln a} + C(a > 0 \text{ 且 } a \neq 1$ ），

特别地，有 $\int \mathrm{e}^x\mathrm{d}x = \mathrm{e}^x + C$ ；

（4）$\int \dfrac{1}{x}\mathrm{d}x = \ln|x| + C$ ；

（5）$\int x^\alpha\mathrm{d}x = \dfrac{x^{\alpha+1}}{\alpha+1} + C\ (\alpha \neq -1)$ ，

特别地，有 $\int \dfrac{1}{x^2}\mathrm{d}x = -\dfrac{1}{x} + C$ ，$\int \dfrac{1}{\sqrt{x}}\mathrm{d}x = 2\sqrt{x} + C$ ；

（6）$\int \sin x\mathrm{d}x = -\cos x + C$ ；

（7）$\int \cos x \mathrm{d}x = \sin x + C$ ；

（8）$\int \dfrac{1}{\cos^2 x} \mathrm{d}x = \int \sec^2 x \mathrm{d}x = \tan x + C$ ；

（9）$\int \dfrac{1}{\sin^2 x} \mathrm{d}x = \int \csc^2 x \mathrm{d}x = -\cot x + C$ ；

（10）$\int \sec x \tan x \mathrm{d}x = \sec x + C$ ；

（11）$\int \csc x \cot x \mathrm{d}x = -\csc x + C$ ；

（12）$\int \dfrac{1}{\sqrt{a^2 - x^2}} \mathrm{d}x = \arcsin \dfrac{x}{a} + C = -\arccos \dfrac{x}{a} + C \ (a > 0)$ ，

特别地，有 $\int \dfrac{1}{\sqrt{1 - x^2}} \mathrm{d}x = \arcsin x + C = -\arccos x + C$ ；

（13）$\int \dfrac{1}{a^2 + x^2} \mathrm{d}x = \dfrac{1}{a} \arctan \dfrac{x}{a} + C = -\dfrac{1}{a} \operatorname{arccot} \dfrac{x}{a} + C \ (a > 0)$ ，

特别地，有 $\int \dfrac{1}{1 + x^2} \mathrm{d}x = \arctan x + C = -\operatorname{arc cot} x + C$ ；

（14*）$\int \dfrac{1}{\sqrt{x^2 \pm a^2}} \mathrm{d}x = \ln \left| x + \sqrt{x^2 \pm a^2} \right| + C \ (a > 0)$ ，

特别地，有 $\int \dfrac{1}{\sqrt{x^2 \pm 1}} \mathrm{d}x = \ln \left| x + \sqrt{x^2 \pm 1} \right| + C$.

4.2.3　不定积分的性质

定理 4.2.4　被积函数中不为零的常数因子可以提到积分号的外面，即

$$\int kf(x)\mathrm{d}x = k\int f(x)\mathrm{d}x \ （ k \text{ 为不等于零的常数}).\tag{4.2.4}$$

证明*　设 $\int f(x)\mathrm{d}x = F(x) + C_1$（ C_1 为任意常数），则

$$k\int f(x)\mathrm{d}x = kF(x) + kC_1 = kF(x) + C \ （ k \neq 0, C = kC_1 \text{ 为任意常数}).$$

因为 $[kF(x) + C]' = kf(x)$ ，所以 $kF(x) + C$ 为函数 $kf(x)$ 的任意一个原函数，从而有

$$\int kf(x)\mathrm{d}x = kF(x) + C = k\int f(x)\mathrm{d}x \ （ k \text{ 为不等于零的常数}).$$

在式（4.2.4）中之所以要求 $k \neq 0$ ，是因为当 $k = 0$ 时，

$$\int kf(x)\mathrm{d}x = \int 0 \mathrm{d}x = C ,$$

而

$$k\int f(x)\mathrm{d}x = 0\int f(x)\mathrm{d}x = 0 ,$$

等式不恒成立.

定理 4.2.5　两个函数代数和的不定积分等于它们不定积分的代数和，即

$$\int [f(x) \pm g(x)]\mathrm{d}x = \int f(x)\mathrm{d}x \pm \int g(x)\mathrm{d}x .\tag{4.2.5}$$

证明*　设 $\int f(x)\mathrm{d}x = F(x) + C_1$ ，$\int g(x)\mathrm{d}x = G(x) + C_2$（ 其中 C_1, C_2 为两个任意常数），则

$$\int f(x)\mathrm{d}x \pm \int g(x)\mathrm{d}x = [F(x) + C_1] \pm [G(x) + C_2] = F(x) \pm G(x) + C ,$$

其中 $C = C_1 \pm C_2$ 为任意常数.

因为 $[F(x)\pm G(x)+C]'=f(x)\pm g(x)$，所以 $F(x)\pm G(x)+C$ 是 $f(x)\pm g(x)$ 的任一原函数，即

$$\int[f(x)\pm g(x)]\mathrm{d}x=F(x)\pm G(x)+C=\int f(x)\mathrm{d}x\pm\int g(x)\mathrm{d}x\ .$$

例 4.2.2　计算下列不定积分：

（1）$\int(2x\sqrt{x}+\dfrac{3}{x^2}-\dfrac{1}{x}+\dfrac{2}{\sqrt{x}}+\sin 3)\mathrm{d}x$；　　（2）$\int(4\cos x+5\sin x+\ln 2)\mathrm{d}x$；

（3）$\int(2^x-3^x+\mathrm{e}^2)\mathrm{d}x$；　　　　　　　（4）$\int(\dfrac{3}{1+x^2}-\dfrac{2}{\sqrt{1-x^2}})\mathrm{d}x$．

解　（1）$\int(2x\sqrt{x}+\dfrac{3}{x^2}-\dfrac{1}{x}+\dfrac{2}{\sqrt{x}}+\sin 3)\mathrm{d}x$

$$=\int 2x\sqrt{x}\mathrm{d}x+\int\dfrac{3}{x^2}\mathrm{d}x-\int\dfrac{1}{x}\mathrm{d}x+\int\dfrac{2}{\sqrt{x}}\mathrm{d}x+\int\sin 3\mathrm{d}x$$

$$=2\int x^{\frac{3}{2}}\mathrm{d}x+3\int\dfrac{1}{x^2}\mathrm{d}x-\int\dfrac{1}{x}\mathrm{d}x+2\int\dfrac{1}{\sqrt{x}}\mathrm{d}x+\sin 3\cdot\int\mathrm{d}x$$

$$=\dfrac{4}{5}x^{\frac{5}{2}}-\dfrac{3}{x}-\ln|x|+4\sqrt{x}+x\sin 3+C\ .$$

（2）$\int(4\cos x+5\sin x+\ln 2)\mathrm{d}x=4\sin x-5\cos x+x\ln 2+C$．

（3）$\int(2^x-3^x+\mathrm{e}^2)\mathrm{d}x=\dfrac{2^x}{\ln 2}-\dfrac{3^x}{\ln 3}+\mathrm{e}^2x+C$．

（4）$\int(\dfrac{3}{1+x^2}-\dfrac{2}{\sqrt{1-x^2}})\mathrm{d}x=3\arctan x-2\arcsin x+C$．

由原函数存在定理与初等函数的连续性可知，初等函数在其有定义的任一区间上都存在原函数，从而初等函数在其有定义的任一区间上其不定积分都存在．因此，如无特别需要，对于初等函数的不定积分，通常不指明其存在区间，而默认其存在区间就是被积函数有定义的区间．

虽然初等函数在其有定义区间上的原函数一定存在，但仍有相当多的初等函数的原函数不能用初等函数来表示，这样的初等函数的不定积分称为不能表示为有限形式的积分（通常称这样的不定积分是"**积不出**"的）．下面一些不定积分被证明是积不出的（证明超出本课程范围）：

$$\int\mathrm{e}^{-x^2}\mathrm{d}x\ ,\ \int\sin x^2\mathrm{d}x\ ,\ \int\cos x^2\mathrm{d}x\ ,\ \int\dfrac{\mathrm{e}^x}{x}\mathrm{d}x\ ,\ \int\dfrac{\sin x}{x}\mathrm{d}x\ ,\ \int\dfrac{\cos x}{x}\mathrm{d}x\ ,\ \int\dfrac{1}{\ln x}\mathrm{d}x\ ,\ \int\sqrt{1+x^3}\mathrm{d}x\ ,$$
$$\int\sqrt{1+x^4}\mathrm{d}x\ ,\ \int\sqrt{1-k^2\sin^2 x}\mathrm{d}x\ (0<k<1)\quad .$$

4.2.4　不定积分的几何意义

求已知函数 $f(x)$ 的不定积分 $\int f(x)\mathrm{d}x$，在几何上就是要找一条曲线 $y=F(x)+C$（其中 C 为任意常数），使该曲线上横坐标为 x 的点处的切线的斜率等于函数 $f(x)$，这条曲线称为函数 $f(x)$ 的一条**积分曲线**．由常数 C 的任意性知，函数 $f(x)$ 的积分曲线不止一条，而是一族曲线，函数 $f(x)$ 的全部积分曲线称为函数 $f(x)$ 的**积分曲线族**，其曲线方程的一般表达式为

$y = F(x) + C$（其中 C 为任意常数）.

积分曲线族具有这样的特点：在横坐标相同的点 x 处，各条积分曲线上的切线的斜率都等于函数 $f(x)$，因此各条积分曲线在点 x 处的切线是相互平行的. 因为各条积分曲线的方程只相差一个常数，所以它们都可以由其中任意一条积分曲线（如 $y = F(x)$）沿 y 轴方向平行移动而得到.

4.3 直接积分法

在基本积分公式中，仅仅涵盖了部分基本初等函数，而对于正切函数、余切函数、正割函数、余割函数、对数函数以及反三角函数等众多基本初等函数来说，并没有如导数计算那样给出相应的积分公式. 而且，在不定积分的运算性质中，也仅仅给出了形如 $\int [k_1 f(x) \pm k_2 g(x)] dx$（$k_1$、$k_2$ 为常数）的不定积分的解决方法，而对于那些常见的形如 $\int u(x)v(x)dx$、$\int \dfrac{u(x)}{v(x)}dx$ 以及 $\int f[g(x)]dx$ 的不定积分来说，并没有确定的解决方法. 因此，如何将各种形式的不定积分转化为可以运用基本积分公式和不定积分的运算性质进行计算的形式是不定积分的解法研究的核心.

在求解不定积分 $\int f(x)dx$ 时，特别是针对形如 $\int u(x)v(x)dx$ 和 $\int \dfrac{u(x)}{v(x)}dx$ 的不定积分，直接积分法通常是首先要尝试的选择.

将被积函数进行恒等变形后直接运用基本积分公式和不定积分的运算性质计算不定积分的方法，称为**直接积分法**.

使用直接积分法，其核心就是"拆"，就是要将不定积分 $\int f(x)dx$ 中的被积函数 $f(x)$ 拆解为代数和的形式，以进一步利用不定积分运算性质和基本积分公式求出结果. 一般来说，在求解不定积分时，对被积函数"能拆则拆".

例 4.3.1 求不定积分 $\int \dfrac{(x - \sqrt{x})(1 + \sqrt{x})}{\sqrt[3]{x}} dx$.

解 $\int \dfrac{(x - \sqrt{x})(1 + \sqrt{x})}{\sqrt[3]{x}} dx = \int \dfrac{x\sqrt{x} - \sqrt{x}}{\sqrt[3]{x}} dx = \int (x^{\frac{7}{6}} - x^{\frac{1}{6}}) dx = \int x^{\frac{7}{6}} dx - \int x^{\frac{1}{6}} dx$

$= \dfrac{x^{\frac{7}{6}+1}}{\frac{7}{6}+1} + \dfrac{x^{\frac{1}{6}+1}}{\frac{1}{6}+1} + C = \dfrac{6}{13}x^{\frac{13}{6}} - \dfrac{6}{7}x^{\frac{7}{6}} + C$.

例 4.3.2 求不定积分 $\int (2^x + 3^x)^2 dx$.

解 $\int (2^x + 3^x)^2 dx = \int (2^{2x} + 2 \cdot 2^x \cdot 3^x + 3^{2x}) dx = \int (4^x + 2 \cdot 6^x + 9^x) dx$

$= \dfrac{4^x}{\ln 4} + 2 \cdot \dfrac{6^x}{\ln 6} + \dfrac{9^x}{\ln 9} + C = \dfrac{2^{2x}}{2\ln 2} + 2 \cdot \dfrac{6^x}{\ln 6} + \dfrac{3^{2x}}{2\ln 3} + C$.

例 4.3.3 求不定积分 $\int \dfrac{x^2}{1+x^2} dx$.

解 $\int \dfrac{x^2}{1+x^2} dx = \int \dfrac{(x^2+1)-1}{1+x^2} dx = \int (1 - \dfrac{1}{1+x^2}) dx = x - \arctan x + C$.

例 **4.3.4**　求不定积分 $\displaystyle\int\frac{2-3x^2}{1+x^2}\mathrm{d}x$.

解　$\displaystyle\int\frac{2-3x^2}{1+x^2}\mathrm{d}x=2\int\frac{1}{1+x^2}\mathrm{d}x-3\int\frac{x^2}{1+x^2}\mathrm{d}x=2\int\frac{1}{1+x^2}\mathrm{d}x-3\int(1-\frac{1}{1+x^2})\mathrm{d}x$

　　$\displaystyle=5\int\frac{1}{1+x^2}\mathrm{d}x-3\int\mathrm{d}x=5\arctan x-3x+C$.

（本例有更快捷的解法，请读者自行探究.）

例 **4.3.5**　求定积分 $\displaystyle\int_0^1\frac{x^4}{1+x^2}\mathrm{d}x$ 的值.

解　$\displaystyle\int_0^1\frac{x^4}{1+x^2}\mathrm{d}x=\int_0^1\frac{(x^4-1)+1}{1+x^2}\mathrm{d}x=\int_0^1\frac{(x^2+1)(x^2-1)+1}{1+x^2}\mathrm{d}x$

　　$\displaystyle=\int_0^1(x^2-1+\frac{1}{1+x^2})\mathrm{d}x=(\frac{x^3}{3}-x+\arctan x)\Big|_0^1$

　　$\displaystyle=\frac{1}{3}-1+\arctan 1=\frac{\pi}{4}-\frac{2}{3}$.

例 **4.3.6**　求不定积分 $\displaystyle\int\frac{1}{x^2(1+x^2)}\mathrm{d}x$.

解　$\displaystyle\int\frac{1}{x^2(1+x^2)}\mathrm{d}x=\int\frac{(1+x^2)-x^2}{x^2(1+x^2)}\mathrm{d}x=\int(\frac{1}{x^2}-\frac{1}{1+x^2})\mathrm{d}x=-\frac{1}{x}-\arctan x+C$.

例 **4.3.7**　求不定积分 $\displaystyle\int\frac{4+3x^2-5x^4}{x^2(1+x^2)}\mathrm{d}x$.

解　$\displaystyle\int\frac{4+3x^2-5x^4}{x^2(1+x^2)}\mathrm{d}x=4\int\frac{1}{x^2(1+x^2)}\mathrm{d}x+3\int\frac{x^2}{x^2(1+x^2)}\mathrm{d}x-5\int\frac{x^4}{x^2(1+x^2)}\mathrm{d}x$

　　$\displaystyle=4\int(\frac{1}{x^2}-\frac{1}{1+x^2})\mathrm{d}x+3\int\frac{1}{1+x^2}\mathrm{d}x-5\int\frac{x^2}{1+x^2}\mathrm{d}x$

　　$\displaystyle=4\int\frac{1}{x^2}\mathrm{d}x-\int\frac{1}{1+x^2}\mathrm{d}x-5\int(1-\frac{1}{1+x^2})\mathrm{d}x=4\int\frac{1}{x^2}\mathrm{d}x+4\int\frac{1}{1+x^2}\mathrm{d}x-5\int\mathrm{d}x$

　　$\displaystyle=-\frac{4}{x}+4\arctan x-5x+C$.

（本例有更快捷的解法，请读者自行探究.）

例 **4.3.8**　求不定积分 $\displaystyle\int\tan^2 x\mathrm{d}x$.

解　$\displaystyle\int\tan^2 x\mathrm{d}x=\int(\sec^2 x-1)\mathrm{d}x=\tan x-x+C$.

例 **4.3.9**　求不定积分 $\displaystyle\int\frac{1}{1+\cos 2x}\mathrm{d}x$.

解　$\displaystyle\int\frac{1}{1+\cos 2x}\mathrm{d}x=\int\frac{1}{2\cos^2 x}\mathrm{d}x=\frac{1}{2}\tan x+C$.

例 **4.3.10**　求不定积分 $\displaystyle\int\sin^2\frac{x}{2}\mathrm{d}x$.

解　$\displaystyle\int\sin^2\frac{x}{2}\mathrm{d}x=\int\frac{1-\cos x}{2}\mathrm{d}x=\frac{1}{2}(x-\sin x)+C$.

例 **4.3.11**　求不定积分 $\displaystyle\int\frac{1}{\sin^2\frac{x}{2}\cos^2\frac{x}{2}}\mathrm{d}x$.

解　$\displaystyle\int\frac{1}{\sin^2\frac{x}{2}\cos^2\frac{x}{2}}\mathrm{d}x=\int\frac{4}{\sin^2 x}\mathrm{d}x=-4\cot x+C$.

例 4.3.12　求不定积分 $\displaystyle\int\frac{1}{\sin^2 x\cdot\cos^2 x}\mathrm{d}x$.

解　$\displaystyle\int\frac{1}{\sin^2 x\cdot\cos^2 x}\mathrm{d}x=\int\frac{\sin^2 x+\cos^2 x}{\sin^2 x\cdot\cos^2 x}\mathrm{d}x=\int(\frac{1}{\cos^2 x}+\frac{1}{\sin^2 x})\mathrm{d}x=\tan x-\cot x+C$.

例 4.3.13　求不定积分 $\displaystyle\int\frac{\cos 2x}{\cos x-\sin x}\mathrm{d}x$.

解　$\displaystyle\int\frac{\cos 2x}{\cos x-\sin x}\mathrm{d}x=\int\frac{\cos^2 x-\sin^2 x}{\cos x-\sin x}\mathrm{d}x=\int(\cos x+\sin x)\mathrm{d}x=\sin x-\cos x+C$.

例 4.3.14　求不定积分 $\displaystyle\int\frac{1+\sin 2x}{\sin x+\cos x}\mathrm{d}x$.

解　$\displaystyle\int\frac{1+\sin 2x}{\sin x+\cos x}\mathrm{d}x=\int\frac{\sin^2 x+\cos^2 x+2\sin x\cos x}{\sin x+\cos x}\mathrm{d}x$

$\displaystyle=\int\frac{(\sin x+\cos x)^2}{\sin x+\cos x}\mathrm{d}x=\int(\sin x+\cos x)\mathrm{d}x=-\cos x+\sin x+C$.

4.4　换元积分法

对于很多形如 $\displaystyle\int u(x)v(x)\mathrm{d}x$ 、$\displaystyle\int\frac{u(x)}{v(x)}\mathrm{d}x$ 与 $\displaystyle\int f[g(x)]\mathrm{d}x$ 的不定积分来说,被积函数是很难转化为代数和的形式的,即直接积分法对其是无效的. 因此,必须进一步研究相应的解决方法.

4.4.1　第一类换元积分法

积分法是微分法的逆运算,与微分法中非常重要的复合函数微分法相对应,积分法中有换元积分法.

定理 4.4.1　若 $\displaystyle\int f(x)\mathrm{d}x=F(x)+C$,则

$$\int f[\varphi(x)]\mathrm{d}[\varphi(x)]=F[\varphi(x)]+C\text{（ 其中 }\varphi(x)\text{ 是可导函数 ）}.$$

证明[*]　因为 $\displaystyle\int f(x)\mathrm{d}x=F(x)+C$,所以 $\mathrm{d}F(x)=f(x)\mathrm{d}x$.

根据一阶微分形式不变性,有

$$\mathrm{d}F[\varphi(x)]=f[\varphi(x)]\mathrm{d}[\varphi(x)]\text{（ }\varphi(x)\text{ 是可导函数 ）}.$$

两边积分,得

$$\int f[\varphi(x)]\mathrm{d}[\varphi(x)]=F[\varphi(x)]+C .$$

定理 4.4.1 称为**不定积分形式不变性**. 将 $\mathrm{d}[\varphi(x)]=\varphi'(x)\mathrm{d}x$ 代入,得

$$\int f[\varphi(x)]\varphi'(x)\mathrm{d}x=\int f[\varphi(x)]\mathrm{d}[\varphi(x)]=F[\varphi(x)]+C . \tag{4.4.1}$$

在式（ 4.4.1 ）中,因其将 $\varphi'(x)\mathrm{d}x$ 凑成了微分 $\mathrm{d}[\varphi(x)]$,故称这种积分法为**凑微分法**. 事实上,这一凑微分的过程也可以理解为求解不定积分 $\displaystyle\int\varphi'(x)\mathrm{d}x$ 的过程.

若设 $u = \varphi(x)$，则有

$$\int f[\varphi(x)]\varphi'(x)\mathrm{d}x = \int f[\varphi(x)]\mathrm{d}[\varphi(x)] = \int f(u)\mathrm{d}u,$$

即可以将不定积分 $\int f[\varphi(x)]\varphi'(x)\mathrm{d}x$ 转化成关于新积分变量 u 的不定积分 $\int f(u)\mathrm{d}u$. 在求出关于新积分变量 u 的不定积分 $\int f(u)\mathrm{d}u$ 之后，再利用 $u = \varphi(x)$ 换回原来的积分变量 x，就可以得到不定积分 $\int f[\varphi(x)]\varphi'(x)\mathrm{d}x$ 的结果.

因此，通常也称凑微分法为**第一类换元积分法**.

在对于凑微分法的使用上，大致可分为两种情况，即"凑系数"与"凑函数".

1. 凑系数

设 $\int f(x)\mathrm{d}x = F(x) + C$，则当 k、b 为常数且 $k \neq 0$ 时，有

$$\int f(kx+b)\mathrm{d}x = \frac{1}{k}F(kx+b) + C. \tag{4.4.2}$$

证明* 设 $u = kx + b$，则 $\mathrm{d}u = \mathrm{d}(kx+b) = k\mathrm{d}x$，即 $\mathrm{d}x = \frac{1}{k}\mathrm{d}u$. 所以

$$\int f(kx+b)\mathrm{d}x = \frac{1}{k}\int f(u)\mathrm{d}u = \frac{1}{k}F(u) + C = \frac{1}{k}F(ax+b) + C.$$

"凑系数"法解决了一部分形如 $\int f[g(x)]\mathrm{d}x$（$g(x) = kx + b$）的不定积分问题，其核心就是"**凑**". 事实上，所谓的"凑系数"，即是将基本积分公式推广为更一般的表达形式，即**基本积分推广公式**为（k、b 为常数且 $k \neq 0$，C 为任意常数）：

（1）$\int a^{kx+b}\mathrm{d}x = \dfrac{a^{kx+b}}{k\ln a} + C$（$a > 0$ 且 $a \neq 1$），

特别地，有 $\int \mathrm{e}^{kx+b}\mathrm{d}x = \dfrac{1}{k}\mathrm{e}^{kx+b} + C$；

（2）$\int \dfrac{1}{kx+b}\mathrm{d}x = \dfrac{1}{k}\ln|kx+b| + C$；

（3）$\int (kx+b)^{\alpha}\mathrm{d}x = \dfrac{(kx+b)^{\alpha+1}}{k(\alpha+1)} + C$（$\alpha \neq -1$），

特别地，有 $\int \dfrac{1}{(kx+b)^2}\mathrm{d}x = -\dfrac{1}{k} \cdot \dfrac{1}{kx+b} + C$，$\int \dfrac{1}{\sqrt{kx+b}}\mathrm{d}x = \dfrac{2}{k}\sqrt{kx+b} + C$；

（4）$\int \sin(kx+b)\mathrm{d}x = -\dfrac{1}{k}\cos(kx+b) + C$；

（5）$\int \cos(kx+b)\mathrm{d}x = \dfrac{1}{k}\sin(kx+b) + C$；

（6）$\int \dfrac{1}{\cos^2(kx+b)}\mathrm{d}x = \int \sec^2(kx+b)\mathrm{d}x = \dfrac{1}{k}\tan(kx+b) + C$；

（7）$\int \dfrac{1}{\sin^2(kx+b)}\mathrm{d}x = \int \csc^2(kx+b)\mathrm{d}x = -\dfrac{1}{k}\cot(kx+b) + C$；

（8）$\int \sec(kx+b)\tan(kx+b)\mathrm{d}x = \dfrac{1}{k}\sec(kx+b) + C$；

（9）$\int \csc(kx+b)\cot(kx+b)\mathrm{d}x = -\dfrac{1}{k}\csc(kx+b) + C$；

（10）$\int \dfrac{1}{\sqrt{a^2-(kx+b)^2}}dx = \dfrac{1}{k}\arcsin\dfrac{kx+b}{a}+C = -\dfrac{1}{k}\arccos\dfrac{kx+b}{a}+C\ (a>0)$，

特别地，有 $\int \dfrac{1}{\sqrt{1-(kx+b)^2}}dx = \dfrac{1}{k}\arcsin(kx+b)+C = -\dfrac{1}{k}\arccos(kx+b)+C$；

（11）$\int \dfrac{1}{a^2+(kx+b)^2}dx = \dfrac{1}{ka}\arctan\dfrac{kx+b}{a}+C = -\dfrac{1}{ka}\text{arccot}\dfrac{kx+b}{a}+C\ (a>0)$，

特别地，有 $\int \dfrac{1}{1+(kx+b)^2}dx = \dfrac{1}{k}\arctan(kx+b)+C = -\dfrac{1}{k}\text{arccot}(kx+b)+C$；

（12*）$\int \dfrac{1}{\sqrt{(kx+b)^2\pm a^2}}dx = \dfrac{1}{k}\ln\left|(kx+b)+\sqrt{(kx+b)^2\pm a^2}\right|+C\ (a>0)$，

特别地，有 $\int \dfrac{1}{\sqrt{(kx+b)^2\pm 1}}dx = \dfrac{1}{k}\ln\left|(kx+b)+\sqrt{(kx+b)^2\pm 1}\right|+C$．

例 4.4.1 求下列各不定积分：

（1）$\int \sin 5x\,dx$；

（2）$\int e^{2-3x}dx$；

（3）$\int (2x+1)^{20}dx$；

（4）$\int \dfrac{1}{3x+2}dx$；

（5）$\int \dfrac{1}{x^2+2x+1}dx$；

（6*）$\int \dfrac{1}{x^2+4x+8}dx$．

解　（1）$\int \sin 5x\,dx = -\dfrac{1}{5}\cos 5x+C$；

（2）$\int e^{2-3x}dx = -\dfrac{1}{3}e^{2-3x}+C$；

（3）$\int (2x+1)^{20}dx = \dfrac{1}{2}\dfrac{(2x+1)^{21}}{21}+C = \dfrac{(2x+1)^{21}}{42}+C$；

（4）$\int \dfrac{1}{3x+2}dx = \dfrac{1}{3}\ln|3x+2|+C$；

（5）$\int \dfrac{1}{x^2+2x+1}dx = \int \dfrac{1}{(x+1)^2}dx = -\dfrac{1}{x+1}+C$；

（6*）$\int \dfrac{1}{x^2+4x+8}dx = \int \dfrac{1}{(x+2)^2+2^2}dx = \dfrac{1}{2}\arctan\dfrac{x+2}{2}+C$．

2. 凑函数

设 $\int f(x)dx = F(x)+C$，$\varphi(x)$ 为可导函数，则当 k、b 为常数且 $k\neq 0$ 时，有

$$\int f[k\varphi(x)+b]\varphi'(x)dx = \dfrac{1}{k}F[k\varphi(x)+b]+C．\qquad(4.4.3)$$

证明* 由 $d[\varphi(x)] = \varphi'(x)dx$ 得

$$\int f[k\varphi(x)+b]\varphi'(x)dx = \int f[k\varphi(x)+b]d[\varphi(x)]．$$

设 $u=\varphi(x)$，由式（4.4.2）得

$$\int f[k\varphi(x)+b]d[\varphi(x)] = \int f(ku+b)du = \dfrac{1}{k}F(ku+b)+C = \dfrac{1}{k}F[k\varphi(x)+b]+C．$$

当无法使用直接积分法解决形如 $\int u(x)v(x)dx$ 和 $\int \dfrac{u(x)}{v(x)}dx$ 的不定积分时，"凑函数"法为

我们提供了另一个解决问题的途径,其核心依然是**"凑"**,也就是将被积函数中的某一个因式首先进行凑微分.

例 4.4.2　求下列各函数的不定积分:

（1）$\int x\sin x^2\mathrm{d}x$;

（2）$\int\dfrac{\arctan x}{1+x^2}\mathrm{d}x$;

（3）$\int\dfrac{1}{x^2}\cos\dfrac{5}{x}\mathrm{d}x$;

（4）$\int\dfrac{1}{\sqrt{x}}\mathrm{e}^{4\sqrt{x}-3}\mathrm{d}x$;

（5）$\int\dfrac{\mathrm{e}^x}{1+\mathrm{e}^x}\mathrm{d}x$;

（6）$\int(3\sin 2x+1)^{20}\cos 2x\mathrm{d}x$.

解　（1）$\int x\sin x^2\mathrm{d}x=\int\sin x^2\mathrm{d}(\dfrac{x^2}{2})=\dfrac{1}{2}\int\sin x^2\mathrm{d}(x^2)=-\dfrac{1}{2}\cos x^2+C$;

（2）$\int\dfrac{\arctan x}{1+x^2}\mathrm{d}x=\int\arctan x\cdot\dfrac{1}{1+x^2}\mathrm{d}x=\int\arctan x\mathrm{d}(\arctan x)=\dfrac{1}{2}(\arctan x)^2+C$;

（3）$\int\dfrac{1}{x^2}\cos\dfrac{5}{x}\mathrm{d}x=-\int\cos\dfrac{5}{x}\mathrm{d}(\dfrac{1}{x})=-\dfrac{1}{5}\sin\dfrac{5}{x}+C$;

（4）$\int\dfrac{1}{\sqrt{x}}\mathrm{e}^{4\sqrt{x}-3}\mathrm{d}x=2\int\mathrm{e}^{4\sqrt{x}-3}\mathrm{d}(\sqrt{x})=\dfrac{2}{4}\mathrm{e}^{4\sqrt{x}-3}+C=\dfrac{1}{2}\mathrm{e}^{4\sqrt{x}-3}+C$;

（5）$\int\dfrac{\mathrm{e}^x}{1+\mathrm{e}^x}\mathrm{d}x=\int\dfrac{1}{1+\mathrm{e}^x}\cdot\mathrm{e}^x\mathrm{d}x=\int\dfrac{1}{1+\mathrm{e}^x}\mathrm{d}(\mathrm{e}^x)=\ln(1+\mathrm{e}^x)+C$;

（6）$\int(3\sin 2x+1)^{20}\cos 2x\mathrm{d}x=\dfrac{1}{2}\int(3\sin 2x+1)^{20}\mathrm{d}(\sin 2x)$

$$=\dfrac{1}{2}\cdot\dfrac{1}{3}\cdot\dfrac{(3\sin 2x+1)^{21}}{21}+C=\dfrac{1}{126}(3\sin 2x+1)^{21}+C .$$

观察例 4.4.2 中的各题,其被积函数均无法"拆",且均有一个因式可以"凑",因此选择凑微分法("凑函数").而且,在"凑"后得到的积分形式都是 $\int f[k\varphi(x)+b]\mathrm{d}[\varphi(x)]$,所以继续"凑"("凑系数")并最终得出积分结果.

例 4.4.3　求定积分 $\int_1^{\mathrm{e}}\dfrac{\ln x}{x}\mathrm{d}x$ 的值.

解　$\int_1^{\mathrm{e}}\dfrac{\ln x}{x}\mathrm{d}x=\int_1^{\mathrm{e}}\ln x\mathrm{d}(\ln x)=\dfrac{1}{2}\ln^2 x\Big|_1^{\mathrm{e}}=\dfrac{1}{2}$.

本例的解法表明,在定积分的计算中,凑微分法依然适用.

例 4.4.4　求不定积分 $\int\dfrac{x}{\sqrt{1-x^2}}\mathrm{d}x$.

解　$\int\dfrac{x}{\sqrt{1-x^2}}\mathrm{d}x=\dfrac{1}{2}\int\dfrac{1}{\sqrt{-x^2+1}}\mathrm{d}(x^2)=\dfrac{1}{2}(-2\sqrt{1-x^2})+C=-\sqrt{1-x^2}+C$.

例 4.4.5　求不定积分 $\int\dfrac{x}{1+x^2}\mathrm{d}x$.

解　$\int\dfrac{x}{1+x^2}\mathrm{d}x=\dfrac{1}{2}\int\dfrac{1}{1+x^2}\mathrm{d}(x^2)=\dfrac{1}{2}\ln(1+x^2)+C$.

例 4.4.4 与例 4.4.5 是比较特殊的,因其被积函数中的两个因式均可以凑微分,这里给出的解法显然是比较简捷的.事实上,如果将另一个因式(即 $\dfrac{1}{\sqrt{1-x^2}}$ 与 $\dfrac{1}{1+x^2}$)进行凑微分(即

$\dfrac{1}{\sqrt{1-x^2}}dx = d(\arcsin x)$ 与 $\dfrac{1}{1+x^2}dx = d(\arctan x)$),依然可以通过换元得到形如 $\int f(u)du$ 的积

分形式,只是解题过程更加烦琐,有兴趣的读者可以自行探究.

需要特别指出的是,这种被积函数中有一个或多个因式可以凑微分的不定积分,并不总是可以得到形如 $\int f[k\varphi(x)+b]d[\varphi(x)]$ 的积分形式,因此也就并不总是可以仅仅利用凑微分法求出结果,这一类问题我们将在后续的研究中加以解决.

例 4.4.6　求不定积分 $\int \tan x dx, \int \cot x dx$ (结果可作为公式直接使用).

解　$\displaystyle\int \tan x dx = \int \dfrac{\sin x}{\cos x}dx = -\int \dfrac{1}{\cos x}d(\cos x) = -\ln|\cos x|+C$.

同法可得

$$\int \cot x dx = \ln|\sin x|+C .$$

例 4.4.7*　求不定积分 $\displaystyle\int \dfrac{2x+3}{x^2+3x-5}dx$.

解　$\displaystyle\int \dfrac{2x+3}{x^2+3x-5}dx = \int \dfrac{1}{x^2+3x-5}d(x^2+3x) = \ln|x^2+3x-5|+C$.

例 4.4.8*　求不定积分 $\int \sec x dx, \int \csc x dx$ (结果可作公式直接使用).

解　$\displaystyle\int \sec x dx = \int \dfrac{\sec x(\sec x+\tan x)}{\sec x+\tan x}dx = \int \dfrac{\sec^2 x+\sec x\tan x}{\sec x+\tan x}dx$

$$= \int \dfrac{1}{\sec x+\tan x}d(\sec x+\tan x) = \ln|\sec x+\tan x|+C .$$

同法可得

$$\int \csc x dx = \ln|\csc x-\cot x|+C = -\ln|\csc x+\cot x|+C .$$

至此,我们得到了全部六种三角函数的积分公式,即

(1) $\displaystyle\int \sin x dx = -\cos x+C$;

(2) $\displaystyle\int \cos x dx = \sin x+C$;

(3) $\displaystyle\int \tan x dx = -\ln|\cos x|+C$;

(4) $\displaystyle\int \cot x dx = \ln|\sin x|+C$;

(5) $\displaystyle\int \sec x dx == \ln|\sec x+\tan x|+C$;

(6) $\displaystyle\int \csc x dx = \ln|\csc x-\cot x|+C = -\ln|\csc x+\cot x|+C$.

对于形如 $\int u(x)v(x)dx$ 与 $\int \dfrac{u(x)}{v(x)}dx$ 的不定积分,多数情况下需要通过对直接积分法与凑微分法的结合使用来求解. 一般来说,当被积函数为乘积形式(商也看作乘积形式)的时候,首先应考虑使用直接积分法将其拆解为代数和的形式(即**"先拆"**),无法拆解时才考虑使用凑微分法(即**"后凑"**).

例 4.4.9　求不定积分 $\int \cos^2 x dx$.

解　$\displaystyle\int \cos^2 x dx = \dfrac{1}{2}\int (1+\cos 2x)dx = \dfrac{1}{2}\int dx + \dfrac{1}{2}\int \cos 2x dx = \dfrac{x}{2}+\dfrac{1}{4}\sin 2x+C$.

例 4.4.10　求不定积分 $\int \sin^3 x \mathrm{d}x$.

解　$\int \sin^3 x \mathrm{d}x = -\int \sin^2 x \mathrm{d}(\cos x) = -\int (1-\cos^2 x)\mathrm{d}(\cos x)$

$\quad = \int \cos^2 x \mathrm{d}(\cos x) - \int \mathrm{d}(\cos x) = \dfrac{1}{3}\cos^3 x - \cos x + C$.

例 4.4.11　求定积分 $\int_0^1 \dfrac{x^3}{1+x^2}\mathrm{d}x$ 的值.

解　$\int_0^1 \dfrac{x^3}{1+x^2}\mathrm{d}x = \int_0^1 \dfrac{(x^3+x)-x}{1+x^2}\mathrm{d}x = \int_0^1 x\mathrm{d}x - \int_0^1 \dfrac{x}{1+x^2}\mathrm{d}x$

$\quad = \dfrac{1}{2}x^2\Big|_0^1 - \dfrac{1}{2}\int_0^1 \dfrac{1}{1+x^2}\mathrm{d}(x^2) = \dfrac{1}{2} - \dfrac{1}{2}\ln(1+x^2)\Big|_0^1 = \dfrac{1}{2} - \dfrac{1}{2}\ln 2 = \dfrac{1}{2}(1-\ln 2)$.

例 4.4.12　求不定积分 $\int \dfrac{1}{x(1+x^2)}\mathrm{d}x$.

解　$\int \dfrac{1}{x(1+x^2)}\mathrm{d}x = \int \dfrac{1+x^2-x^2}{x(1+x^2)}\mathrm{d}x = \int \dfrac{1}{x}\mathrm{d}x - \int \dfrac{x}{1+x^2}\mathrm{d}x$

$\quad = \ln|x| - \dfrac{1}{2}\int \dfrac{1}{1+x^2}\mathrm{d}(x^2) = \ln|x| - \dfrac{1}{2}\ln(1+x^2) + C$.

一般地,在求解形如 $\int \dfrac{P_m(x)}{Q_n(x)}\mathrm{d}x$ 的不定积分时,当 $m \geqslant n$ 或 $Q_n(x)$ 可以分解因式时应使用直接积分法;当 $m < n$ 且 $Q_n(x)$ 不能分解因式时应使用凑微分法.其中, $P_m(x)$ ($m \in N$)为 m 次多项式, $Q_n(x)$ ($n \in N$ 且 $n \neq 0$)为 n 次多项式.

例 4.4.13* 　求不定积分 $\int \dfrac{x^2}{4+9x^2}\mathrm{d}x$.

解　$\int \dfrac{x^2}{4+9x^2}\mathrm{d}x = \dfrac{1}{9}\int \dfrac{9x^2+4-4}{4+9x^2}\mathrm{d}x = \dfrac{1}{9}\int \mathrm{d}x - \dfrac{4}{9}\int \dfrac{1}{2^2+(3x)^2}\mathrm{d}x$

$\quad = \dfrac{x}{9} - \dfrac{4}{9}\cdot\dfrac{1}{3\cdot 2}\arctan\dfrac{3x}{2} + C = \dfrac{x}{9} - \dfrac{2}{27}\arctan\dfrac{3x}{2} + C$.

例 4.4.14* 　求不定积分 $\int \dfrac{1}{a^2-x^2}\mathrm{d}x$ $(a \neq 0)$.

解　$\int \dfrac{1}{a^2-x^2}\mathrm{d}x = \int \dfrac{1}{(a-x)(a+x)}\mathrm{d}x = \dfrac{1}{2a}\int \dfrac{(a-x)+(a+x)}{(a-x)(a+x)}\mathrm{d}x$

$\quad = \dfrac{1}{2a}\Big(\int \dfrac{1}{a+x}\mathrm{d}x + \int \dfrac{1}{a-x}\mathrm{d}x\Big) = \dfrac{1}{2a}(\ln|a+x| - \ln|a-x|) + C$

$\quad = \dfrac{1}{2a}\ln\left|\dfrac{a+x}{a-x}\right| + C$.

4.4.2　第二类换元积分法

由式 $\int f[\varphi(x)]\varphi'(x)\mathrm{d}x = \int f[\varphi(x)]\mathrm{d}[\varphi(x)] = \int f(u)\mathrm{d}u$ 知,第一类换元积分法(凑微分法)是先将被积表达式 $f[\varphi(x)]\varphi'(x)\mathrm{d}x$ 凑成 $f[\varphi(x)]\mathrm{d}[\varphi(x)]$,然后换元 $u = \varphi(x)$,再通过求出 $\int f(u)\mathrm{d}u$ 来求出 $\int f[\varphi(x)]\varphi'(x)\mathrm{d}x$.但有时情形刚好相反,即 $\int f(u)\mathrm{d}u$ 不易求出,这时若做适当的变量替换 $u = \varphi(x)$,将被积表达式 $f(u)\mathrm{d}u$ 转化成 $f[\varphi(x)]\varphi'(x)\mathrm{d}x$,而 $\int f[\varphi(x)]\varphi'(x)\mathrm{d}x$ 却

容易求出. 这样, 就得到换元积分法的另一种情形——**第二类换元积分法(拆微分法)**.

定理 4.4.2* 设函数 $f(x)$ 连续, 函数 $x = \varphi(t)$ 有连续的导数且 $\varphi'(t) \neq 0$, 则

$$\int f(x)\mathrm{d}x = \int f[\varphi(t)]\varphi'(t)\mathrm{d}t .\tag{4.4.4}$$

证明* 由函数 $f[\varphi(t)]\varphi'(t)$ 连续知其原函数存在, 设为 $F(t)$, 则

$$F'(t) = f[\varphi(t)]\varphi'(t) ;\ \int f[\varphi(t)]\varphi'(t)\mathrm{d}t = F(t) + C .$$

因为, $\varphi'(t) \neq 0$, 所以函数 $x = \varphi(t)$ 的反函数 $t = \varphi^{-1}(x)$ 存在, 由复合函数和反函数求导法则得

$$\{F[\varphi^{-1}(x)]\}' = [F(t)]' = \frac{\mathrm{d}F}{\mathrm{d}t} \cdot \frac{\mathrm{d}t}{\mathrm{d}x} = f[\varphi(t)]\varphi'(t)\frac{1}{\varphi'(t)} = f[\varphi(t)] = f(x) .$$

因此函数 $F(t) = F[\varphi^{-1}(x)]$ 是函数 $f(x)$ 的一个原函数, 从而

$$\int f(x)\mathrm{d}x = F[\varphi^{-1}(x)] + C = F(t) + C = \int f[\varphi(t)]\varphi'(t)\mathrm{d}t .$$

需要特别指出的是, 使用第二类换元积分法并不能直接将所给积分求出, 而只是将所给积分转化成另一个更为易于求出的形式. 因此, 第二类换元积分法通常是在直接积分法与凑微分法不易直接使用时的一种解决问题的方法, 其使用的关键在于如何针对被积函数的特点选择适当的变换 $x = \varphi(t)$.

1. 三角代换

(1)若被积函数中含有无理式 $\sqrt{a^2 - x^2}$ $(a > 0)$, 可设

$$x = a\sin t \ (-\frac{\pi}{2} < t < \frac{\pi}{2}) ,$$

则　　$\sqrt{a^2 - x^2} = \sqrt{a^2 - a^2\sin^2 t} = \sqrt{a^2(1 - \sin^2 t)} = \sqrt{a^2\cos^2 t} = a\cos t .$

这时 $x' = a\cos t$ 在区间 $(-\frac{\pi}{2}, \frac{\pi}{2})$ 内连续且大于零, 满足第二类换元积分法的条件.

(2)若被积函数中含有无理式 $\sqrt{a^2 + x^2}$ $(a > 0)$, 可设

$$x = a\tan t \ (-\frac{\pi}{2} < t < \frac{\pi}{2}) ,$$

则　　$\sqrt{a^2 + x^2} = \sqrt{a^2 + a^2\tan^2 t} = \sqrt{a^2(1 + \tan^2 t)} = \sqrt{a^2\sec^2 t} = a\sec t .$

这时 $x' = a\sec^2 t$ 在区间 $(-\frac{\pi}{2}, \frac{\pi}{2})$ 内连续且大于零, 满足第二类换元积分法的条件.

(3)若被积函数中含有无理式 $\sqrt{x^2 - a^2}$ $(a > 0)$, 可设

$$x = a\sec t \ (t \in (0, \frac{\pi}{2}) \bigcup (\frac{\pi}{2}, \pi)) .$$

则　　$\sqrt{x^2 - a^2} = \sqrt{a^2\sec^2 t - a^2} = \sqrt{a^2(\sec^2 t - 1)} = \sqrt{a^2\tan^2 t} = a|\tan t| .$

当 $x > a$ 时, $t \in (0, \frac{\pi}{2})$, $\sqrt{x^2 - a^2} = a\tan t$;

当 $x < -a$ 时, $t \in (\frac{\pi}{2}, \pi)$, $\sqrt{x^2 - a^2} = -a\tan t$.

这时, $x' = a\sec t \cdot \tan t$ 在 $(0, \frac{\pi}{2})$ 与 $(\frac{\pi}{2}, \pi)$ 内连续且大于零, 满足第二类换元积分法的

条件.

变量替换后,原来关于积分变量 x 的不定积分转化成关于新积分变量 t 的不定积分,求出关于新积分变量 t 的不定积分后,必须将新积分变量 t 换回为原来的积分变量 x .

对三角代换,通常利用直角三角形的边角关系,以所作的三角代换为依据,作出辅助直角三角形,以有助于将新积分变量 t 换回为原来的积分变量 x .

例 4.4.15　求不定积分 $\int \sqrt{a^2 - x^2}\,\mathrm{d}x\ (a > 0)$.

解　设 $x = a\sin t\ (-\dfrac{\pi}{2} < t < \dfrac{\pi}{2})$,则 $\sqrt{a^2 - x^2} = a\cos t$, $\mathrm{d}x = a\cos t\,\mathrm{d}t$. 则

$$\int \sqrt{a^2 - x^2}\,\mathrm{d}x = \int a\cos t \cdot a\cos t\,\mathrm{d}t = a^2 \int \cos^2 t\,\mathrm{d}t$$

$$= \frac{a^2}{2}\int (1 + \cos 2t)\mathrm{d}t = \frac{a^2}{2}(t + \frac{1}{2}\sin 2t) + C = \frac{a^2}{2}(t + \sin t\cos t) + C .$$

根据 $x = a\sin t$,作辅助直角三角形如图 4.4.1 所示,将

$$\sin t = \frac{x}{a} ,\ \cos t = \frac{\sqrt{a^2 - x^2}}{a} ,\ t = \arcsin\frac{x}{a}$$

代入上式,得

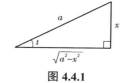

图 4.4.1

$$\int \sqrt{a^2 - x^2}\,\mathrm{d}x = \frac{a^2}{2}\arcsin\frac{x}{a} + \frac{x}{2}\sqrt{a^2 - x^2} + C .$$

例 4.4.16　求不定积分 $\int \dfrac{1}{x^2\sqrt{1 + x^2}}\,\mathrm{d}x$.

解　设 $x = \tan t\ (-\dfrac{\pi}{2} < t < \dfrac{\pi}{2})$,则 $\sqrt{1 + x^2} = \sec t$, $\mathrm{d}x = \sec^2 t\,\mathrm{d}t$. 则

$$\int \frac{1}{x^2\sqrt{1 + x^2}}\,\mathrm{d}x = \int \frac{1}{\tan^2 t\sec t}\sec^2 t\,\mathrm{d}t = \int \frac{\sec t}{\tan^2 t}\mathrm{d}t$$

$$= \int \frac{\cos t}{\sin^2 t}\mathrm{d}t = \int \frac{1}{\sin^2 t}\mathrm{d}(\sin t) = -\frac{1}{\sin t} + C .$$

根据 $x = \tan t$,作辅助直角三角形如图 4.4.2,得

$$\sin t = \frac{x}{\sqrt{1 + x^2}} ,$$

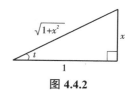

图 4.4.2

所以　　$\displaystyle\int \frac{1}{x^2\sqrt{1 + x^2}}\,\mathrm{d}x = -\frac{\sqrt{1 + x^2}}{x} + C$.

用第二类换元积分法求不定积分时,求出关于新积分变量 t 的不定积分后必须将新积分变量 t 换回为原来的积分变量 x ,而这一步有时相当复杂. 但下面的定理 4.4.3 表明,用第二类换元积分法计算定积分时,只要随着积分变量的替换相应地替换定积分的上下限,则可以在求出新积分变量的原函数后不必换回原来的积分变量,可以直接将新积分限代入牛顿-莱布尼茨公式进行计算,从而使计算得以简化.

定理 4.4.3*　设函数 $x = \varphi(t)$ 在闭区间 $[\alpha, \beta]$ 上有连续的导数且值域为 I ,函数 $f(x)$ 在区间 I 上连续,且 $\phi(\alpha) = a, \phi(\beta) = b$,则

$$\int_a^b f(x)\mathrm{d}x = \int_\alpha^\beta f[\varphi(t)]\varphi'(t)\mathrm{d}t .\tag{4.4.5}$$

证明 不妨设 $a < b$. 由假设知式(4.4.5)两端的被积函数都连续,故式(4.4-5)两端的定积分都存在,且式(4.4.5)两端的被积函数都有原函数.

设函数 $F(x)$ 是函数 $f(x)$ 的一个原函数,由牛顿-莱布尼茨公式知,

$$\int_a^b f(x)\mathrm{d}x = F(x)\Big|_a^b = F(b) - F(a) .$$

由复合函数求导法则得

$$\{F[\varphi(t)]\}' = F'[\varphi(t)]\varphi'(t) = f[\varphi(t)]\varphi'(t) ,$$

即函数 $F[\varphi(t)]$ 是函数 $f[\varphi(t)]\varphi'(t)$ 的一个原函数.

由牛顿-莱布尼茨公式得

$$\int_\alpha^\beta f[\varphi(t)]\varphi'(t)\mathrm{d}t = F[\varphi(t)]\Big|_\alpha^\beta = F[\varphi(\beta)] - F[\varphi(\alpha)] = F(b) - F(a) ,$$

即 $$\int_a^b f(x)\mathrm{d}x = \int_\alpha^\beta f[\varphi(t)]\varphi'(t)\mathrm{d}t .$$

例 4.4.17 求定积分 $\int_1^2 \dfrac{\sqrt{x^2-1}}{x}\mathrm{d}x$ 的值.

解 设 $x = \sec t\ (0 \le t < \dfrac{\pi}{2})$,则 $\sqrt{x^2-1} = \tan t$, $\mathrm{d}x = \tan t \sec t\mathrm{d}t$. 且当 $x=1$ 时, $t=0$;当 $x=2$ 时, $t=\dfrac{\pi}{3}$.

$$\int_1^2 \frac{\sqrt{x^2-1}}{x}\mathrm{d}x = \int_0^{\frac{\pi}{3}} \frac{\tan t}{\sec t}\tan t \sec t\mathrm{d}t = \int_0^{\frac{\pi}{3}} \tan^2 t\mathrm{d}t = \int_0^{\frac{\pi}{3}} (\sec^2 t - 1)\mathrm{d}t = (\tan t - t)\Big|_0^{\frac{\pi}{3}} = \sqrt{3} - \frac{\pi}{3} .$$

2. 有理代换

若被积函数中含有单调的无理函数,可将无理函数进行换元,即可消去被积函数中的无理函数.

例 4.4.18 求不定积分 $\int x\sqrt{x-6}\mathrm{d}x$.

解 设 $\sqrt{x-6} = t$,则 $x = t^2 + 6$, $\mathrm{d}x = 2t\mathrm{d}t$. 则

$$\int x\sqrt{x-6}\mathrm{d}x = \int 2t^2(t^2+6)\mathrm{d}t = \frac{2}{5}t^5 + 4t^3 + C = \frac{2}{5}(x-6)^{\frac{5}{2}} + 4(x-6)^{\frac{3}{2}} + C .$$

例 4.4.19 求不定积分 $\int \dfrac{\sqrt{x}}{1+\sqrt{x}}\mathrm{d}x$.

解 设 $1+\sqrt{x} = t$,则 $x = (t-1)^2 = t^2 - 2t + 1$, $\mathrm{d}x = (2t-2)\mathrm{d}t = 2(t-1)\mathrm{d}t$. 则

$$\int \frac{\sqrt{x}}{1+\sqrt{x}}\mathrm{d}x = 2\int \frac{t-1}{t}(t-1)\mathrm{d}t = 2\int \frac{t^2-2t+1}{t}\mathrm{d}t = 2\int (t-2+\frac{1}{t})\mathrm{d}t$$

$$= 2(\frac{1}{2}t^2 - 2t + \ln|t|) + C = t^2 - 4t + 2\ln|t| + C$$

$$= (1+\sqrt{x})^2 - 4(1+\sqrt{x}) + 2\ln(1+\sqrt{x}) + C .$$

(本例也可通过设 $\sqrt{x} = t$ 进行换元求解,请读者自行探究.)

例 4.4.20 求定积分 $\int_1^{64} \dfrac{1}{\sqrt{x}(1+\sqrt[3]{x})}\mathrm{d}x$.

解 设 $\sqrt[6]{x} = t$,则 $x = t^6$, $\mathrm{d}x = 6t^5\mathrm{d}t$. 且当 $x=1$ 时, $t=1$;当 $x=64$ 时, $t=2$. 所以

$$\int_1^{64} \frac{1}{\sqrt{x}(1+\sqrt[3]{x})} \mathrm{d}x = \int_1^2 \frac{6t^5}{t^3(1+t^2)} \mathrm{d}t = 6\int_1^2 \frac{t^2}{1+t^2} \mathrm{d}t = 6\int_1^2 \frac{(1+t^2)-1}{1+t^2} \mathrm{d}t$$

$$= 6\int_1^2 (1-\frac{1}{1+t^2}) \mathrm{d}t = 6(t-\arctan t)\Big|_1^2 = 6(1+\frac{\pi}{4}-\arctan 2) .$$

例 4.4.21　求不定积分 $\displaystyle\int \frac{\ln x}{x\sqrt{1+\ln x}} \mathrm{d}x$.

解　设 $\sqrt{1+\ln x}=t$ ，则 $x=\mathrm{e}^{t^2-1}$ ，$\mathrm{d}x=\mathrm{d}(\mathrm{e}^{t^2-1})=2t\mathrm{e}^{t^2-1}\mathrm{d}t$. 所以

$$\int \frac{\ln x}{x\sqrt{1+\ln x}} \mathrm{d}x = \int \frac{t^2-1}{(e^{t^2}-1)} 2t(e^{t^2}-1)\mathrm{d}t = 2\int (t^2-1)\mathrm{d}t$$

$$= 2(\frac{1}{3}t^3-t)+C = \frac{2}{3}(1+\ln x)^{\frac{3}{2}}-2\sqrt{1+\ln x}+C .$$

第二类换元积分法并不局限于求前面所讲的无理函数的积分，它是非常灵活的方法. 根据所给积分中被积函数的特点，还可以选择适当的变量替换，将有理函数或分段函数的积分转化成易于求解的形式.

例 4.4.22　求不定积分 $\displaystyle\int x^2(1-x)^{10}\mathrm{d}x$.

解　设 $t=x-1$ ，则 $x=t+1$ ，$\mathrm{d}x=\mathrm{d}t$.

$$\int x^2(1-x)^{10}\mathrm{d}x = \int (t+1)^2 t^{10}\mathrm{d}t = \int (t^{12}+2t^{11}+t^{10})\mathrm{d}t$$

$$= \frac{1}{13}t^{13}+\frac{1}{6}t^{12}+\frac{1}{11}t^{11}+C = \frac{1}{13}(x-1)^{13}+\frac{1}{6}(x-1)^{12}+\frac{1}{11}(x-1)^{11}+C .$$

例 4.4.23*　设函数 $f(x)=\begin{cases} \mathrm{e}^{-x}, & x\geqslant 0 \\ 1+x^2, & x<0 \end{cases}$ ，求定积分 $\displaystyle\int_1^3 f(x-2)\mathrm{d}x$ 的值.

解　设 $t=x-2$ ，则 $x=t+2$ ，$\mathrm{d}x=\mathrm{d}t$. 且当 $x=1$ 时，$t=-1$ ；当 $x=3$ 时，$t=1$.

$$\int_1^3 f(x-2)\mathrm{d}x = \int_{-1}^1 f(t)\mathrm{d}t = \int_{-1}^0 (1+t^2)\mathrm{d}t + \int_0^1 \mathrm{e}^{-t}\mathrm{d}t$$

$$= (t+\frac{1}{3}t^3)\Big|_{-1}^0 - \mathrm{e}^{-t}\Big|_0^1 = \frac{7}{3}-\frac{1}{\mathrm{e}} .$$

例 4.4.24　设函数 $f(x)$ 在 $[-a,a]\,(a>0)$ 上可积，证明：

$$\int_{-a}^a f(x)\mathrm{d}x = \begin{cases} 0, & f(x)\text{为奇函数} \\ 2\displaystyle\int_0^a f(x)\mathrm{d}x, & f(x)\text{为偶函数} \end{cases} . \qquad (4.4.6)$$

证明　由定积分对积分区间的可加性，有

$$\int_{-a}^a f(x)\mathrm{d}x = \int_{-a}^0 f(x)\mathrm{d}x + \int_0^a f(x)\mathrm{d}x .$$

对 $\displaystyle\int_{-a}^0 f(x)\mathrm{d}x$ ，设 $x=-t$ ，则 $\mathrm{d}x=-\mathrm{d}t$. 且当 $x=-a$ 时，$t=a$ ；当 $x=0$ 时，$t=0$. 由定积分定义补充规定和定积分值与积分变量的无关性，得

$$\int_{-a}^0 f(x)\mathrm{d}x = -\int_a^0 f(-t)\mathrm{d}t = \int_0^a f(-t)\mathrm{d}t = \int_0^a f(-x)\mathrm{d}x .$$

若函数 $f(x)$ 为可积的奇函数，则 $f(-x)=-f(x)$ ，此时 $\displaystyle\int_0^a f(-x)\mathrm{d}x = -\int_0^a f(x)\mathrm{d}x$ ；

若函数 $f(x)$ 为可积的偶函数，则 $f(-x)=f(x)$ ，此时 $\displaystyle\int_0^a f(-x)\mathrm{d}x = \int_0^a f(x)\mathrm{d}x$.

因此,当函数 $f(x)$ 在 $[-a,a]$ $(a>0)$ 上可积时,有

$$\int_{-a}^{a} f(x)\mathrm{d}x = \begin{cases} 0, & f(x)\text{为奇函数} \\ 2\int_{0}^{a} f(x)\mathrm{d}x, & f(x)\text{为偶函数} \end{cases}.$$

例 4.4.25 求定积分 $\int_{-\frac{\pi}{4}}^{\frac{\pi}{4}} \dfrac{1+x^3}{\cos^2 x}\mathrm{d}x$ 的值.

解 因为在 $[-\dfrac{\pi}{4},\dfrac{\pi}{4}]$ 上函数 $\dfrac{1}{\cos^2 x}$ 是偶函数,函数 $\dfrac{x^3}{\cos^2 x}$ 是奇函数,由式(4.4.6)得

$$\int_{-\frac{\pi}{4}}^{\frac{\pi}{4}} \frac{1+x^3}{\cos^2 x}\mathrm{d}x = \int_{-\frac{\pi}{4}}^{\frac{\pi}{4}} \frac{1}{\cos^2 x}\mathrm{d}x + \int_{-\frac{\pi}{4}}^{\frac{\pi}{4}} \frac{x^3}{\cos^2 x}\mathrm{d}x = 2\int_{0}^{\frac{\pi}{4}} \frac{1}{\cos^2 x}\mathrm{d}x = 2\tan x\Big|_{0}^{\frac{\pi}{4}} = 2.$$

例 4.4.26* 求定积分 $\int_{0}^{4} \cos(\sqrt{x}-1)\mathrm{d}x$ 的值.

解 设 $\sqrt{x}-1=t$,则 $x=(t+1)^2$,$\mathrm{d}x=2(t+1)\mathrm{d}t$.且当 $x=0$ 时,$t=-1$;当 $x=4$ 时,$t=1$.所以

$$\int_{0}^{4} \cos(\sqrt{x}-1)\mathrm{d}x = 2\int_{-1}^{1}(t+1)\cos t\,\mathrm{d}t = 2\int_{-1}^{1} t\cos t\,\mathrm{d}t + 2\int_{-1}^{1}\cos t\,\mathrm{d}t.$$

因为在区间 $[-1,1]$ 上,函数 $\cos t$ 是偶函数,函数 $t\cos t$ 是奇函数,由式(4.4.6)得

$$\int_{0}^{4} \cos(\sqrt{x}-1)\mathrm{d}x = 2\int_{-1}^{1}\cos t\,\mathrm{d}t = 4\int_{0}^{1}\cos t\,\mathrm{d}t = 4\sin t\Big|_{0}^{1} = 4\sin 1.$$

4.5 分部积分法

在系统的学习了直接积分法与换元积分法之后,我们发现,目前还有基本初等函数中的对数函数与反三角函数的积分问题没有得到解决. 这也就导致了有很多的形如 $\int u(x)v(x)\mathrm{d}x$、$\int \dfrac{u(x)}{v(x)}\mathrm{d}x$ 与 $\int f[g(x)]\mathrm{d}x$ 的不定积分问题无法利用直接积分法与换元积分法加以解决(如 $\int xe^x\mathrm{d}x$).考虑到微分法与积分法的互逆关系,我们将重新从微分的运算性质入手,寻找新的积分方法.

相应于两个函数乘积的微分法,可以推出另一种基本积分法——**分部积分法**.

4.5.1 分部积分公式

设函数 $u(x)$、$v(x)$ 具有连续导函数,由两个函数乘积的微分法则

$$\mathrm{d}(u\cdot v) = v\mathrm{d}u + u\mathrm{d}v,$$

移项得 $\qquad u\mathrm{d}v = \mathrm{d}(u\cdot v) - v\mathrm{d}u,$

即 $\qquad uv'\mathrm{d}x = (u\cdot v)'\mathrm{d}x - vu'\mathrm{d}x.$ $\hfill$(4.5.1)

对式(4.5.1)两端求不定积分,得出不定积分的**分部积分公式**

$$\int u\cdot v'\mathrm{d}x = uv - \int v\cdot u'\mathrm{d}x \text{ 或 } \int u\mathrm{d}v = uv - \int v\mathrm{d}u. \tag{4.5.2}$$

对式(4.5.1)两端求从 a 到 b 的定积分,得出定积分的分部积分公式

$$\int_{a}^{b} u\cdot v'\mathrm{d}x = (u\cdot v)\Big|_{a}^{b} - \int_{a}^{b} v\cdot u'\mathrm{d}x \text{ 或 } \int_{a}^{b} u\mathrm{d}v = (u\cdot v)\Big|_{a}^{b} - \int_{a}^{b} v\mathrm{d}u. \tag{4.5.3}$$

例 4.5.1　求不定积分 $\displaystyle\int \ln x \mathrm{d}x$ ，$\displaystyle\int \log_a x \mathrm{d}x$（ $a>0$ 且 $a\neq 1$ ）.

解　$\displaystyle\int \ln x \mathrm{d}x = x\ln x - \int x\mathrm{d}(\ln x) = x\ln x - \int x\cdot\frac{1}{x}\mathrm{d}x = x\ln x - x + C = x(\ln x - 1) + C$ ；

$\displaystyle\int \log_a x \mathrm{d}x = \int \frac{\ln x}{\ln a}\mathrm{d}x = \frac{1}{\ln a}\int \ln x \mathrm{d}x = \frac{x}{\ln a}(\ln x - 1) + C$.

例 4.5.2　求不定积分 $\displaystyle\int \arctan x \mathrm{d}x$.

解　$\displaystyle\int \arctan x \mathrm{d}x = x\arctan x - \int x\mathrm{d}(\arctan x) = x\arctan x - \int \frac{x}{1+x^2}\mathrm{d}x$

$\displaystyle = x\arctan x - \frac{1}{2}\int \frac{1}{1+x^2}\mathrm{d}(x^2) = x\arctan x - \frac{1}{2}\ln(1+x^2) + C$.

很显然，我们可以使用相同的方法解决不定积分 $\displaystyle\int \arcsin x \mathrm{d}x$ 、$\displaystyle\int \arccos x \mathrm{d}x$ 以及 $\displaystyle\int \operatorname{arccot} x \mathrm{d}x$ 的求解问题（ 请读者自行探究求解过程 ）.

利用分部积分公式，我们很好地解决了对数函数与反三角函数的不定积分问题，即

（1）$\displaystyle\int \log_a x \mathrm{d}x = \frac{x}{\ln a}(\ln x - 1) + C$（ $a>0$ 且 $a\neq 1$ ），

特别地，有 $\displaystyle\int \ln x \mathrm{d}x = x(\ln x - 1) + C$ ；

（2）$\displaystyle\int \arcsin x \mathrm{d}x = x\arcsin x + \sqrt{1-x^2} + C$ ；

（3）$\displaystyle\int \arccos x \mathrm{d}x = x\arccos x - \sqrt{1-x^2} + C$ ；

（4）$\displaystyle\int \arctan x \mathrm{d}x = x\arctan x - \frac{1}{2}\ln(1+x^2) + C$ ；

（5）$\displaystyle\int \operatorname{arccot} x \mathrm{d}x = x\operatorname{arccot} x + \frac{1}{2}\ln(1+x^2) + C$.

至此，基本初等函数的不定积分求解问题得以全部解决.

用分部积分公式求一个函数的不定积分，通常会伴随着凑微分法的使用. 事实上，如果仅从计算的角度考虑，分部积分法与凑微分法一样，都是解决被积函数为乘积形式而又无法使用直接积分法的积分问题的方法. 因此，这两种方法在解题之初是很难做明确甄选的（除去由经验即可判断的简单形式）. 虽然从理论上讲，每一个不定积分 $\displaystyle\int f(x)\mathrm{d}x$ 都可以选择使用分部积分法，但从具体使用上来看，分部积分法通常是在其他积分方法无法使用时的一种选择.

例 4.5.3　求不定积分 $\displaystyle\int \frac{\ln x}{x^2}\mathrm{d}x$.

解　**方法一：**$\displaystyle\int \frac{\ln x}{x^2}\mathrm{d}x = -\int \ln x\mathrm{d}\left(\frac{1}{x}\right) = -\frac{\ln x}{x} + \int \frac{1}{x}\mathrm{d}(\ln x)$

$\displaystyle = -\frac{\ln x}{x} + \int \frac{1}{x^2}\mathrm{d}x = -\frac{\ln x}{x} - \frac{1}{x} + C = -\frac{\ln x + 1}{x} + C$.

以上解法显示，第一步因为可以使用凑微分法，所以没有选择直接使用分部积分法；到了第二步，已经无法凑微分，所以选择使用分部积分法. 当然，从最终的效果来说，应该理解为正是为了更好地使用分部积分法，才在第一步进行凑微分.

事实上，也可利用换元积分法与积分公式 $\displaystyle\int \ln x \mathrm{d}x = x(\ln x - 1) + C$ 的结合使用来对例

4.5.3 进行求解.

方法二: 设 $\dfrac{1}{x} = t$, 则 $\ln x = \ln \dfrac{1}{t} = -\ln t$, 从而

$$\int \frac{\ln x}{x^2}dx = -\int t^2 \ln t d(\frac{1}{t}) = \int \ln t dt = t(\ln t - 1) + C = \frac{1}{x}(\ln \frac{1}{x} - 1) + C$$

$$= \frac{1}{x}(-\ln x - 1) + C = -\frac{\ln x + 1}{x} + C .$$

由于对数函数与反三角函数的积分公式的结论较为复杂难记, 并且类似于例 4.5.3 方法二中的换元并不总是可以顺利进行, 因此例 4.5.3 方法一的解法更具有普遍适用性, 不建议使用方法二提供的解法.

例 4.5.4 求不定积分 $\int xe^x dx$.

解 **方法一**: $\int xe^x dx = \int e^x d(\dfrac{x^2}{2}) = \dfrac{x^2}{2}e^x - \dfrac{1}{2}\int x^2 d(e^x) = \dfrac{x^2}{2}e^x - \dfrac{1}{2}\int x^2 e^x dx$.

显然新的积分比原题目还要复杂难解, 说明此路不通.

方法二: $\int xe^x dx = \int x d(e^x) = xe^x - \int e^x dx = xe^x - e^x + C$.

对于形如 $\int x^\alpha f(x)dx$ ($\alpha \in R$ 且 $\alpha \neq 0$) 的不定积分, 若积分 $\int f(x)dx = F(x) + C$ 可以不使用分部积分法求出, 则通常幂函数部分(指 x^α)不应首先凑微分, 而应将函数 $f(x)$ 首先凑微分. 也就是说, 将原积分化归为

$$\int x^\alpha f(x)dx = \int x^\alpha d[F(x)] = x^\alpha F(x) - \int F(x)d(x^\alpha) .$$

否则, 如果首先将幂函数部分(指 x^α)凑微分, 则往往会使题目越解越复杂(如例 4.5.4 方法一). 当然, 也会有特殊情况, 如例 4.4.5 与例 4.4.6.

例 4.5.5 求不定积分 $\int x^2 \cos x dx$.

解 $\int x^2 \cos x dx = \int x^2 d(\sin x) = x^2 \sin x - 2\int x \sin x dx = x^2 \sin x + 2\int x d(\cos x)$

$$= x^2 \sin x + 2(x \cos x - \int \cos x dx) = x^2 \sin x + 2(x \cos x - \sin x) + C .$$

例 4.5.6 求不定积分 $\int \dfrac{\ln(\cos x)}{\cos^2 x}dx$.

解 $\int \dfrac{\ln(\cos x)}{\cos^2 x}dx = \int \ln(\cos x)d(\tan x) = \tan x \cdot \ln(\cos x) - \int \tan x d[\ln(\cos x)]$

$$= \tan x \cdot \ln(\cos x) + \int \tan^2 x dx = \tan x \cdot \ln(\cos x) + \int (\sec^2 x - 1)dx$$

$$= \tan x \cdot \ln(\cos x) + \tan x - x + C = [\ln(\cos x) + 1]\tan x - x + C .$$

例 4.5.7 求定积分 $\int_0^{\sqrt{3}} \ln(x + \sqrt{1 + x^2})dx$.

解 $\int_0^{\sqrt{3}} \ln(x + \sqrt{1 + x^2})dx = x\ln(x + \sqrt{1 + x^2})\Big|_0^{\sqrt{3}} - \int_0^{\sqrt{3}} xd[\ln(x + \sqrt{1 + x^2})]$

$$= \sqrt{3}\ln(\sqrt{3} + 2) - \int_0^{\sqrt{3}} \frac{x}{\sqrt{1 + x^2}}dx = \sqrt{3}\ln(\sqrt{3} + 2) - \frac{1}{2}\int_0^{\sqrt{3}} \frac{1}{\sqrt{1 + x^2}}d(x^2) .$$

$$= \sqrt{3}\ln(\sqrt{3} + 2) - \sqrt{1 + x^2}\Big|_0^{\sqrt{3}} = \sqrt{3}\ln(\sqrt{3} + 2) - 1 .$$

例 4.5.8　求不定积分 $\int_0^{\frac{1}{2}} \arcsin^2 x \, dx$.

解　$\int_0^{\frac{1}{2}} \arcsin^2 x \, dx = x \arcsin^2 x \Big|_0^{\frac{1}{2}} - \int_0^{\frac{1}{2}} x \, d(\arcsin^2 x) = \dfrac{\pi^2}{72} - 2 \int_0^{\frac{1}{2}} \dfrac{x}{\sqrt{1-x^2}} \arcsin x \, dx$

$= \dfrac{\pi^2}{72} + \int_0^{\frac{1}{2}} \arcsin x \, d(\sqrt{1-x^2}) = \dfrac{\pi^2}{72} + \sqrt{1-x^2} \arcsin x \Big|_0^{\frac{1}{2}} - \int_0^{\frac{1}{2}} dx = \dfrac{\pi^2}{72} + \dfrac{\sqrt{3}}{12} \pi - \dfrac{1}{2}$.

例 4.5.9*　求不定积分 $\int e^x \cos x \, dx$.

解　$\int e^x \cos x \, dx = \int \cos x \, d(e^x) = e^x \cos x - \int e^x d(\cos x)$

$= e^x \cos x + \int e^x \sin x \, dx = e^x \cos x + \int \sin x \, d(e^x)$

$= e^x \cos x + e^x \sin x - \int e^x d(\sin x) = e^x(\sin x + \cos x) - \int e^x \cos x \, dx$,

即　　$\int e^x \cos x \, dx = e^x(\sin x + \cos x) - \int e^x \cos x \, dx$,

所以　$2 \int e^x \cos x \, dx = e^x(\sin x + \cos x) + C$,

即　　$\int e^x \cos x \, dx = \dfrac{1}{2} e^x(\sin x + \cos x) + C$.

4.5.2　求解不定积分的一般思路总结

积分法虽然是微分法的逆运算,但由于积分运算性质并没有像导数那样涵盖所有的四则运算,因此求一个初等函数的不定积分远比求一个初等函数的导数困难得多. 不过,对于初等函数 $f(x)$ 的不定积分 $\int f(x)dx$ 的计算,虽然没有固定的格式可循,但还是可以找到一般的思路,那就是**"先拆后凑"**.

（1）**"拆"** 是指使用直接积分法. **"先拆"** 则是指在求解不定积分 $\int f(x)dx$ 时,一般应首先考察被积函数 $f(x)$ 是否可以被拆解成代数和的形式,通常 "能拆则拆".

（2）**"凑"** 是指使用凑微分法. **"后凑"** 则是指在被积函数 $f(x)$ 不能 "拆" 的时候,应首要考虑使用凑微分法.

此时,可将不定积分 $\int f(x)dx$ 中的被积函数 $f(x)$ 看作两部分乘积的形式（即 $f(x) = u(x) \cdot v(x)$ ）,然后将可以凑微分的部分（即 $u(x)dx$ 或 $v(x)dx$ ）进行凑微分（即得到 $\int v(x)d[U(x)]$（ $U'(x) = u(x)$ ）或 $\int u(x)d[V(x)]$（ $V'(x) = v(x)$ ））. 若此时的不定积分可视为是关于新积分变量（即 U 或 V ）的函数的新不定积分（即 $\int g(aU+b)dU$ 或 $\int g(aV+b)dV$（ a , b 为常数且 $a \neq 0$ ））,则继续利用 "先拆后凑" 的方法进行求解;反之,则可对 $\int v(x)d[U(x)]$ 或 $\int u(x)d[V(x)]$ 使用分部积分公式进行求解. 特别应注意的是,若此时 $u(x)dx$ 与 $v(x)dx$ 这两部分均可凑微分,则应根据题目具体情况或以往解题的经验选择其一.

（3）对有些不定积分 $\int f(x)dx$ 来说,"拆" 或 "凑" 都是无法进行的,此时则应根据题目具体情况考虑使用第二类换元积分法,或者直接使用分部积分法.

（4）两个重要的解题经验.

①对于形如 $\int x^\alpha f(x)dx$（ $\alpha \in R$ 且 $\alpha \neq 0$ ）的不定积分,若积分 $\int f(x)dx = F(x) + C$ 可以

不使用分部积分法求出,则通常幂函数部分(指 x^α)不应首先凑微分,而应将函数 $f(x)$ 首先凑微分. 也就是说,将原积分化归为

$$\int x^\alpha f(x)\mathrm{d}x = \int x^\alpha \mathrm{d}[F(x)] = x^\alpha F(x) - \int F(x)\mathrm{d}(x^\alpha) \ .$$

②一般地,在求解形如 $\int \dfrac{P_m(x)}{Q_n(x)}\mathrm{d}x$ 的不定积分时,当 $m \geq n$ 或 $Q_n(x)$ 可以分解因式时应使用直接积分法;当 $m < n$ 且 $Q_n(x)$ 不能分解因式时应使用凑微分法. 其中,$P_m(x)$($m \in N$)为 m 次多项式,$Q_n(x)$($n \in N$ 且 $n \neq 0$)为 n 次多项式.

例 4.5.10 求不定积分 $\int x\tan^2 x\mathrm{d}x$.

解 由于被积函数 $x\tan^2 x$ 可拆解为 $x(\sec^2 x - 1) = x\sec^2 x - x$,所以首先使用直接积分法,得

$$\int x\tan^2 x\mathrm{d}x = \int (x\sec^2 x - x)\mathrm{d}x = \int x\sec^2 x\mathrm{d}x - \frac{1}{2}x^2 \ .$$

因为新被积函数 $x\sec^2 x$ 无法进行拆解,并且 $\sec^2 x\mathrm{d}x$ 可以"凑",因此凑微分得

$$\int x\sec^2 x\mathrm{d}x = \int x\mathrm{d}(\tan x) \ .$$

因为新被积函数 x 难以被看作关于新积分变量 $\tan x$ 的函数,所以使用分部积分法,得

$$\int x\sec^2 x\mathrm{d}x = \int x\mathrm{d}(\tan x) = x\tan x - \int \tan x\mathrm{d}x = x\tan x + \ln|\cos x| + C \ ,$$

所以 $\quad \int x\tan^2 x\mathrm{d}x = x\tan x + \ln|\cos x| - \dfrac{1}{2}x^2 + C$.

注:在求解不定积分 $\int x\mathrm{d}(\tan x)$ 时,若将新被积函数 x 看作关于新积分变量 $\tan x$ 的函数(即 $x = \arctan(\tan x)$),同样可以求出正确结果,请读者自行探究求解过程.

例 4.5.11 求不定积分 $\int x^2 \mathrm{e}^{3x^3-4}\mathrm{d}x$.

解 由于被积函数不能"拆",而且只有 $x^2\mathrm{d}x$ 可以"凑",因此凑微分得:

$$\int x^2 \mathrm{e}^{3x^3-4}\mathrm{d}x = \frac{1}{3}\int \mathrm{e}^{3x^3-4}\mathrm{d}(x^3) \ .$$

因为新被积函数 e^{3x^3-4} 显然可以被看作关于新积分变量 x^3 的函数而且不能"拆",所以继续使用凑微分法("凑系数"),得

$$\int x^2 \mathrm{e}^{3x^3-4}\mathrm{d}x = \frac{1}{3}\int \mathrm{e}^{3x^3-4}\mathrm{d}(x^3) = \frac{1}{3}\cdot\frac{1}{3}\mathrm{e}^{3x^3-4} + C = \frac{1}{9}\mathrm{e}^{3x^3-4} + C \ .$$

例 4.5.12 求不定积分 $\int \mathrm{e}^{\sqrt[3]{x}}\mathrm{d}x$.

解 由于对被积函数"拆"或"凑"都是无法进行的,而被积函数中含有无理式,因此首先使用第二类换元积分法,再依据变形后新的积分形式进行求解.

设 $\sqrt[3]{x} = t$,则 $x = t^3$,$\mathrm{d}x = 3t^2\mathrm{d}t$. 则

$$\int \mathrm{e}^{\sqrt[3]{x}}\mathrm{d}x = 3\int t^2\mathrm{e}^t\mathrm{d}t = 3\int t^2\mathrm{d}(\mathrm{e}^t) = 3[t^2\mathrm{e}^t - \int \mathrm{e}^t\mathrm{d}(t^2)]$$

$$= 3(t^2\mathrm{e}^t - 2\int t\mathrm{e}^t\mathrm{d}t) = 3[t^2\mathrm{e}^t - 2\int t\mathrm{d}(\mathrm{e}^t)] = 3(t^2\mathrm{e}^t - 2t\mathrm{e}^t + 2\int \mathrm{e}^t\mathrm{d}t)$$

$$= 3(t^2\mathrm{e}^t - 2t\mathrm{e}^t + 2\mathrm{e}^t) + C = 3\mathrm{e}^{\sqrt[3]{x}}(3x^{\frac{2}{3}} - 2x^{\frac{1}{3}} + 2) + C \ .$$

例 4.5.13 求不定积分 $\int \arcsin x\mathrm{d}x$.

解　由于对被积函数"拆"或"凑"都是无法进行的,因此使用分部积分法.

$$\int \arcsin x \mathrm{d}x = x\arcsin x - \int x\mathrm{d}(\arcsin x) = x\arcsin x - \int \frac{x}{\sqrt{1-x^2}}\mathrm{d}x$$

$$= x\arcsin x - \frac{1}{2}\int \frac{1}{\sqrt{1-x^2}}\mathrm{d}(x^2) = x\arcsin x + \frac{1}{2}\sqrt{1-x^2} + C .$$

注:若设 $\arcsin x = t$,换元后再求解也是可行的解法,但最终解法的本质是一样的,具体的求解过程请读者自行探究.

例 4.5.14　求不定积分 $\int x\ln(x-1)\mathrm{d}x$.

解　$\int x\ln(x-1)\mathrm{d}x = \frac{1}{2}\int \ln(x-1)\mathrm{d}(x^2) = \frac{x^2}{2}\ln(x-1) - \frac{1}{2}\int x^2\mathrm{d}[\ln(x-1)]$

$$= \frac{x^2}{2}\ln(x-1) - \frac{1}{2}\int \frac{x^2}{x-1}\mathrm{d}x = \frac{x^2}{2}\ln(x-1) - \frac{1}{2}\int \frac{(x^2-1)+1}{x-1}\mathrm{d}x$$

$$= \frac{x^2}{2}\ln(x-1) - \frac{1}{2}\int (x+1+\frac{1}{x-1})\mathrm{d}x = \frac{x^2}{2}\ln(x-1) - \frac{1}{2}[\frac{x^2}{2}+x+\ln(x-1)] + C$$

$$= \frac{x^2-1}{2}\ln(x-1) - \frac{x^2}{4} - \frac{x}{2} + C .$$

例 4.5.15[*]　设函数 $f(x)$ 二阶可导,函数 $F(x)$ 为可积函数,且 $F'(x) = f(x)$,求以下不定积分:

（1）$\int f(x)F(x)\mathrm{d}x$;　　　　　　　　　　（2）$\int xf(5x^2-1)\mathrm{d}x$;

（3）$\int xf'(3x)\mathrm{d}x$;　　　　　　　　　　（4）$\int x^2 f''(x)\mathrm{d}x$.

解　（1）$\int f(x)F(x)\mathrm{d}x = \int F(x)\mathrm{d}[F(x)] = \frac{1}{2}F^2(x) + C$.

（2）$\int xf(5x^2-1)\mathrm{d}x = \frac{1}{2}\int f(5x^2-1)\mathrm{d}(x^2) = \frac{1}{10}F(5x^2-1) + C$.

（3）$\int xf'(3x)\mathrm{d}x = \frac{1}{3}\int xf'(3x)\mathrm{d}(3x) = \frac{1}{3}\int x\mathrm{d}[f(3x)] = \frac{1}{3}xf(3x) - \frac{1}{3}\int f(3x)\mathrm{d}x$

$$= \frac{1}{3}xf(3x) - \frac{1}{3}\cdot\frac{1}{3}\int f(3x)\mathrm{d}(3x) = \frac{1}{3}xf(3x) - \frac{1}{9}F(3x) + C .$$

（4）$\int x^2 f''(x)\mathrm{d}x = \int x^2\mathrm{d}[f'(x)] = x^2 f'(x) - \int f'(x)\mathrm{d}(x^2)$

$$= x^2 f'(x) - 2\int xf'(x)\mathrm{d}x = x^2 f'(x) - 2\int x\mathrm{d}[f(x)]$$

$$= x^2 f'(x) - 2[xf(x) - \int f(x)\mathrm{d}x] = x^2 f'(x) - 2xf(x) + 2F(x) + C .$$

"先拆后凑"是求解不定积分 $\int f(x)\mathrm{d}x$ 的一般思路,但并非绝对有效的解题方法.由于不定积分中的被积函数 $f(x)$ 具有多样化的形式,因此必须具体问题具体分析.而且,不断积累解题经验,对于熟练求解不定积分 $\int f(x)\mathrm{d}x$ 也是非常重要的.

例 4.5.16[*]　求不定积分 $\int \frac{\sin x - \cos x}{\sin x + \cos x}\mathrm{d}x$.

解　因为 $(\sin x + \cos x)' = \cos x - \sin x$,即

$$(\cos x - \sin x)\mathrm{d}x = \mathrm{d}(\sin x + \cos x) ,$$

所以 $\displaystyle\int \frac{\sin x - \cos x}{\sin x + \cos x} \mathrm{d}x = -\int \frac{1}{\sin x + \cos x} \mathrm{d}(\sin x + \cos x) = -\ln|\sin x + \cos x| + C$.

在例 4.5.16 的求解中，直接使用了凑微分法. 这一精巧的解法，正是源于求解例 4.4.7 与例 4.4.8 的经验积累. 此时，如果根据"先拆后凑"的一般思路，首先将被积函数拆解为

$$\frac{\sin x - \cos x}{\sin x + \cos x} = \frac{\sin x}{\sin x + \cos x} - \frac{\cos x}{\sin x + \cos x},$$

则解题的难度反而会加大.

第 5 章　一元微积分应用

在前面的学习中,讨论了导数(微分)与定积分(不定积分)的概念及其计算方法,并解决了一些简单的问题,本章将继续利用导数与定积分作为工具去解决更复杂的问题. 因此,先介绍在微积分应用中起重要作用的极限局部性质和闭区间上连续函数的性质.

5.1　函数的最值与极值

5.1.1　极限的局部保号性

定理 5.1.1　设 $\lim\limits_{x \to x_0} f(x) = A$, $\lim\limits_{x \to x_0} g(x) = B$,则存在点 x_0 的某个空心邻域 $\overset{\circ}{U}(x_0)$,使得对于任意的点 $x \in \overset{\circ}{U}(x_0)$,总有

(1) $f(x) \geqslant 0$ (或 $f(x) \leqslant 0$) $\Leftrightarrow A \geqslant 0$ (或 $A \leqslant 0$);

(2) $f(x) \geqslant g(x) \Leftrightarrow A \geqslant B$.

在定理 5.1.1(1)中,既使将条件 $f(x) \geqslant 0$ (或 $f(x) \leqslant 0$)改为 $f(x) > 0$ (或 $f(x) < 0$),也不能得出 $A > 0$ (或 $A < 0$)的结论,仍只能是 $A \geqslant 0$ (或 $A \leqslant 0$).

例如,对函数 $f(x) = |x|$,当 $x \neq 0$ 时,恒有 $f(x) > 0$,但 $\lim\limits_{x \to 0} |x| = 0$. 这时 $A = 0$,而不是 $A > 0$.

若将定理 5.1.1 的极限过程 $x \to x_0$ 改为 $x \to x_0^-, x \to x_0^+, x \to \infty, x \to -\infty, x \to +\infty$,并将其中的空心邻域 $\overset{\circ}{U}(x_0)$ 做相应地调整,其结论仍然成立.

5.1.2　闭区间上连续函数的基本性质

1. 最大值和最小值定理

定义 5.1.1　设函数 $f(x)$ 在区间 I 上有定义,若存在点 $x_0 \in I$,使得对任意的点 $x \in I$,总有

$$f(x) \leqslant f(x_0) \; (\, f(x) \geqslant f(x_0) \,),$$

则称 $f(x_0)$ 是函数 $f(x)$ 在区间 I 上的**最大(小)值**,并称点 x_0 为函数 $f(x)$ 的**最大(小)值点**.

函数的最大值与最小值统称为函数的**最值**,最大值点与最小值点统称为**最值点**.

一般来说,函数在其定义区间内是否有最大值和最小值是不确定的. 例如:

(1)函数 $f(x) = x^2$ 在开区间 $(0,1)$ 内连续,它在区间 $(0,1)$ 内既无最大值也无最小值;

(2)函数 $f(x) = \begin{cases} -1-x, & -1 \leqslant x < 0 \\ 0, & x = 0 \\ 1-x, & 0 < x \leqslant 1 \end{cases}$ 在点 $x = 0$ 处间断(参见例 2.2.18),它在闭区间

$[-1,1]$ 上既无最大值也无最小值(参见图 2.2.3);

（3）函数 $f(x) = \dfrac{x^2}{x} = x\ (x \neq 0)$ 虽然在闭区间 $[-1,1]$ 上不连续，但却是既有最大值，又有

最小值(参见图 5.1.1).

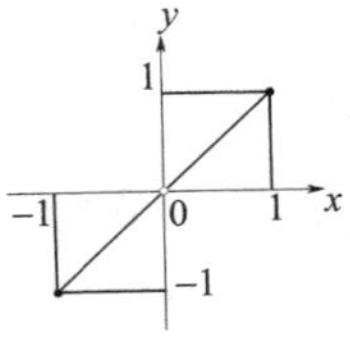

下述定理给出了函数在其定义区间上既有最大值又有最小值的
充分条件.

定理 5.1.2(最值定理) 若函数 $f(x)$ 在闭区间 $[a,b]$ 上连续，则
函数 $f(x)$ 的在闭区间 $[a,b]$ 上一定有最大值和最小值.

推论 5.1.1 (有界性定理) 若函数 $f(x)$ 在闭区间 $[a,b]$ 上连续，
则函数 $f(x)$ 在闭区间 $[a,b]$ 上有界.

图 5.1.1

2. 介值定理

定理 5.1.3(介值定理) 设函数 $f(x)$ 在闭区间 $[a,b]$ 上连续，且 $f(a) \neq f(b)$. 若 C 为介
于 $f(a)$ 与 $f(b)$ 之间的任意一个常数，则在开区间 (a,b) 内至少存在一点 ξ，使得

$$f(\xi) = C .$$

推论 5.1.2 闭区间 $[a,b]$ 上的连续函数 $f(x)$ 一定能取得介于其最大值与最小值之间的
任何值.

定义 5.1.2 若点 x_0 使方程 $f(x) = 0$ 成立，则称点 x_0 为函数 $f(x)$ 的**零点**.

推论 5.1.3(零点定理(根的存在性定理)) 若函数 $f(x)$ 在闭区间 $[a,b]$ 上连续，且 $f(a)$
与 $f(b)$ 异号(即 $f(a)f(b) < 0$)，则在开区间 (a,b) 内至少存在一点 ξ，使得

$$f(\xi) = 0 ,$$

即方程 $f(x) = 0$ 在开区间 (a,b) 内至少存在一个实根 ξ .

零点定理的几何意义是若连续曲线弧 $y = f(x)$ 的两个端点位于 x 轴的上下两侧，则该
曲线弧与 x 轴至少有一个交点.

例 5.1.1 证明方程 $x = a \sin x + b\ (a > 0, b > 0)$ 至少有一个不超过 $a+b$ 的正根.

证明 设函数 $f(x) = x - a \sin x - b$.

因为函数 $f(x)$ 的定义域为 $(-\infty, +\infty)$ ，且 $[0, a+b] \subseteq (-\infty, +\infty)$ ，由定理 2.4.5 知，函数 $f(x)$
在闭区间 $[0, a+b]$ 上连续. 并且，有

$$f(0) = -b < 0 , f(a+b) = a[1 - \sin(a+b)] \geqslant 0 .$$

（1）当 $f(a+b) > 0$ 时，由零点定理可知，至少存在一点 $\xi \in (0, a+b)$ ，使得

$$f(\xi) = \xi - a \sin \xi - b = 0 ,$$

即　　　　　$\xi = a \sin \xi + b ,$

所以 ξ 即是方程 $x = a \sin x + b$ 的一个根，且有 $0 < \xi < a+b$.

（2）当 $f(a+b) = 0$ 时，即有

$$(a+b) - a \sin(a+b) - b = 0 ,$$

即　　　　　$(a+b) = a \sin(a+b) - b ,$

所以 $a+b$ 即是方程 $x = a \sin x + b$ 的一个根，且有 $a+b > 0$.

综合（1）、（2）知，方程 $x = a\sin x + b\,(a > 0, b > 0)$ 至少有一个不超过 $a + b$ 的正根.

例 5.1.2　某人早 8：00 从山下旅馆出发，沿一条路径上山，下午 5：00 到达山顶并留宿. 次日早 8：00 沿同一条路径下山，下午 5：00 回到旅馆. 证明：此人必在两天中的某同一时刻经过同一地点.

证明　假设山下旅馆至山顶的垂直高度为 $H\,(>0)$. 设此人上山时距山下旅馆的垂直高度函数为 $f(t)\,(\,t \in [8,17]\,)$；次日下山时距山下旅馆的垂直高度函数为 $g(t)\,(\,t \in [8,17]\,)$. 其中，t 代表时间点，即某一时刻.

根据题意，显然有 $f(t)$ 与 $g(t)$ 均为闭区间 $[8,17]$ 上的连续函数，且有

$$f(8) = 0,\ f(17) = H；\ g(8) = H,\ g(17) = 0.$$

构造函数 $F(t) = f(t) - g(t)$，则函数 $F(t)$ 在闭区间 $[8,17]$ 上连续，且有

$$F(8) = f(8) - g(8) = -H < 0；\ F(17) = f(17) - g(17) = H > 0.$$

由零点定理知，至少存在一点 $\xi \in (8,17)$，使得

$$F(\xi) = f(\xi) - g(\xi) = 0，$$

即

$$f(\xi) = g(\xi).$$

所以，至少存在某一时刻 $t = \xi \in (8,17)$，使得此人在上山与次日下山时距山下旅馆的垂直高度相同. 由于此人在上山与次日下山时走的是同一条路径，因此此人必在两天中的某同一时刻经过同一地点.

5.1.3　函数的极值与费马（Fermat）定理

定义 5.1.3　设函数 $f(x)$ 在点 x_0 的某邻域 $U(x_0)$ 内连续，若对于任意的点 $x \in U(x_0)$，总有

$$f(x) \leqslant f(x_0)\ (\,f(x) \geqslant f(x_0)\,)，$$

则称 $f(x_0)$ 为函数 $f(x)$ 的**极大（小）值**，并称点 x_0 为函数 $f(x)$ 的**极大（小）值点**.

函数的极大值与极小值统称为**极值**，极大值点与极小值点统称为**极值点**.

由定义 5.1.3 可知以下结论.

（1）函数定义区间的端点一定不是函数的极值点. 因为作为一个极值，要同它左右两侧的函数值进行比较. 所以，函数若有极值点，则一定在其连续区间的内部取得.

（2）函数的极值是局部性的概念. 极值是仅就极值点的某个邻域而言的，它只是在极值点的一个充分小的近旁具有了最大值或最小值的特征.

函数 $f(x)$ 在一个连续区间内可以有多个极大值和极小值，且极大值与极小值之间没有必然的大小关系.

例如，在图 5.1.2 中，极大值 $f(x_3)$ 大于极小值 $f(x_4)$ 和 $f(x_6)$，而极大值 $f(x_1)$ 却小于极小值 $f(x_4)$ 和 $f(x_6)$.

最值是整体性概念，是函数在整个定义区间上的最大值或最小值，故最值可在区间端点处取得，所以极值不一定是最值. 当最值在连续区间的内部取得时，则该最值就一定是极值.

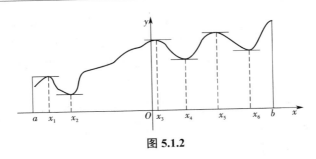

图 5.1.2

例如,在图 5.1.2 中,函数 $f(x)$ 在闭区间 $[a,b]$ 上的最大值在右端点 $x=b$ 处取得,而区间端点处是不能取得极值的;函数的最小值点 x_2 恰在闭区间 $[a,b]$ 的内部,因此点 x_2 也是极小点.

定理 5.1.4（ 费马定理 ）　若函数 $f(x)$ 在点 x_0 处取得极值,且函数 $f(x)$ 在点 x_0 处可导,则 $f'(x_0)=0$.

证明*　只证点 x_0 是函数 $f(x)$ 的极大值点的情形（ 点 x_0 是函数 $f(x)$ 的极小值点的情形的证明类似 ）.

由定义 5.1.3 知,存在点 x_0 的某个邻域 $U(x_0)$,使得当 $x \in U(x_0)$ 时,总有
$$f(x) \leqslant f(x_0) ,$$
即
$$f(x) - f(x_0) \leqslant 0 .$$
于是,存在 $\delta > 0$,使得当 $x \in (x_0 - \delta, x_0)$ 时,有
$$\frac{f(x) - f(x_0)}{x - x_0} \geqslant 0 ;$$
当 $x \in (x_0, x_0 + \delta)$ 时,有
$$\frac{f(x) - f(x_0)}{x - x_0} \leqslant 0 .$$
因 $f(x)$ 在点 x_0 处可导,由可导的充要条件和极限的局部保号性知,
$$f'(x_0) = f'_+(x_0) = \lim_{x \to x_0^+} \frac{f(x) - f(x_0)}{x - x_0} \leqslant 0 ,$$
$$f'(x_0) = f'_-(x_0) = \lim_{x \to x_0^-} \frac{f(x) - f(x_0)}{x - x_0} \geqslant 0 ,$$
从而有　　$0 \leqslant f'(x_0) \leqslant 0$,

所以　　$f'(x_0) = 0$.

费马定理的几何意义是在可导函数 $f(x)$ 的极值点处,曲线 $y = f(x)$ 的切线是平行于 x 轴的直线（ 参见图 5.1.2 ）.

定义 5.1-4　使 $f'(x) = 0$ 的点 x ,称为函数 $f(x)$ 的**驻点**（ 或**稳定点** ）.

由于函数在其连续区间的端点处无法讨论可导性（ 只能讨论单侧导数 ）,因此函数的驻点只能在函数的连续区间内部取得.

费马定理说明,可导函数的极值点一定是驻点. 但反过来,驻点却不一定是极值点.

例如,对于函数 $f(x)=x^3$,由 $f'(0)=0$ 知点 $x=0$ 是函数 $f(x)=x^3$ 的驻点,但点 $x=0$ 不是函数 $f(x)=x^3$ 的极值点(参见图 1.2.12).

例 5.1.3　设可导函数 $f(x)$ 在点 $x=1$ 处取得极小值 2 ,求极限 $\lim\limits_{x\to 1}\dfrac{f(x)-2}{x-1}$ 的值.

解　因为可导函数 $f(x)$ 在点 $x=1$ 处取得极小值 2 ,由定理 5.1.4 知,有

$$f(1)=2\ ;\ f'(1)=0\ .$$

所以　　　　$\lim\limits_{x\to 1}\dfrac{f(x)-2}{x-1}=\lim\limits_{x\to 1}\dfrac{f(x)-f(1)}{x-1}=f'(1)=0\ .$

对于一个连续函数 $f(x)$,除驻点外,那些使 $f'(x)$ 不存在的点也有可能是函数 $f(x)$ 的极值点.

例如,对于函数 $f(x)=|x|$,虽然 $f'(0)$ 不存在(参见例 3.1.3),但点 $x=0$ 是函数 $f(x)=|x|$ 的极小值点(参见图 1.2.3).而对于函数 $f(x)=\sqrt[3]{x}$,虽然 $f'(0)$ 也是不存在的(参见例 3.1.1),但点 $x=0$ 不是函数 $f(x)=\sqrt[3]{x}$ 的极值点(参见图 1.2.14(d)).

定义 5.1.5　连续函数的驻点与一阶导数不存在的点统称为函数的**临界点**.

很显然,如同驻点一样,函数的临界点也是只能在函数的连续区间的内部取得.

综上所述,连续函数的极值点一定是临界点,但临界点不一定是连续函数的极值点. 也就是说,连续函数仅在临界点处才有可能取到极值. 而至于临界点是不是极值点,以至于是极值点时,是极大值点还是极小值点,尚需进一步判定.

5.2　微分中值定理

5.2.1　罗尔(Rolle)定理

定理 5.2.1(罗尔定理)　若函数 $f(x)$ 在闭区间 $[a,b]$ 上连续,在开区间 (a,b) 内可导,且 $f(a)=f(b)$,则至少存在一点 $\xi\in(a,b)$,使得

$$f'(\xi)=0\ ,$$

即函数 $f(x)$ 在开区间 (a,b) 内至少有一个驻点 ξ ,亦即方程 $f'(x)=0$ 在开区间 (a,b) 内至少有一个实根 ξ .

罗尔定理的几何意义是在闭区间 $[a,b]$ 上两端等高的连续曲线 $y=f(x)$,若在开区间 (a,b) 内的每一点处都有不垂直于 x 轴的切线,则其中至少有一条切线与 x 轴平行.

罗尔定理指出了函数 $y=f(x)$ 存在驻点的典型条件. 当罗尔定理中的三个条件不能全部满足时,不能保证其结论一定成立. 例如:

(1)函数 $f(x)=x$ 在闭区间 $[-1,1]$ 上连续,且在开区间 $(-1,1)$ 内可导($f'(x)=1$),但 $f(-1)\neq f(1)$,这时不存在 $\xi\in(-1,1)$,使 $f'(\xi)=0$;

(2)函数 $f(x)=|x|$ 在闭区间 $[-1,1]$ 上连续,且 $f(-1)=f(1)$,但函数 $f(x)$ 在点 $x=0$ 处不可导(参见例 3.1.3),这时不存在 $\xi\in(-1,1)$,使 $f'(\xi)=0$;

(3)函数 $f(x)=\begin{cases} x, & -1<x\leqslant 1 \\ 1, & x=-1 \end{cases}$ 在开区间 $(-1,1)$ 内可导($f'(x)=1$),且 $f(-1)=f(1)$ 但函

数 $f(x)$ 在闭区间 $[-1,1]$ 上不连续（参见例 2.4.1），这时不存在 $\xi \in (-1,1)$，使 $f'(\xi) = 0$.

需特别指出的是，罗尔定理中的三个条件不能全部满足时，函数 $y = f(x)$ 是有可能存在驻点的. 例如，函数 $f(x) = \dfrac{x}{x}$ 在闭区间 $[-1,1]$ 上不连续（有间断点 $x = 0$），但对于任意的点 $x \in (-1,1)$ 且 $x \neq 0$，都有

$$f'(x) = 0$$

例 5.2.1　验证罗尔定理对函数 $f(x) = \sin x$ 在闭区间 $[0,\pi]$ 上的正确性.

解　因为函数 $f(x) = \sin x$ 的定义域为 $(-\infty, +\infty)$，且 $[0,\pi] \subseteq (-\infty, +\infty)$，所以函数 $f(x)$ 在闭区间 $[0,\pi]$ 上连续.

因为 $f'(x) = \cos x$ 的定义域为 $(-\infty, +\infty)$，且 $(0,\pi) \subseteq (-\infty, +\infty)$，所以函数 $f(x)$ 在开区间 $(0,\pi)$ 内可导.

又因为 $f(0) = 0 = f(\pi)$，所以函数 $f(x)$ 在闭区间 $[0,\pi]$ 上满足罗尔定理的条件，则应至少存在一点 $\xi \in (0,\pi)$，使得

$$f'(\xi) = \cos \xi = 0 .$$

由于 $\cos \dfrac{\pi}{2} = 0$ 且 $\dfrac{\pi}{2} \in (0,\pi)$，所以罗尔定理对函数 $f(x) = \sin x$ 在闭区间 $[0,\pi]$ 上是正确的.

例 5.2.2*　设实数 $a_1, a_2, \cdots, a_n$ 满足 $a_1 - \dfrac{a_2}{3} + \cdots + (-1)^{n-1} \dfrac{a_n}{2n-1} = 0$，证明方程

$$a_1 \cos x + a_2 \cos 3x + \cdots + a_n \cos(2n-1)x = 0$$

在开区间 $(0, \dfrac{\pi}{2})$ 内至少有一个根.

证明　设函数 $f(x) = a_1 \sin x + \dfrac{a_2}{3} \sin 3x + \cdots + \dfrac{a_n}{2n-1} \sin(2n-1)x$.

因为函数 $f(x)$ 的定义域为 $(-\infty, +\infty)$，且 $[0, \dfrac{\pi}{2}] \subseteq (-\infty, +\infty)$，所以由定理 2.4.5 知，函数 $f(x)$ 在闭区间 $[0, \dfrac{\pi}{2}]$ 上连续.

因为函数 $f'(x) = a_1 \cos x + a_2 \cos 3x + \cdots + a_n \cos(2n-1)x$ 的定义域为 $(-\infty, +\infty)$，且 $(0, \dfrac{\pi}{2}) \subseteq (-\infty, +\infty)$，所以函数 $f(x)$ 在开区间 $(0, \dfrac{\pi}{2})$ 内可导.

因为 $f(\dfrac{\pi}{2}) = a_1 - \dfrac{a_2}{3} + \cdots + (-1)^{n-1} \dfrac{a_n}{2n-1} = 0$，$f(0) = 0$，即

$$f(\dfrac{\pi}{2}) = f(0) ,$$

所以函数 $f(x)$ 在闭区间 $[0, \dfrac{\pi}{2}]$ 上满足罗尔定理的条件.

因此，至少存在一点 $\xi \in (0, \dfrac{\pi}{2})$，使得

$$f'(\xi) = a_1 \cos \xi + a_2 \cos 3\xi + \cdots + a_n \cos(2n-1)\xi = 0 ,$$

即 $\xi \in (0, \dfrac{\pi}{2})$ 为方程 $a_1 \cos x + a_2 \cos 3x + \cdots + a_n \cos(2n-1)x = 0$ 的一个根.

5.2.2 拉格朗日（ Lagrange ）中值定理与柯西（ Cauchy ）中值定理

定理 5.2.2 （ 拉格朗日中值定理） 设函数 $f(x)$ 在闭区间 $[a,b]$ 上连续，在开区间 (a,b) 内可导，则至少存在一点 $\xi \in (a,b)$ ，使得

$$f'(\xi) = \frac{f(b)-f(a)}{b-a} \ . \tag{5.2.1}$$

式（5.2.1）也可表示成

$$f(b)-f(a) = (b-a)f'(\xi) \ . \tag{5.2.2}$$

例 5.2.3 验证函数 $f(x) = \cos x$ 在区间 $[0,\pi]$ 上满足拉格朗日中值定理的条件，并求出相应的 ξ 值.

解 因为函数 $f(x) = \cos x$ 的定义域为 $(-\infty, +\infty)$ ，且 $[0,\pi] \subseteq (-\infty, +\infty)$ ，所以函数 $f(x)$ 在闭区间 $[0,\pi]$ 上连续.

又因为 $f'(x) = -\sin x$ 的定义域为 $(-\infty, +\infty)$ ，且 $(0,\pi) \subseteq (-\infty, +\infty)$ ，所以函数 $f(x)$ 在开区间 $(0,\pi)$ 内可导.

所以函数 $f(x)$ 在闭区间 $[0,\pi]$ 上满足拉格朗日中值定理的条件.

因此，至少存在一点 $\xi \in (0,\pi)$ ，使得

$$f'(\xi) = -\sin \xi = \frac{f(\pi)-f(0)}{\pi-0} = \frac{\cos \pi - \cos 0}{\pi} = \frac{-1-1}{\pi} = -\frac{2}{\pi} \ ,$$

即

$$\xi = \arcsin \frac{2}{\pi} \ \text{或} \ \xi = \pi - \arcsin \frac{2}{\pi} \ .$$

推论 5.2.1 设函数 $f(x)$ 在区间 I 内可导，若在区间 I 内 $f'(x) \equiv 0$ ，则在区间 I 内函数 $f(x)$ 是一个常函数.

证明 任取两点 $x_1 < x_2 \in I$.

由已知条件知，函数 $f(x)$ 在以 x_1、x_2 为端点的区间上满足拉格朗日中值定理的条件，所以存在 $\xi \in (x_1, x_2)$ ，使得

$$f(x_2) - f(x_1) = f'(\xi)(x_2 - x_1) \ .$$

因为在区间 I 内 $f'(x) \equiv 0$ ，所以

$$f'(\xi) = 0 \ ,$$

故

$$f(x_2) - f(x_1) = 0 \Rightarrow f(x_2) = f(x_1) \ .$$

由 x_1、x_2 的任意性知，函数 $f(x)$ 在区间 I 内任意两点处的函数值都相等，从而函数 $f(x)$ 在区间 I 内是一个常函数.

例 5.2.4 证明：$\arcsin x + \arccos x = \dfrac{\pi}{2} \ \ (x \in [-1,1])$.

证明 设函数 $f(x) = \arcsin x + \arccos x$ ，则

$$f'(x) = \frac{1}{\sqrt{1-x^2}} - \frac{1}{\sqrt{1-x^2}} \equiv 0 \ \ (x \in (-1,1)) \ .$$

由推论 5.2.1 知,

$$f(x) = \arcsin x + \arccos x = C \quad (x \in (-1,1)) .$$

令 $x = 0$,得

$$C = f(0) = \arcsin 0 + \arccos 0 = \frac{\pi}{2} .$$

因为 $f(-1) = \arcsin(-1) + \arccos(-1) = -\frac{\pi}{2} + \pi = \frac{\pi}{2}$,

$$f(1) = \arcsin 1 + \arccos 1 = \frac{\pi}{2} + 0 = \frac{\pi}{2} ,$$

所以　　 $\arcsin x + \arccos x = \frac{\pi}{2}$ ($x \in [-1,1]$).

定理 5.2.3* （**柯西中值定理**） 设函数 $f(x)$ 和 $g(x)$ 在闭区间 $[a,b]$ 上连续,在开区间 (a,b) 内可导,且当 $x \in (a,b)$ 时, $g'(x) \neq 0$,则至少存在一点 $\xi \in (a,b)$,使得

$$\frac{f'(\xi)}{g'(\xi)} = \frac{f(b) - f(a)}{g(b) - g(a)} . \tag{5.2.3}$$

5.3　洛必达(L'Hospital)法则及其应用

　　导数在函数研究中的一个重要应用就是不定式的确定问题. 早在第 2 章中就曾研讨过不定式的确定问题,但只用初等方法不易甚至不能解决不定式的确定问题. 由导数本身是 $f(x)$ 型的极限这一点得到启示,在建立了关于导数的一系列运算公式与法则之后,有可能反过来利用导数求出某些不定式的极限值. 对此,洛必达法则给出了一个简单易行,并有广泛使用价值的方法.

5.3.1　洛必达法则

　　定理 5.3.1（洛必达法则） 设函数 $f(x)$ 、 $g(x)$ 在点 x_0 的某空心邻域 $\overset{\circ}{U}(x_0)$ 内可导,且 $g'(x) \neq 0$. 若 $\lim\limits_{x \to x_0} \dfrac{f(x)}{g(x)}$ 满足

（1） $\lim\limits_{x \to x_0} \dfrac{f(x)}{g(x)}$ 是 $f(x)$ 型或 " $\dfrac{\infty}{\infty}$ " 型不定式,即有

$$\lim\limits_{x \to a} f(x) = \lim\limits_{x \to a} g(x) = 0 \text{ 或 } \lim\limits_{x \to a} g(x) = \lim\limits_{x \to a} f(x) = \infty ;$$

（2） $\lim\limits_{x \to x_0} \dfrac{f'(x)}{g'(x)} = A$ (或为 $-\infty, +\infty, \infty$),则

$$\lim\limits_{x \to x_0} \frac{f(x)}{g(x)} = \lim\limits_{x \to x_0} \frac{f'(x)}{g'(x)} . \tag{5.3.1}$$

　　洛必达法则中的极限过程 $x \to x_0$,改为 $x \to x_0^-, x \to x_0^+, x \to \infty, x \to +\infty, x \to -\infty$ 时,其结论仍然成立.

5.3.2　洛必达法则的使用

因为洛必达法则仅适用于"$\dfrac{0}{0}$"型或"$\dfrac{\infty}{\infty}$"型不定式,故使用洛必达法则前,必须先检验所要求的极限是否满足条件(1);至于条件(2),通常是在计算过程中进行考察,解题前无须特别考虑.

若极限 $\lim\dfrac{f'(x)}{g'(x)}$ 仍是 $f(x)$ 或"$\dfrac{\infty}{\infty}$"型不定式,且函数 $f'(x)$、$g'(x)$ 仍满足洛必达法则的条件,则可对极限 $\lim\dfrac{f'(x)}{g'(x)}$ 继续使用洛必达法则,即有

$$\lim\frac{f(x)}{g(x)}=\lim\frac{f'(x)}{g'(x)}=\lim\frac{f''(x)}{g''(x)}\ .$$

在需要时,这一过程可以继续下去.

例 5.3.1　求函数极限 $\lim\limits_{x\to2}\dfrac{x^3-3x^2+4}{x^2-4x+4}$ 的值.

解　$\lim\limits_{x\to2}\dfrac{x^3-3x^2+4}{x^2-4x+4}$　（$f(x)$ 型不定式,使用洛必达法则）

$=\lim\limits_{x\to2}\dfrac{3x^2-6x}{2x-4}$　（仍是 $f(x)$ 型不定式,再次使用洛必达法则）

$=\lim\limits_{x\to2}\dfrac{6x-6}{2}=3$.

例 5.3.2　求函数极限 $\lim\limits_{x\to0}\dfrac{\tan x-x}{x^3}$ 的值.

解　$\lim\limits_{x\to0}\dfrac{\tan x-x}{x^3}$　（$f(x)$ 型不定式,使用洛必达法则）

$=\lim\limits_{x\to0}\dfrac{\sec^2x-1}{3x^2}=\lim\limits_{x\to0}\dfrac{\tan^2x}{3x^2}$　（当 $x\to0$ 时,$\tan x\sim x$）

$=\lim\limits_{x\to0}\dfrac{x^2}{3x^2}=\dfrac{1}{3}$.

例 5.3.3　求函数极限 $\lim\limits_{x\to0}\dfrac{x-x\cos x}{x-\sin x}$ 的值.

解　$\lim\limits_{x\to0}\dfrac{x-x\cos x}{x-\sin x}=\lim\limits_{x\to0}\dfrac{x(1-\cos x)}{x-\sin x}$　（当 $x\to0$ 时,$1-\cos x\sim\dfrac{1}{2}x^2$）

$=\lim\limits_{x\to0}\dfrac{x\cdot\dfrac{1}{2}x^2}{x-\sin x}=\dfrac{1}{2}\lim\limits_{x\to0}\dfrac{x^3}{x-\sin x}$　（$f(x)$ 型不定式,使用洛必达法则）

$=\dfrac{1}{2}\lim\limits_{x\to0}\dfrac{3x^2}{1-\cos x}=\dfrac{1}{2}\lim\limits_{x\to0}\dfrac{3x^2}{\dfrac{1}{2}x^2}=3$.

例 5.3.4　求函数极限 $\lim\limits_{x\to0}\dfrac{1-x^2-\mathrm{e}^{-x^2}}{\ln(1-2x^4)}$ 的值.

解　$\lim\limits_{x\to0}\dfrac{1-x^2-\mathrm{e}^{-x^2}}{\ln(1-2x^4)}$（当 $x\to0$ 时,$\ln(1-2x^4)\sim-2x^4$）

$$= \lim_{x \to 0} \frac{1 - x^2 - e^{-x^2}}{-2x^4} \quad (\frac{f(x)}{型不定式,使用洛必达法则})$$

$$= \lim_{x \to 0} \frac{-2x + 2xe^{-x^2}}{-8x^3} = \lim_{x \to 0} \frac{e^{-x^2} - 1}{-4x^2} \quad (当 x \to 0 时, e^{-x^2} - 1 \sim -x^2)$$

$$= \lim_{x \to 0} \frac{-x^2}{-4x^2} = \frac{1}{4} .$$

例 5.3.5　求函数极限 $\lim\limits_{x \to 0} \dfrac{x - \arcsin x}{x^3}$ 的值.

解　$\lim\limits_{x \to 0} \dfrac{x - \arcsin x}{x^3}$ （$\frac{f(x)}{}$型不定式,使用洛必达法则）

$$= \lim_{x \to 0} \frac{1 - \dfrac{1}{\sqrt{1 - x^2}}}{3x^2} = \lim_{x \to 0} \frac{\sqrt{1 - x^2} - 1}{3x^2 \sqrt{1 - x^2}} \quad (当 x \to 0 时, \sqrt{1 - x^2} - 1 \sim -\frac{1}{2} x^2)$$

$$= \lim_{x \to 0} \frac{-\dfrac{1}{2} x^2}{3x^2 \sqrt{1 - x^2}} = -\frac{1}{6} .$$

例 5.3.6　求函数极限 $\lim\limits_{x \to 0^+} \dfrac{\cot x}{\ln \sin 2x}$ 的值.

解　$\lim\limits_{x \to 0^+} \dfrac{\cot x}{\ln \sin 2x}$ （"$\dfrac{\infty}{\infty}$"型不定式,使用洛必达法则）

$$= \lim_{x \to 0^+} \frac{-\csc^2 x}{2 \cot 2x} = \lim_{x \to 0^+} \frac{-\tan 2x}{2 \sin^2 x} \quad (当 x \to 0^+ 时, \sin x \sim x, \tan 2x \sim 2x)$$

$$= \lim_{x \to 0^+} \frac{-2x}{2x^2} = -\infty .$$

当极限 $\lim \dfrac{f'(x)}{g'(x)}$ 不存在(也不是 $-\infty, +\infty$ 或 ∞)时,不能断定极限 $\lim \dfrac{f(x)}{g(x)}$ 也不存在,只能说明此时不能使用洛必达法则,而此时极限 $\lim \dfrac{f(x)}{g(x)}$ 可能存在,需另找求极限的途径.

一般地,在以下两种情况下不能使用洛必达法则.

（1）在自变量 x 的某种变化趋势下,当有 $f(x) \to \infty$,且所求的极限式中含有函数 $\sin f(x)$ 或 $\cos f(x)$ 或 $\arctan f(x)$ 或 $\text{arccot} f(x)$ 时,不能使用洛必达法则.

例如,极限 $\lim\limits_{x \to \infty} \dfrac{x - \sin x}{x + \cos x}$ 是"$\dfrac{\infty}{\infty}$"型不定式,由例 2.5.3 知其值为 1 . 但对它使用洛必达法则后所得的极限 $\lim\limits_{x \to \infty} \dfrac{1 - \cos x}{1 - \sin x}$ 却是不存在极限的.

（2）当极限 $\lim \dfrac{f'(x)}{g'(x)}$ 并不比极限 $\lim \dfrac{f(x)}{g(x)}$ 简单易求时,不能使用洛必达法则.

例如,极限 $\lim\limits_{x \to +\infty} \dfrac{e^x + e^{-x}}{e^x - e^{-x}}$ 是"$\dfrac{\infty}{\infty}$"型不定式,由例 2.4.2 知其值为 1 . 但对它使用洛必达法则就会出现循环现象,从而求不到结果,即

$$\lim_{x \to +\infty} \frac{e^x + e^{-x}}{e^x - e^{-x}} = \lim_{x \to +\infty} \frac{e^x - e^{-x}}{e^x + e^{-x}} = \lim_{x \to +\infty} \frac{e^x + e^{-x}}{e^x - e^{-x}} .$$

需特别注意的是,有些"$\dfrac{0}{0}$"型或"$\dfrac{\infty}{\infty}$"型不定式看似属于情况(2),但经过恒等变形后却是可以使用洛必达法则进行求解的.

例 5.3.7　求函数极限 $\lim\limits_{x \to 0^+} \dfrac{e^{-\frac{1}{x}}}{x}$ 的值.

解　**方法一**:本例是"$\dfrac{0}{0}$"型不定式,所以使用洛必达法则进行求解.

$$\lim_{x \to 0^+} \frac{e^{-\frac{1}{x}}}{x} = \lim_{x \to 0^+} (e^{-\frac{1}{x}} \cdot \frac{1}{x^2}) = \lim_{x \to 0^+} \frac{e^{-\frac{1}{x}}}{x^2} .$$

很显然,使用洛必达法则后所得到的极限比原极限更为复杂,无法求出结果.

方法二:$\lim\limits_{x \to 0^+} \dfrac{e^{-\frac{1}{x}}}{x} = \lim\limits_{x \to 0^+} \dfrac{\frac{1}{x}}{e^{\frac{1}{x}}}$ 　("$\dfrac{\infty}{\infty}$"型不定式,使用洛必达法则)

$$= \lim_{x \to 0^+} \frac{(\frac{1}{x})'}{e^{\frac{1}{x}} \cdot (\frac{1}{x})'} = \lim_{x \to 0^+} e^{-\frac{1}{x}} = 0 .$$

通过恒等变形,将原"$\dfrac{0}{0}$"型不定式变形为"$\dfrac{\infty}{\infty}$"型不定式,使用洛必达法则顺利地求出结果.

5.3.3　其他类型不定式

除"$\dfrac{0}{0}$"型或"$\dfrac{\infty}{\infty}$"型不定式外,还有"$\infty-\infty$"型、"$0\cdot\infty$"型以及"0^0"型、"∞^0"型、"1^∞"型等不定式,对于这五种不定式,只要经过适当变换,最终都可以把它们转化为"$\dfrac{0}{0}$"型或"$\dfrac{\infty}{\infty}$"型不定式,然后再使用洛必达法则求其值.

1."$\infty-\infty$"型不定式(转化方法见 2.4.4)

例 5.3.8　求函数极限 $\lim\limits_{x \to 0}(\dfrac{1}{x^2} - \dfrac{\cot x}{x})$ 的值.

解　$\lim\limits_{x \to 0}(\dfrac{1}{x^2} - \dfrac{\cot x}{x}) = \lim\limits_{x \to 0}(\dfrac{1}{x^2} - \dfrac{\cos x}{x \sin x})$

$$= \lim_{x \to 0} \frac{\sin x - x \cos x}{x^2 \sin x} \quad (\text{当 } x \to 0 \text{ 时}, \sin x \sim x)$$

$$= \lim_{x \to 0} \frac{\sin x - x \cos x}{x^3} \quad (\text{``}\frac{0}{0}\text{''型不定式,使用洛必达法则})$$

$$= \lim_{x \to 0} \frac{\cos x + x \sin x - \cos x}{3x^2} = \lim_{x \to 0} \frac{\sin x}{3x} = \frac{1}{3} .$$

2."$0\cdot\infty$"型不定式

若在同一极限过程中,函数 $f(x) \to 0$,函数 $g(x) \to \infty(-\infty, +\infty)$,则称极限

$$\lim[f(x)g(x)]$$

为"$0\cdot\infty$"型不定式.

"$0\cdot\infty$"型不定式的转化方法为将乘积 $f(x)g(x)$ 转化为分式,即

$$f(x)g(x)=\frac{f(x)}{\dfrac{1}{g(x)}} \quad 或 \quad f(x)g(x)=\frac{g(x)}{\dfrac{1}{f(x)}} .$$

当分母确定后,"$0\cdot\infty$"型不定式自然随之转化为"$\dfrac{0}{0}$"型或"$\dfrac{\infty}{\infty}$"型不定式.

例 5.3.9 求函数极限 $\lim\limits_{x\to+\infty}x(\dfrac{\pi}{2}-\arctan x)$ 的值.

解 $\lim\limits_{x\to+\infty}x(\dfrac{\pi}{2}-\arctan x)$ （"$0\cdot\infty$"型不定式）

$$=\lim\limits_{x\to+\infty}\frac{\dfrac{\pi}{2}-\arctan x}{\dfrac{1}{x}} \quad （"\dfrac{0}{0}"型不定式,使用洛必达法则）$$

$$=\lim\limits_{x\to+\infty}\frac{-\dfrac{1}{1+x^2}}{-\dfrac{1}{x^2}}=\lim\limits_{x\to+\infty}\frac{x^2}{1+x^2}=1 .$$

3."0^0"型、"∞^0"型、"1^∞"型不定式

设函数 $f(x)>0$,则函数 $[f(x)]^{g(x)}=\mathrm{e}^{g(x)\ln f(x)}$.

（1）若极限 $\lim[f(x)]^{g(x)}$ 为"0^0"型不定式,则极限 $\lim[g(x)\ln f(x)]$ 是"$0\cdot\infty$"型不定式.

（2）若极限 $\lim[f(x)]^{g(x)}$ 为"∞^0"型不定式,则极限 $\lim[g(x)\ln f(x)]$ 是"$0\cdot\infty$"型不定式.

（3）若极限 $\lim[f(x)]^{g(x)}$ 为"1^∞"型不定式,则极限 $\lim[g(x)\ln f(x)]$ 是"$\infty\cdot 0$"型不定式.

因此,求幂指函数型不定式的极限 $\lim[f(x)]^{g(x)}$ 时,可以先求其自然对数的极限 $\lim[g(x)\ln f(x)]$（"$0\cdot\infty$"型不定式）,而这已在前面研究过了.

在求出极限 $\lim[g(x)\ln f(x)]$ 的值后,再利用定理 2.5.3 与指数函数的连续性,即可求得极限的值,即

$$\lim[f(x)]^{g(x)}=\lim\mathrm{e}^{g(x)\ln f(x)}=\mathrm{e}^{\lim[g(x)\ln f(x)]} .$$

一般地,对"1^∞"型不定式,还是应先使用在 2.5.3 中学过的"1^∞ 型极限计算公式".

例 5.3.10 求函数极限 $\lim\limits_{x\to 0^+}x^{\arctan x}$ 的值.

解 本例是"0^0"型不定式,因为

$$\lim\limits_{x\to 0^+}\ln x^{\arctan x}=\lim\limits_{x\to 0^+}(\arctan x\cdot\ln x) \quad （当 x\to 0 时, \arctan x\sim x）$$

$$=\lim\limits_{x\to 0^+}x\ln x=\lim\limits_{x\to 0^+}\frac{\ln x}{\dfrac{1}{x}} \quad （"\dfrac{\infty}{\infty}"型不定式,使用洛必达法则）$$

$$=\lim\limits_{x\to 0^+}\frac{\dfrac{1}{x}}{-\dfrac{1}{x^2}}=\lim\limits_{x\to 0^+}(-x)=0 .$$

所以　　　$\lim\limits_{x \to 0^+} x^{\arctan x} = \mathrm{e}^{\lim\limits_{x \to 0^+} \arctan x \cdot \ln x} = \mathrm{e}^0 = 1$.

例 5.3.11　求函数极限 $\lim\limits_{x \to 0^+} (\cot x)^{\arcsin x}$ 的值.

解　本例是" ∞^0 "型不定式,因为

$$\lim\limits_{x \to 0^+} \ln (\cot x)^{\arcsin x} = \lim\limits_{x \to 0^+} \arcsin x \ln(\cot x) \quad (\text{当 } x \to 0 \text{ 时, } \arcsin x \sim x)$$

$$= \lim\limits_{x \to 0^+} x \ln(\cot x) = \lim\limits_{x \to 0^+} \frac{\ln \cot x}{\dfrac{1}{x}} \quad (\text{" } \frac{\infty}{\infty} \text{ "型不定式,使用洛必达法则})$$

$$= \lim\limits_{x \to 0^+} \frac{-\dfrac{\csc^2 x}{\cot x}}{-\dfrac{1}{x^2}} = \lim\limits_{x \to 0^+} \frac{x^2 \tan x}{\sin^2 x} = \lim\limits_{x \to 0^+} \frac{x^2 \cdot x}{x^2} = 0 \ . (\text{当 } x \to 0 \text{ 时, } \sin x \sim \tan x \sim x)$$

所以　　　$\lim\limits_{x \to 0^+} (\cot x)^{\arcsin x} = \mathrm{e}^{\lim\limits_{x \to 0^+} \arcsin x \cdot \ln \cot x} = \mathrm{e}^0 = 1$.

例 5.3.12　求函数极限 $\lim\limits_{x \to +\infty} (\dfrac{2}{\pi} \arctan x)^x$ 的值.

解　本例是" 1^∞ "型不定式,利用" 1^∞ 型极限计算公式"求解.

因为 $\lim\limits_{x \to +\infty} x(\dfrac{2}{\pi} \arctan x - 1) = \lim\limits_{x \to +\infty} \dfrac{2 \arctan x - \pi}{\dfrac{\pi}{x}} = \lim\limits_{x \to +\infty} \dfrac{\dfrac{2}{1 + x^2}}{-\dfrac{\pi}{x^2}} = -\dfrac{2}{\pi}$,

所以　　　$\lim\limits_{x \to +\infty} (\dfrac{2}{\pi} \arctan x)^x = \mathrm{e}^{\lim\limits_{x \to +\infty} x(\frac{2}{\pi} \arctan x - 1)} = \mathrm{e}^{-\frac{2}{\pi}}$.

　　需特别指出,虽然洛必达法则可弥补等价替换法的不足(合适的等价无穷小有时找不到),以及在某种程度上替代等价替换法,但对于" $\dfrac{0}{0}$ "型不定式还是应首先使用等价替换法. 只有当等价替换法不适用时才用洛必达法则,这样可避免由于求导而带来的复杂化现象,从而简化求极限的过程.

5.4　函数的单调性与极(最)值

5.4.1　函数严格单调性的判定与极值的求法

　　使用初等数学的方法判断函数的单调性通常是比较烦琐的,而函数的严格单调性与导数的正负之间却有着密切的联系.

　　一方面,严格单调增加(减少)的可导函数的图形是一条沿 x 轴正方向上升(下降)的曲线,其上任意点 x 处的切线与 x 轴正向的夹角成锐角(钝角),即曲线上任意点 x 处的切线的斜率 $\tan \alpha = f'(x)$ 为正(负).

　　另一方面,导数是函数的变化率,导数为正(负)即表明函数值向着增加(减少)的方向进行变化.

综合考虑上述两个方面,可以得到下面的定理 5.4.1.

定理 5.4.1　设函数 $f(x)$ 在区间 I 内可导. 若对于任意的 $x \in I$,总有

（1）$f'(x) > 0$,则函数 $f(x)$ 在区间 I 内是严格单调增加函数;

（2）$f'(x) < 0$,则函数 $f(x)$ 在区间 I 内是严格单调减少函数;

（3）$f'(x) = 0$,则函数 $f(x)$ 在区间 I 内是常函数.

证明*　任取 $x_1, x_2 \in I$,设 $x_1 < x_2$.

由已知条件知,函数 $f(x)$ 在以 x_1 、x_2 为端点的区间上满足拉格朗日中值定理的条件,所以存在 $\xi \in (x_1, x_2)$,使得

$$f'(\xi) = \frac{f(x_2) - f(x_1)}{x_2 - x_1} .$$

因为 $x_2 - x_1 > 0$,所以若对于任意的 $x \in I$,总有

（1）$f'(x) > 0$,则有 $f'(\xi) > 0 \Rightarrow f(x_2) - f(x_1) > 0 \Rightarrow f(x_2) > f(x_1)$,

由 x_1 、x_2 的任意性知,函数 $f(x)$ 在区间 I 内是严格单调增加函数;

（2）$f'(x) < 0$,则有 $f'(\xi) < 0 \Rightarrow f(x_2) - f(x_1) < 0 \Rightarrow f(x_2) < f(x_1)$,

由 x_1 、x_2 的任意性知,函数 $f(x)$ 在区间 I 内是严格单调减少函数;

（3）$f'(x) = 0$,则有 $f'(\xi) = 0 \Rightarrow f(x_2) - f(x_1) = 0 \Rightarrow f(x_2) = f(x_1)$,

由 x_1 、x_2 的任意性知,函数 $f(x)$ 在区间 I 内是常函数.

由函数极值的定义易知,连续函数增减区间的分界点必为其极值点. 由于函数的极值点必为临界点,从而由定理 5.4.1 可得到下面的极值判定定理.

定理 5.4.2（极值的第一充分条件）　设点 x_0 为函数 $f(x)$ 的临界点,且函数 $f(x)$ 在点 x_0 的某个空心邻域 $\overset{\circ}{U}(x_0, \delta)$ （ $\delta > 0$ ）内可导.

（1）若当 $x \in (x_0 - \delta, x_0)$ 时, 总有 $f'(x) > 0 (< 0)$;且当 $x \in (x_0, x_0 + \delta)$ 时, 总有 $f'(x) < 0 (> 0)$,则点 x_0 是函数 $f(x)$ 的极大（小）值点.

（2）若当 $x \in \overset{\circ}{U}(x_0)$ 时,总有 $f'(x) > 0 (< 0)$,则点 x_0 不是函数 $f(x)$ 的极值点.

综合定理 5.4.1 与定理 5.4.2 可知,如果连续函数 $f(x)$ 在它的定义区间内除有限个点外均具有导数,则可按下列步骤来确定连续函数 $f(x)$ 的单调区间与极值.

（1）**确定定义域**:求出函数 $f(x)$ 的定义域.

（2）**求导**:求出函数 $f(x)$ 的导数 $f'(x)$.

（3）**求临界点**:求出函数 $f(x)$ 的全部临界点,即求出所有使 $f'(x) = 0$ 或使 $f'(x)$ 不存在的点 x .

（4）**列表判断**:用所求出的临界点将定义域划分为若干个小区间;确定 $f'(x)$ 在每个小区间上的符号;确定函数 $f(x)$ 在每个小区间上的严格单调性（用" ↗ "与" ↘ "分别表示严格单调增加与严格单调减少）;判断各临界点是否为极值点并求出极值.

（5）**得出结论**：根据题目要求写出相应的结论.

例 5.4.1　求函数 $f(x) = \sqrt[3]{(2x - x^2)^2}$ 的单调区间和极值.

解　（1）函数 $f(x)$ 的定义域为 $(-\infty, +\infty)$.

（2）$f'(x) = \dfrac{2}{3}(2x - x^2)^{-\frac{1}{3}}(2 - 2x) = \dfrac{4(1-x)}{3 \cdot \sqrt[3]{2x - x^2}}$.

（3）使 $f'(x) = 0$ 的点为 $x = 1$；使 $f'(x)$ 不存在的点为 $x = 0$ 和 $x = 2$.

（4）列表如下.

x	$(-\infty, 0)$	0	$(0,1)$	1	$(1,2)$	2	$(2, +\infty)$
$f'(x)$	$-$	不存在	$+$	0	$-$	不存在	$+$
$f(x)$	$\downarrow$	极小值0	$\uparrow$	极大值1	$\downarrow$	极小值0	$\uparrow$

（5）结论：函数 $f(x)$ 的严格单调减少区间为 $(-\infty, 0)$ 和 $(1,2)$；严格单调增加区间为 $(0,1)$ 和 $(2, +\infty)$；函数 $f(x)$ 的极小值为 $f(0) = f(2) = 0$，极大值为 $f(1) = 1$.

定理 5.4.3（极值的第二充分条件）　设函数 $f(x)$ 在驻点 x_0（即有 $f'(x_0) = 0$）处具有二阶导数，且 $f''(x_0) \neq 0$，则点 x_0 是函数 $f(x)$ 的极值点，并且，

（1）当 $f''(x_0) < 0$ 时，函数 $f(x)$ 在点 x_0 处取得极大值；

（2）当 $f''(x_0) > 0$ 时，函数 $f(x)$ 在点 x_0 处取得极小值.

定理 5.4.2 适用于所有函数临界点处的极值判定问题，而定理 5.4.3 只能用来判定函数的驻点是否为极值点. 因此，定理 5.4.3 通常用于处理二阶导数比较简单或导数符号不好判定的情形（如隐函数极值的确定），但其无法解决 $f'(x_0) = f''(x_0) = 0$ 时的极值判定.

例如，函数 $f(x) = x^3$，$g(x) = x^4$，$h(x) = -x^4$ 在点 $x = 0$ 处的一阶导数和二阶导数均为零，但点 $x = 0$ 不是函数 $f(x)$ 的极值点，却是函数 $g(x)$ 的极小值点和函数 $h(x)$ 的极大值点. 因此，若在驻点处函数的二阶导数为零，则仍需使用定理 5.4.2 来进行极值判定.

例 5.4.2　求函数 $f(x) = x^3 - 9x^2 + 15x + 3$ 的极值.

解　（1）函数 $f(x)$ 的定义域为 $(-\infty, +\infty)$.

（2）$f'(x) = 3x^2 - 18x + 15 = 3(x-1)(x-5)$，$f''(x) = 6x - 18 = 6(x-3)$.

（3）令 $f'(x) = 0$，得驻点 $x_1 = 1$，$x_2 = 5$.

（4）$f''(1) = -12 < 0$，$f''(5) = 12 > 0$.

（5）结论：函数 $f(x)$ 在点 $x = 1$ 处取得极大值 $f(1) = 10$，在点 $x = 5$ 处取得极小值 $f(5) = -22$.

5.4.2　函数最值的求法及其应用

1. 闭区间上连续函数最值的求法

因闭区间 $[a,b]$ 上的连续函数 $f(x)$ 一定存在最大值和最小值，下面讨论求连续函数在闭

区间上最大值和最小值的方法.

设函数 $f(x)$ 在闭区间 $[a,b]$ 上连续,在开区间 (a,b) 内除去至多有限个使 $f'(x)$ 不存在的点外,其余各点均具有导数. 若函数 $f(x)$ 的最大(小)值在开区间 (a,b) 内的某点处取得,则它一定同时是极大(小)值. 但函数 $f(x)$ 的最大(小)值也可在区间端点处取得. 因此,只需比较函数 $f(x)$ 在开区间 (a,b) 内的所有极大(小)值与函数 $f(x)$ 在区间端点处的函数值的大小,即可得出函数 $f(x)$ 在闭区间 $[a,b]$ 上的最大值和最小值.

需特别指出的是,由于函数的最大值与最小值之间存在着必然的大小关系,因此可不进行极值的判定,而只需把各临界点处的函数值计算出来,将其与区间端点处的函数值放在一起进行比较,即可确定出函数的最大值与最小值.

所以,求连续函数 $f(x)$ 在闭区间 $[a,b]$ 上的最值可归纳为以下步骤:

(1)求出函数 $f(x)$ 的导数,进而求出函数 $f(x)$ 在开区间 (a,b) 内的全部临界点;

(2)求出所有临界点处的函数值,以及函数 $f(x)$ 在闭区间 $[a,b]$ 端点处的函数值;

(3)比较(2)中所求出的所有函数值的大小,其中数值最大的即为函数的最大值,数值最小的即为函数的最小值.

例 5.4.3 求函数 $f(x) = \sqrt[3]{2x^2(x-6)}$ 在闭区间 $[-2,4]$ 上的最大值和最小值.

解 (1)$f'(x) = 2^{\frac{1}{3}}[x^{\frac{2}{3}}(x-6)^{\frac{1}{3}}]' = 2^{\frac{1}{3}}[\frac{2}{3}x^{-\frac{1}{3}}(x-6)^{\frac{1}{3}} + \frac{1}{3}x^{\frac{2}{3}}(x-6)^{-\frac{2}{3}}]$

$$= 2^{\frac{1}{3}} \cdot \frac{1}{3}x^{-\frac{1}{3}}(x-6)^{-\frac{2}{3}}[2(x-6)+x] = 2^{\frac{1}{3}}x^{-\frac{1}{3}}(x-6)^{-\frac{2}{3}}(x-4) .$$

使 $f'(x) = 0$ 的点为 $x = 4 \notin (-2,4)$(舍去);

使 $f'(x)$ 不存在的点为 $x = 0$,$x = 6 \notin (-2,4)$(舍去).

(2)$f(0) = 0$,$f(-2) = f(4) = -4$.

(3)比较所求出的各函数值,得在闭区间 $[-2,4]$ 上,函数的最大值为 $f(0) = 0$,最小值为 $f(-2) = f(4) = -4$.

2. 实际应用中的最值问题

最值问题是社会生产实践中的一种常见问题. 然而,在最值问题的实际应用中,要得到闭区间上的连续函数通常是比较困难甚至是无法实现的. 因此,在解决实际应用中的最值问题时,通常要用到下面的定理 5.4.4.

定理 5.4.4 若点 x_0 为函数 $f(x)$ 在其连续区间 I 内的唯一极值点,则点 x_0 必为函数 $f(x)$ 在区间 I 内的最值点. 此时,若 $f(x_0)$ 为极大(小)值,则其必为最大(小)值.

例 5.4.4 有一块宽为 $2a$ 的长方形铁片,将它的两个边缘向上折起成一个开口水槽,其横截面为矩形,高为 x . 求高 x 取何值时,水槽流量最大?

解 因为水槽的横截面为矩形,且高为 x ,所以水槽横截面的面积为

$$s(x) = x(2a - 2x) \quad x \in (0,a) .$$

$$s'(x) = 2a - 4x ; s''(x) = -4 < 0 .$$

令 $s'(x) = 0$,得驻点 $x = \dfrac{a}{2}$.

因为 $s''(\frac{a}{2}) = -4 < 0$，由定理 5.4.3 知，点 $x = \frac{a}{2}$ 为极大值点，且为函数 $s(x)$ 在区间 $(0,a)$ 内的唯一极值点.

由定理 5.4.4 知，点 $x = \frac{a}{2}$ 为函数 $s(x)$ 在区间 $(0,a)$ 内的最大值点.

所以，当长方形铁片两边折起的高度为 $\frac{a}{2}$ 时，水槽横截面的面积最大，此时水槽的流量最大.

事实上，在实际问题中，往往根据问题本身的性质就可以直接断定连续函数在其定义区间内确有最大值或最小值. 这时，若函数 $f(x)$ 在定义区间内有且仅有一个临界点 x_0，则不必讨论 $f(x_0)$ 是否为极值，就可直接断定 $f(x_0)$ 是函数 $f(x)$ 的最大值或最小值.

例 5.4.5 某工厂欲建造一个容积为 300 m^3 的带盖圆桶，求桶盖的半径 r 和桶高 h 如何确定，才能使所用材料最省？

解 因为桶的容积 $v = 300 \text{ m}^3$，所以

$$300 = \pi r^2 h \Rightarrow h = \frac{300}{\pi r^2}.$$

因为桶的表面积为

$$s(r) = 2\pi rh + 2\pi r^2 = 2\pi r^2 + \frac{600}{r},$$

所以 $\quad s'(r) = 4\pi r - \frac{600}{r^2} = 2(2\pi r - \frac{300}{r^2})$.

令 $s'(r) = 0$，得

$$\frac{300}{r^2} = 2\pi r \Rightarrow r = \sqrt[3]{\frac{150}{\pi}}, h = \frac{300}{\pi r^2} = 2r.$$

因该问题确实存在最小值，且该问题仅有一个驻点 $r = \sqrt[3]{\frac{150}{\pi}} \in (0, +\infty)$，所以当圆桶盖的半径 r 为圆桶高 h 的一半时，所用材料最省.

5.5 函数曲线的凹向与拐点

研究了函数的严格单调性与极值之后，对曲线的变化情况有了大致的了解，但只有这些还是不够的. 如图 5.5.1（a）、（b）所示的两个函数，虽然它们都是严格单调增加的，但它们增加的快慢是不同的. 图 5.5-1（a）中的曲线向下弯曲，函数增加得越来越慢；图 5.5-1（b）中的曲线向上弯曲，函数增加得越来越快.

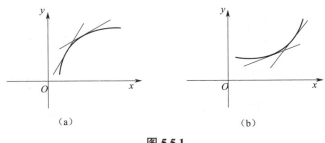

图 5.5.1

从图 5.5.1（a）中可以看出，向下弯曲的曲线弧位于它的任意一点处的切线的下方；从图 5.5.1（b）中可以看出，向上弯曲的曲线弧位于它的任意一点处的切线的上方. 因此可以用曲线弧与切线的相对位置来刻画曲线的这种特性.

5.5.1　曲线的凹向

定义 5.5.1　设函数 $f(x)$ 在区间 I 内可导. 若对任意的点 $x_0 \in I$，曲线 $y = f(x)$ 都位于过其上点 $M(x_0, f(x_0))$ 处的切线的上（下）方，即有

$$f(x) > (<) f(x_0) + f'(x_0) \cdot (x - x_0)（x \in I），$$

则称 $f(x)$ 为区间 I 内的**上（下）凹函数**，并称曲线 $y = f(x)$ 在区间 I 内是**上（下）凹**的.

从图 5.5.1 还可看出，下凹曲线弧上各点的切线斜率 $\tan \alpha = f'(x)$（α 为切线的倾角）随着 x 的增大而减小，即 $f'(x)$ 是严格单调减少函数；上凹曲线弧上各点的切线斜率 $f'(x)$ 随着 x 的增大而增大，即 $f'(x)$ 是严格单调增加函数. 由此可得曲线凹向的判别法.

定理 5.5.1 设函数 $f(x)$ 在区间 I 内可导. 则有

（1）若 $f'(x)$ 在区间 I 内是严格单调减少函数，则曲线 $y = f(x)$ 在区间 I 内是下凹的；

（2）若 $f'(x)$ 在区间 I 内是严格单调增加函数，则曲线 $y = f(x)$ 在区间 I 内是上凹的；

（3）若 $f'(x)$ 在区间 I 内是常函数，则曲线 $y = f(x)$ 在区间 I 内是直线.

这样，对可导函数 $f(x)$，曲线 $y = f(x)$ 凹向的判定就归结为对其导函数 $f'(x)$ 的严格单调性的判定. 由定理 5.4.1 与定理 5.5.1，可得如下推论.

推论 5.5.1　设函数 $f(x)$ 在区间 I 内二阶可导. 若对于任意的 $x \in I$，总有

（1）$f''(x) < 0$，则曲线 $y = f(x)$ 在区间 I 内是下凹的；

（2）$f''(x) > 0$，则曲线 $y = f(x)$ 在区间 I 内是上凹的

（3）$f''(x) = 0$，则曲线 $y = f(x)$ 在区间 I 内是直线，即 $y = kx + b$.

5.5.2　曲线的拐点

定义 5.5.2　连续曲线 $y = f(x)$ 凹向的转折点，即上凹曲线弧与下凹曲线弧的分界点，称为曲线 $y = f(x)$ 的**拐点**.

特别应注意，拐点是曲线 $y = f(x)$ 上的点，因此拐点坐标需用横坐标与纵坐标同时表示. 对于函数 $f(x)$ 来说，是不存在拐点的概念的.

对于可导函数 $f(x)$，曲线 $y = f(x)$ 的凹向等价于其导函数 $f'(x)$ 的严格单调性，所以曲

线 $y = f(x)$ 的拐点的横坐标就相当于函数 $f'(x)$ 的极值点. 因而曲线 $y = f(x)$ 的拐点的横坐标只可能出现于函数 $f'(x)$ 的临界点处, 也就是使 $f''(x) = 0$ 或使 $f''(x)$ 不存在的点处.

定理 5.5.2　设函数 $f(x)$ 在点 x_0 处连续, 在点 x_0 的某空心邻域 $\overset{\circ}{U}(x_0, \delta)$ $(\delta > 0)$ 内二阶可导. 则有

（1）若函数 $f''(x)$ 在区间 $(x_0 - \delta, x_0)$ 与 $(x_0, x_0 + \delta)$ 内符号相异, 则点 $(x_0, f(x_0))$ 为曲线 $y = f(x)$ 的拐点;

（2）若函数 $f''(x)$ 在区间 $(x_0 - \delta, x_0)$ 与 $(x_0, x_0 + \delta)$ 内符号相同, 则点 $(x_0, f(x_0))$ 不是曲线 $y = f(x)$ 的拐点.

综合推论 5.5.1 与定理 5.5.2 可知, 若连续函数 $f(x)$ 在它的定义区间内除有限个点外均具有二阶导数, 则可以按照下列步骤求曲线 $y = f(x)$ 的凹向与拐点.

（1）**确定定义域**: 求出函数 $f(x)$ 的定义域.

（2）**求导**: 求出函数 $f(x)$ 的二阶导数 $f''(x)$.

（3）**求函数 $f'(x)$ 的临界点**: 求出函数 $f'(x)$ 的全部临界点, 即求出所有使 $f''(x) = 0$ 或使 $f''(x)$ 不存在的点 x.

（4）**列表判断**: 用（3）中所求各点将定义域划分为若干个小区间; 确定 $f''(x)$ 在每个小区间上的符号; 确定函数 $f(x)$ 在每个小区间上的凹向（用 "$\cap$" 与 "$\cup$" 分别表示下凹曲线弧与上凹曲线弧）; 判断（3）中所求各点是否为拐点并求出拐点的坐标.

（5）**得出结论**: 根据题目要求写出相应的结论.

例 5.5.1　确定曲线 $y = (x-1)^4(x-6)$ 的凹向区间和拐点.

解　（1）函数 $f(x)$ 的定义域为 $(-\infty, +\infty)$.

（2）$y' = 4(x-1)^3(x-6) + (x-1)^4 = 5(x-1)^3(x-5)$,

$\qquad y'' = 15(x-1)^2(x-5) + 5(x-1)^3 = 20(x-1)^2(x-4)$.

（3）令 $y'' = 0$, 得 $x = 1$, $x = 4$.

（4）列表如下.

x	$(-\infty, 1)$	1	$(1, 4)$	4	$(4, +\infty)$
$f''(x)$	$-$	0	$-$	0	$+$
$f(x)$	$\cap$		$\cap$	拐点 $(4, -162)$	$\cup$

（5）结论: 曲线 $y = f(x)$ 的下凹区间是 $(-\infty, 4)$, 上凹区间是 $(4, +\infty)$; 曲线 $y = f(x)$ 的拐点坐标是 $(4, -162)$.

例 5.5.2　确定曲线 $f(x) = \sqrt[3]{2x^2 - x^3}$ 的凹向区间和拐点.

解　（1）函数 $f(x)$ 的定义域为 $(-\infty, +\infty)$.

（2）$f'(x) = \dfrac{1}{3}[x(2-x)^2]^{-\frac{1}{3}} \cdot (4 - 3x)$,

$\qquad f''(x) = -\dfrac{8}{9x^{\frac{4}{3}} \cdot (2-x)^{\frac{5}{3}}}$.

（3）使 $f''(x)$ 不存在的点为 $x=0$ 和 $x=2$．

（4）列表如下.

x	$(-\infty,0)$	0	$(0,2)$	2	$(2,+\infty)$
$f''(x)$	$-$	不存在	$-$	不存在	$+$
$f(x)$	$\cap$		$\cap$	拐点$(2,0)$	$\cup$

（5）结论：曲线 $y=f(x)$ 的下凹区间是 $(-\infty,2)$ ，上凹区间是 $(2,+\infty)$ ；曲线 $y=f(x)$ 的拐点坐标是 $(2,0)$ ．

5.6　平面图形的面积

求平面图形的面积是最有价值的问题之一,但在初等数学中只会求直线或圆所围成的规则图形的面积,而积分法则使求平面图形的面积这个问题得到了较为彻底的解决.

5.6.1　定积分的几何意义

设函数 $f(x)$ 在闭区间 $[a,b]$ 上可积且 $f(x)\geqslant 0$ ，则由 2.1.2 节与定积分的定义可知,定积分 $\int_a^b f(x)\mathrm{d}x$ 在几何上表示由曲线 $y=f(x)$ 、x 轴以及两直线 $x=a$ 、$x=b$ 所围成的曲边梯形的面积（ 图 5.6.1 中阴影部分 ）．

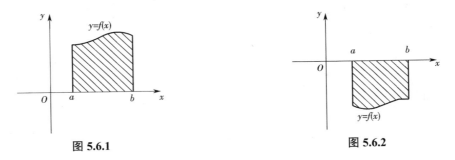

图 5.6.1　　　　　　　　　　　　　图 5.6.2

设函数 $f(x)$ 在闭区间 $[a,b]$ 上可积且 $f(x)\leqslant 0$ ，则定积分 $\int_a^b [-f(x)]\mathrm{d}x$ 在几何上表示由曲线 $y=f(x)$ 、x 轴以及两直线 $x=a$ 、$x=b$ 所围成的曲边梯形的面积. 此时该曲边梯形在 x 轴下方（ 图 5.6.2 中阴影部分 ）．

设函数 $f(x)$ 在闭区间 $[a,b]$ 上可积,且函数 $f(x)$ 在闭区间 $[a,b]$ 上的值有正有负. 这时,函数 $f(x)$ 图形的某些部分在 x 轴上方,其余部分在 x 轴下方. 此时,定积分 $\int_a^b |f(x)|\mathrm{d}x$ 在几何意义上表示由曲线 $y=f(x)$ 、x 轴及两直线 $x=a$ 、$x=b$ 所围成的平面图形位于 x 轴上方部分的面积加上位于 x 轴下方部分的面积（ 图 5.6.3 中阴影部分 ）．

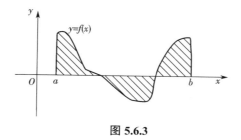

图 5.6.3

综上所述,设函数 $f(x)$ 在闭区间 $[a,b]$ 上可积,且由曲线 $y=f(x)$ 、x 轴以及两直线 $x=a$ 、$x=b$ 所围成的曲边梯形的面积为 S ,则

$$S=\int_a^b |f(x)|\,\mathrm{d}x\ .\tag{5.6.1}$$

例 5.6.1　求正弦曲线 $y=\sin x$ 在闭区间 $[0,2\pi]$ 上的一段与 x 轴所围成的图形的面积.

解　所围成的图形如图 5.6.4 中阴影部分所示. 故所求面积为

$$S=\int_0^{2\pi} |\sin x|\,\mathrm{d}x=\int_0^{\pi}\sin x\,\mathrm{d}x-\int_{\pi}^{2\pi}\sin x\,\mathrm{d}x$$
$$=-\cos x\Big|_0^{\pi}+\cos x\Big|_{\pi}^{2\pi}=4\ .$$

图 5.6-4

5.6.2　平面图形的面积及应用

设函数 $f(x)$ 、$g(x)$ 在闭区间 $[a,b]$ 上可积,则由两曲线 $y=f(x)$ 、$y=g(x)$ 与两直线 $x=a$ 、$x=b$ 所围成的平面图形(图 5.6.5 中阴影部分)的面积为

$$S=\int_a^b |f(x)-g(x)|\,\mathrm{d}x\ .\tag{5.6.2}$$

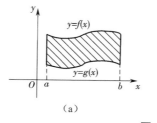
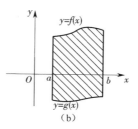

（a）　　　　　　　　　　　　　（b）

图 5.6.5

设函数 $f(y)$ 、$g(y)$ 在闭区间 $[c,d]$ 上可积,则由两曲线 $x=f(y)$ 、$x=g(y)$ 及直线 $y=c$ 、$y=d$ 所围成的平面图形(图 5.6.6 中阴影部分)的面积为

$$S=\int_c^d |f(y)-g(y)|\,\mathrm{d}y\ .\tag{5.6.3}$$

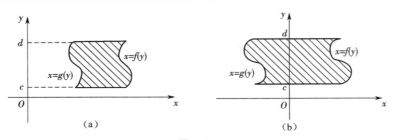

图 5.6.6

例 5.6.2 求两条抛物线 $y^2 = x$, $y = x^2$ 所围成的平面图形的面积.

解 所围成的图形如图 5.6.7 中阴影部分所示.

解方程组 $\begin{cases} y = x^2 \\ y^2 = x \end{cases}$ 得 $x = 0$, $x = 1$.

故所求面积为

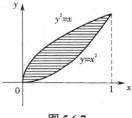

图 5.6.7

$$S = \int_0^1 \left| \sqrt{x} - x^2 \right| dx = \int_0^1 (\sqrt{x} - x^2) dx$$

$$= (\frac{2}{3} x^{\frac{3}{2}} - \frac{1}{3} x^3) \Big|_0^1 = \frac{1}{3} .$$

例 5.6.3 求曲线 $y = \sin x$ 与 $y = \sin 2x$ 在闭区间 $[0, \pi]$ 上所围成的平面图形的面积.

解 所围成的图形如图 5.6.8 中阴影部分所示.

解方程组 $\begin{cases} y = \sin x \\ y = \sin 2x \end{cases}$ 得 $x = 0$, $x = \frac{\pi}{3}$, $x = \pi$.

故所求面积为

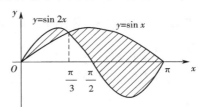

图 5.6.8

$$S = \int_0^\pi \left| \sin x - \sin 2x \right| dx$$

$$= \int_0^{\frac{\pi}{3}} (\sin 2x - \sin x) dx + \int_{\frac{\pi}{3}}^\pi (\sin x - \sin 2x) dx$$

$$= (-\frac{1}{2} \cos 2x + \cos x) \Big|_0^{\frac{\pi}{3}} + (-\cos x + \frac{1}{2} \cos 2x) \Big|_{\frac{\pi}{3}}^\pi = \frac{5}{2} .$$

例 5.6.4 求由抛物线 $y^2 = 2x$ 与直线 $x - y = 4$ 所围成的平面图形的面积.

解 所围成的图形如图 5.6.9 中阴影部分所示.

解方程组 $\begin{cases} y^2 = 2x \\ x - y = 4 \end{cases}$ 得 $y_1 = -2, y_2 = 4$.

故所求面积为

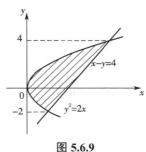

图 5.6.9

$$S = \int_{-2}^4 \left| (y+4) - \frac{1}{2} y^2 \right| dy = \int_{-2}^4 [(y+4) - \frac{1}{2} y^2] dy$$

$$= (\frac{1}{2} y^2 + 4y - \frac{1}{6} y^3) \Big|_{-2}^4 = 18 .$$

5.6.3* 参数方程形式下的面积公式

设曲边梯形的曲边 $y = f(x)$ $(f(x) \geqslant 0, a \leqslant x \leqslant b)$ 由参数方程 $x = \varphi(t)$、$y = \psi(t)$ $(\alpha \leqslant t \leqslant \beta)$ 给出,其中 $\varphi'(t)$,$\psi'(t)$ 为闭区间 $[\alpha, \beta]$ 上的连续函数.并且,当变量 x 从 a 变化到 b 时,参数 t 相应地从 α 变化到 β.

将 $x = \varphi(t)$,$f(x) = y = \psi(t)$ 代入式(5.6.1),得

$$S = \int_a^b f(x)\mathrm{d}x = \int_\alpha^\beta \psi(t)\mathrm{d}[\varphi(t)] = \int_\alpha^\beta \psi(t)\varphi'(t)\mathrm{d}t .$$ 　　(5.6.4)

例 5.6.5 求椭圆 $\dfrac{x^2}{a^2} + \dfrac{y^2}{b^2} = 1$ 的面积.

解 因椭圆 $\dfrac{x^2}{a^2} + \dfrac{y^2}{b^2} = 1$ 关于 x 轴、y 轴都是对称的,所以它的面积是它位于第一象限内的部分的面积的 4 倍(图 5.6.10 中阴影部分).

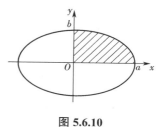

图 5.6.10

椭圆的参数方程为 $x = a\cos t$、$y = b\sin t$,且 $x = 0$ 时,$t = \dfrac{\pi}{2}$;$x = a$ 时,$t = 0$.

故所求椭圆的面积为

$$S = 4\int_{\frac{\pi}{2}}^0 b\sin t(-a\sin t)\mathrm{d}t = 2ab\int_0^{\frac{\pi}{2}}(1 - \cos 2t)\mathrm{d}t$$

$$= 2ab\left(t - \frac{1}{2}\sin 2t\right)\Big|_0^{\frac{\pi}{2}} = \pi ab .$$

5.7* 积分中值定理

5.7.1 定积分的估值不等式

在下面的讨论中,假定所遇到的函数 $f(x)$、$g(x)$ 在闭区间 $[a, b]$ 上都是可积的.

定理 5.7.1 在闭区间 $[a, b]$ 上,若函数 $f(x) \geqslant 0$,则 $\int_a^b f(x)\mathrm{d}x \geqslant 0$.

推论 5.7.1 在闭区间 $[a, b]$ 上,若函数 $f(x) \geqslant g(x)$,则 $\int_a^b f(x)\mathrm{d}x \geqslant \int_a^b g(x)\mathrm{d}x$.

证明 因为在闭区间 $[a, b]$ 上有函数 $f(x) - g(x) \geqslant 0$,因此由定理 5.7.1 得

$$\int_a^b [f(x) - g(x)]\mathrm{d}x = \int_a^b f(x)\mathrm{d}x - \int_a^b g(x)\mathrm{d}x \geqslant 0 ,$$

所以　　　$\int_a^b f(x)\mathrm{d}x \geqslant \int_a^b g(x)\mathrm{d}x$.

例 5.7.1 不计算定积分的值,比较定积分 $\int_1^2 x\ln x\mathrm{d}x$ 与 $\int_1^2 \sqrt{x}\ln x\mathrm{d}x$ 的大小.

解 因为当 $x \in [1, 2]$ 时,有 $\ln x \geqslant 0$,$x \geqslant \sqrt{x}$,当且仅当 $x = 1$ 时等号成立.所以
$x\ln x \geqslant \sqrt{x}\ln x$ (当且仅当 $x = 1$ 时等号成立).

由推论 5.7.1 知，$\int_1^2 x \ln x \mathrm{d}x > \int_1^2 \sqrt{x} \ln x \mathrm{d}x$.

推论 5.7.2　若 M 和 m 分别是函数 $f(x)$ 在闭区间 $[a,b]$ 上的最大值和最小值，则

$$m(b-a) \leqslant \int_a^b f(x)\mathrm{d}x \leqslant M(b-a) .\tag{5.7.1}$$

证明　因为在闭区间 $[a,b]$ 上有 $m \leqslant f(x) \leqslant M$，所以由推论 5.7.1 得

$$\int_a^b m\mathrm{d}x \leqslant \int_a^b f(x)\mathrm{d}x \leqslant \int_a^b M\mathrm{d}x .$$

而　　　　　$\int_a^b m\mathrm{d}x = m(b-a)$ ，$\int_a^b M\mathrm{d}x = M(b-a)$ ，

因此　　　　$m(b-a) \leqslant \int_a^b f(x)\mathrm{d}x \leqslant M(b-a)$.

式（5.7.1）称为**定积分的估值不等式**. 它表明，当定积分不能用或不宜用牛顿-莱布尼茨公式求值时，可以用被积函数在积分区间上的最大值和最小值来估计该定积分的值.

例 5.7.2　估计定积分 $\int_{-1}^2 \mathrm{e}^{-x^2}\mathrm{d}x$ 的取值范围.

解　$f'(x) = (\mathrm{e}^{-x^2})' = -2x\mathrm{e}^{-x^2}$.

令 $f'(x) = 0$ ，得驻点 $x = 0 \in (-1,2)$.

因为 $f(0) = 1$ ，$f(-1) = \mathrm{e}^{-1}$ ，$f(2) = \mathrm{e}^{-4}$ ，所以

$$m = f(2) = \mathrm{e}^{-4}, M = f(0) = 1 .$$

从而　　　　$3\mathrm{e}^{-4} \leqslant \int_{-1}^2 \mathrm{e}^{-x^2}\mathrm{d}x \leqslant 3$.

5.7.2　积分中值定理的定义

推论 5.7.3　若函数 $f(x)$ 在闭区间 $[a,b]$ 上连续，则至少存在一点 $\xi \in [a,b]$ ，使

$$\int_a^b f(x)\mathrm{d}x = f(\xi)(b-a) .\tag{5.7.2}$$

证明　因为函数 $f(x)$ 在闭区间 $[a,b]$ 上连续，由定理 5.1.2 知，函数 $f(x)$ 在区间 $[a,b]$ 上有最小值 m 和最大值 M ，即

$$m \leqslant f(x) \leqslant M .$$

由推论 5.7.2，得

$$m(b-a) \leqslant \int_a^b f(x)\mathrm{d}x \leqslant M(b-a) ,$$

因此　　　　$m \leqslant \dfrac{1}{b-a}\int_a^b f(x)\mathrm{d}x \leqslant M$.

这表明 $\dfrac{1}{b-a}\int_a^b f(x)\mathrm{d}x$ 是介于函数 $f(x)$ 在闭区间 $[a,b]$ 上的最小值 m 和最大值 M 之间的一个数. 由定理 5.1.3 知，至少存在一点 $\xi \in [a,b]$ ，使

$$f(\xi) = \frac{1}{b-a}\int_a^b f(x)\mathrm{d}x ,\tag{5.7.3}$$

即　　　　　$\int_a^b f(x)dx = f(\xi)(b-a)$.

推论 5.7.3 通常称为**积分中值定理**，其中式（5.7.2）称为**积分中值公式**.

积分中值定理的几何意义是对于以连续曲线 $y = f(x)$ $(a \le x \le b, f(x) \ge 0)$ 为曲边的曲边梯形,至少存在一个以 $f(\xi)$ $(a \le \xi \le b)$ 为高, $b - a$ 为宽的矩形,使矩形的面积与曲边梯形的面积相等(图 5.7.1).

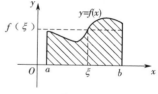

图 5.7.1

式(5.7.3)中的 $\dfrac{1}{b-a}\displaystyle\int_a^b f(x)\mathrm{d}x$ 称为连续函数 $f(x)$ 在闭区间 $[a,b]$ 上的**积分均值**,它是有限个数的算术平均值的推广.

可以证明,连续函数 $f(x)$ 在闭区间 $[a,b]$ 上的**函数平均值**(即所取得的一切值的平均值,记作 $\bar{y}$)就是函数 $f(x)$ 在闭区间 $[a,b]$ 上的积分均值,即

$$\bar{y} = \frac{1}{b-a}\int_a^b f(x)\mathrm{d}x . \tag{5.7.4}$$

例 5.7.3　计算函数 $y = \sin x$ 在闭区间 $[0, \pi]$ 上的函数平均值 $\bar{y}$.

解　$\bar{y} = \dfrac{1}{\pi - 0}\displaystyle\int_0^\pi \sin x\,\mathrm{d}x = \dfrac{1}{\pi}(-\cos x)\Big|_0^\pi = \dfrac{2}{\pi}$.

5.8　变上限积分

5.8.1　变上限积分的概念

设函数 $f(x)$ 在闭区间 $[a,b]$ 上连续,在闭区间 $[a,b]$ 上任取一点 x . 因为函数 $f(x)$ 在闭区间 $[a,x]$ 上连续,所以积分 $\displaystyle\int_a^x f(t)\mathrm{d}t$ 存在. 当积分上限 x 在闭区间 $[a,b]$ 上变化时,对于每一个取定的 x 值,积分 $\displaystyle\int_a^x f(t)\mathrm{d}t$ 都有一个唯一确定的数值与之相对应,即积分 $\displaystyle\int_a^x f(t)\mathrm{d}t$ 的值随 x 的变化而变化. 由函数的定义知,积分 $\displaystyle\int_a^x f(t)\mathrm{d}t$ 在闭区间 $[a,b]$ 上是积分上限 x 的函数,通常把它记作 $\varPhi(x)$,即

$$\varPhi(x) = \int_a^x f(t)\mathrm{d}t, \quad x \in [a,b] . \tag{5.8.1}$$

函数 $\varPhi(x)$ 通常称为**变上限积分**或**积分上限函数**.

关于变上限积分有下面重要的微积分基本定理.

5.8.2　微积分基本定理

定理 5.8.1　设函数 $f(x)$ 在闭区间 $[a,b]$ 上连续,则积分上限函数 $\varPhi(x) = \displaystyle\int_a^x f(t)\mathrm{d}t$ 在闭区间 $[a,b]$ 上可导,且其导数就是函数 $f(x)$,即

$$\varPhi'(x) = \frac{\mathrm{d}}{\mathrm{d}x}\int_a^x f(t)\mathrm{d}t = f(x) . \tag{5.8.2}$$

虽然导数和定积分都是通过极限定义的,可是这两类极限从形式上看相差甚远,不能直接看出导数与定积分之间有什么联系. 但是,由变上限积分导出的微积分基本定理把导数和定积分这两个表面上看起来似乎毫不相干的概念紧密地联系起来. 微积分基本定理表明了导数与定积分的内在联系,即连续函数的变上限积分对积分上限的导数等于被积函数在积

分上限处的值.

由原函数定义和微积分基本定理知,当被积函数连续时,其变上限积分就是它的一个原函数. 这也就证明了原函数存在定理(定理 4.2.1).

下面用微积分基本定理证明牛顿-莱布尼茨公式.

例 5.8.1 设函数 $f(x)$ 在闭区间 $[a,b]$ 上连续,且在闭区间 $[a,b]$ 上有 $F'(x)=f(x)$,证明: $\int_a^b f(x)\mathrm{d}x = F(b)-F(a)$.

证明 因为函数 $f(x)$ 在闭区间 $[a,b]$ 上连续,所以函数 $\Phi(x)=\int_a^x f(t)\mathrm{d}t$ 为函数 $f(x)$ 在闭区间 $[a,b]$ 上的一个原函数.

又因为 $F'(x)=f(x)$,所以函数 $F(x)$ 也是函数 $f(x)$ 在闭区间 $[a,b]$ 上的一个原函数.

由定理 4.2.1 知, $\Phi(x)=F(x)+C$.

取 $x=a$,得 $F(a)+C=\Phi(a)=\int_a^a f(t)\mathrm{d}t=0 \Rightarrow C=-F(a)$;

再取 $x=b$,得 $\Phi(b)=\int_a^b f(t)\mathrm{d}t=F(b)+C=F(b)-F(a)$,即

$$\int_a^b f(x)\mathrm{d}x = F(b)-F(a) .$$

由牛顿-莱布尼茨公式知,若函数 $f(x)$ 在闭区间 $[a,b]$ 上可导,则当 $x\in[a,b]$ 时,有

$$\int_a^x f'(t)\mathrm{d}t = f(t)\big|_a^x = f(x)-f(a) ,$$

即 $\qquad f(x)=\int_a^x f'(t)\mathrm{d}t + f(a)$. $\hfill$ (5.8.3)

式(5.8.3)即为函数 $f(x)$ 在闭区间 $[a,b]$ 上的**积分形式表达式**.

例如,函数 $f(x)=\int_0^x 2t\mathrm{d}t$ $(x\in(-\infty,+\infty))$ 即为函数 $f(x)=x^2$ 的积分形式表达式,而函数 $f(x)=x^2$ 则为函数 $f(x)=\int_0^x 2t\mathrm{d}t$ $(x\in(-\infty,+\infty))$ 的非积分形式表达式.

例 5.8.2 求导数 $\dfrac{\mathrm{d}}{\mathrm{d}x}\int_x^0 \ln(1+t^2)\mathrm{d}t$.

解 $\dfrac{\mathrm{d}}{\mathrm{d}x}\int_x^0 \ln(1+t^2)\mathrm{d}t = \dfrac{\mathrm{d}}{\mathrm{d}x}[-\int_0^x \ln(1+t^2)\mathrm{d}t] = -\ln(1+x^2)$.

例 5.8.3 求导数 $\dfrac{\mathrm{d}}{\mathrm{d}x}\int_0^{x^2} \mathrm{e}^{-t^2}\mathrm{d}t$.

解 $\dfrac{\mathrm{d}}{\mathrm{d}x}\int_0^{x^2} \mathrm{e}^{-t^2}\mathrm{d}t = \mathrm{e}^{-(x^2)^2}\cdot(x^2)' = 2x\mathrm{e}^{-x^4}$.

例 5.8.4 求导数 $\dfrac{\mathrm{d}}{\mathrm{d}x}\int_x^{x^2} \sin t^2\mathrm{d}t$.

解 $\dfrac{\mathrm{d}}{\mathrm{d}x}\int_x^{x^2} \sin t^2\mathrm{d}t = \dfrac{\mathrm{d}}{\mathrm{d}x}(\int_0^{x^2} \sin t^2\mathrm{d}t - \int_0^x \sin t^2\mathrm{d}t)$

$= \sin(x^2)^2\cdot(x^2)' - \sin x^2 = 2x\sin x^4 - \sin x^2$.

例 5.8.5 设 $\int_0^x f(t^2)\mathrm{d}t = x^3$,求定积分 $\int_0^2 f(x)\mathrm{d}x$ 的值.

解 由 $\dfrac{\mathrm{d}}{\mathrm{d}x}\int_0^x f(t^2)\mathrm{d}t = (x^3)'$,得 $f(x^2)=3x^2$,即 $f(x)=3x$. 所以

$$\int_0^2 f(x)\mathrm{d}x = \int_0^2 3x\mathrm{d}x = \frac{3}{2}x^2\Big|_0^2 = 6 \ .$$

例 5.8.6　求极限 $\lim\limits_{x\to 0}\dfrac{\int_0^{x^2}\sin t^2\mathrm{d}t}{x^6}$ 的值.

解　$\lim\limits_{x\to 0}\dfrac{\int_0^{x^2}\sin t^2\mathrm{d}t}{x^6} = \lim\limits_{x\to 0}\dfrac{(\int_0^{x^2}\sin t^2\mathrm{d}t)'}{(x^6)'} = \lim\limits_{x\to 0}\dfrac{\sin x^4\cdot 2x}{6x^5} = \dfrac{1}{3}\lim\limits_{x\to 0}\dfrac{\sin x^4}{x^4} = \dfrac{1}{3} \ .$

例 5.8.7　设函数 $f(x) = \int_{-1}^x t\mathrm{e}^{|t|}\mathrm{d}t$,求函数 $f(x)$ 在闭区间 $[-1,1]$ 上的最值.

解　（1）$f'(x) = \dfrac{\mathrm{d}}{\mathrm{d}x}\int_{-1}^x t\mathrm{e}^{|t|}\mathrm{d}t = x\mathrm{e}^{|x|}$.

令 $f'(x) = 0$,得驻点 $x = 0$.

（2）$f(-1) = \int_{-1}^{-1} t\mathrm{e}^{|t|}\mathrm{d}t = 0$;$f(1) = \int_{-1}^{1} t\mathrm{e}^{|t|}\mathrm{d}t = 0$;

$$f(0) = \int_{-1}^0 t\mathrm{e}^{|t|}\mathrm{d}t = \int_{-1}^0 t\mathrm{e}^{-t}\mathrm{d}t = -(t\mathrm{e}^{-t}+\mathrm{e}^{-t})\Big|_{-1}^0 = -1 \ .$$

（3）比较所求各函数值,得函数 $f(x)$ 在闭区间 $[-1,1]$ 上的最大值为 $f(-1) = f(1) = 0$,最小值为 $f(0) = -1$.

例 5.8.8*　设函数 $F(x) = \int_a^x f(t)\mathrm{d}t + \int_b^x \dfrac{1}{f(t)}\mathrm{d}t, x\in[a,b]$,其中函数 $f(x)$ 在闭区间 $[a,b]$ 上连续,且 $f(x) > 0$,证明:方程 $F(x) = 0$ 在开区间 (a,b) 内有且仅有一个根.

证明　因为函数 $f(x)$ 在闭区间上 $[a,b]$ 连续,且 $f(x) > 0$,所以函数 $\int_a^x f(t)\mathrm{d}t$ 与函数 $\int_b^x \dfrac{1}{f(t)}\mathrm{d}t$ 均为闭区间 $[a,b]$ 上的可导函数,故函数 $F(x) = \int_a^x f(t)\mathrm{d}t + \int_b^x \dfrac{1}{f(t)}\mathrm{d}t$ 在闭区间 $[a,b]$ 上连续.

又因为 $F(b) = \int_a^b f(t)\mathrm{d}t > 0$, $F(a) = \int_b^a \dfrac{1}{f(t)}\mathrm{d}t = -\int_a^b \dfrac{1}{f(t)}\mathrm{d}t < 0$,所以由零点定理知,至少存在一点 $\xi\in(a,b)$,使得 $F(\xi) = 0$.即方程 $F(x) = 0$ 在开区间 (a,b) 内至少有一个根.

因为函数 $f(x) > 0$,所以有

$$F'(x) = \frac{\mathrm{d}}{\mathrm{d}x}[\int_a^x f(t)\mathrm{d}t + \int_b^x \frac{1}{f(t)}\mathrm{d}t] = f(x) + \frac{1}{f(x)} > 0 \ ,$$

所以函数 $F(x)$ 在闭区间 $[a,b]$ 上是严格单调增加函数,从而方程 $F(x) = 0$ 在开区间 (a,b) 内至多有一个根.

综上所述,方程 $F(x) = 0$ 在开区间 (a,b) 内有且仅有一个根.

例 5.8.9*　求满足下列方程的连续函数 $f(x)$ 的解析式:

（1）$\int_0^x tf(x-t)\mathrm{d}t = 1 - \cos x$;　　　　　　（2）$\int_0^1 f(xt)\mathrm{d}t = f(x) + x\sin x$.

解　（1）设 $u = x - t$,则 $t = x - u$, $\mathrm{d}t = \mathrm{d}(x-u) = -\mathrm{d}u$.当 $t = 0$ 时,$u = x$;当 $t = x$ 时,$u = 0$.

$$\int_0^x tf(x-t)\mathrm{d}t = -\int_x^0 (x-u)f(u)\mathrm{d}u = x\int_0^x f(u)\mathrm{d}u - \int_0^x uf(u)\mathrm{d}u \ ,$$

即 $\quad x\int_0^x f(u)\mathrm{d}u - \int_0^x uf(u)\mathrm{d}u = 1 - \cos x$.

所以 $\quad \dfrac{\mathrm{d}}{\mathrm{d}x}[x\int_0^x f(u)\mathrm{d}u - \int_0^x uf(u)\mathrm{d}u] = (1 - \cos x)'$,

即 $\quad \int_0^x f(u)\mathrm{d}u + xf(x) - xf(x) = \sin x \Rightarrow \int_0^x f(u)\mathrm{d}u = \sin x$,

所以 $\quad \dfrac{\mathrm{d}}{\mathrm{d}x}\int_0^x f(u)\mathrm{d}u = (\sin x)' \Rightarrow f(x) = \cos x$.

（2）设 $u = xt$ ，则 $t = \dfrac{u}{x}$ ， $\mathrm{d}t = \mathrm{d}(\dfrac{u}{x}) = \dfrac{1}{x}\mathrm{d}u$ ．当 $t = 0$ 时， $u = 0$ ；当 $t = 1$ 时， $u = x$ ．

$$\int_0^1 f(xt)\mathrm{d}t = \frac{1}{x}\int_0^x f(u)\mathrm{d}u = f(x) + x\sin x ,$$

即 $\quad \int_0^x f(u)\mathrm{d}u = x[f(x) + x\sin x]$.

所以 $\quad \dfrac{\mathrm{d}}{\mathrm{d}x}\int_0^x f(u)\mathrm{d}u = \dfrac{\mathrm{d}}{\mathrm{d}x}[xf(x) + x^2\sin x]$

整理得 $\quad f'(x) = -2\sin x - x\cos x$.

所以 $\quad f(x) = \int f'(x)\mathrm{d}x = \int(-2\sin x - x\cos x)\mathrm{d}x = \cos x - x\sin x + C$.

5.9 无穷区间上的广义积分

定义 5.9.1 设函数 $f(x)$ 在无穷区间 $[a, +\infty)$ 上连续，则对每一个 $t \geq a$ ，都有积分

$$I(t) = \int_a^t f(x)\mathrm{d}x$$

存在. 当 $t \to +\infty$ 时，将

$$\lim_{t \to +\infty} I(t) = \lim_{t \to +\infty}\int_a^t f(x)\mathrm{d}x$$

称为函数 $f(x)$ 在无穷区间 $[a, +\infty)$ 上的**广义积分**，记作

$$\int_a^{+\infty} f(x)\mathrm{d}x ,$$

即 $\quad \int_a^{+\infty} f(x)\mathrm{d}x = \lim_{t \to +\infty}\int_a^t f(x)\mathrm{d}x$.

若极限 $\lim\limits_{t \to +\infty}\int_a^t f(x)\mathrm{d}x$ 存在，则称广义积分 $\int_a^{+\infty} f(x)\mathrm{d}x$ **存在**或**收敛**；若极限 $\lim\limits_{t \to +\infty}\int_a^t f(x)\mathrm{d}x$ 不存在，则称广义积分 $\int_a^{+\infty} f(x)\mathrm{d}x$ **不存在**或**发散**.

定义 5.9.2 设函数 $f(x)$ 在无穷区间 $(-\infty, b]$ 上连续，则对每一个 $u \leq b$ ，都有积分 $\int_u^b f(x)\mathrm{d}x$ 存在，称

$$\int_{-\infty}^b f(x)\mathrm{d}x = \lim_{u \to -\infty}\int_u^b f(x)\mathrm{d}x$$

为函数 $f(x)$ 在无穷区间 $(-\infty, b]$ 上的**广义积分**.

若极限 $\lim\limits_{u \to -\infty}\int_u^b f(x)\mathrm{d}x$ 存在，则称广义积分 $\int_{-\infty}^b f(x)\mathrm{d}x$ **存在**或**收敛**；若极限 $\lim\limits_{u \to -\infty}\int_u^b f(x)\mathrm{d}x$

不存在,则称广义积分 $\int_{-\infty}^{b} f(x)\mathrm{d}x$ **不存在**或**发散**.

类似地,若函数 $f(x)$ 在无穷区间 $(-\infty,+\infty)$ 上连续,则定义两个广义积分 $\int_{a}^{+\infty} f(x)\mathrm{d}x$ 与 $\int_{-\infty}^{a} f(x)\mathrm{d}x$ 之和为函数 $f(x)$ 在 $(-\infty,+\infty)$ 上的广义积分,记作

$$\int_{-\infty}^{+\infty} f(x)\mathrm{d}x\ ,$$

即　　　　$$\int_{-\infty}^{+\infty} f(x)\mathrm{d}x = \int_{-\infty}^{a} f(x)\mathrm{d}x + \int_{a}^{+\infty} f(x)\mathrm{d}x\ .$$

若广义积分 $\int_{a}^{+\infty} f(x)\mathrm{d}x$ 与 $\int_{-\infty}^{a} f(x)\mathrm{d}x$ 都收敛,则称广义积分 $\int_{-\infty}^{+\infty} f(x)\mathrm{d}x$ 收敛;若广义积分 $\int_{a}^{+\infty} f(x)\mathrm{d}x$ 与 $\int_{-\infty}^{a} f(x)\mathrm{d}x$ 中至少有一个发散,则称广义积分 $\int_{-\infty}^{+\infty} f(x)\mathrm{d}x$ 发散.

例 5.9.1　确定下列各广义积分的敛散性:

（1）$\int_{0}^{+\infty} \dfrac{x}{1+x^2}\mathrm{d}x$;　　　　（2）$\int_{-\infty}^{1} x\mathrm{e}^{-x^2}\mathrm{d}x$;　　　　（3）$\int_{-\infty}^{+\infty} \dfrac{1}{1+x^2}\mathrm{d}x$.

解　（1）因为 $\displaystyle\lim_{t\to+\infty}\int_{0}^{t}\frac{x}{1+x^2}\mathrm{d}x = \lim_{t\to+\infty}\frac{1}{2}\int_{0}^{t}\frac{1}{1+x^2}\mathrm{d}(x^2) = \lim_{t\to+\infty}\frac{1}{2}\ln(1+x^2)\Big|_{0}^{t}$

$$= \lim_{t\to+\infty}\frac{1}{2}\ln(1+t^2) = +\infty\ ,$$

所以广义积分 $\int_{0}^{+\infty} \dfrac{x}{1+x^2}\mathrm{d}x$ 发散.

（2）因为 $\displaystyle\int_{-\infty}^{1} x\mathrm{e}^{-x^2}\mathrm{d}x = \lim_{u\to-\infty}\int_{u}^{1} x\mathrm{e}^{-x^2}\mathrm{d}x = \lim_{u\to-\infty}\frac{1}{2}\int_{u}^{1}\mathrm{e}^{-x^2}\mathrm{d}(x^2)$

$$= -\frac{1}{2}\lim_{u\to-\infty}\mathrm{e}^{-x^2}\Big|_{u}^{1} = -\frac{1}{2}(\mathrm{e}^{-1} - \lim_{u\to-\infty}\mathrm{e}^{-u^2}) = -\frac{1}{2\mathrm{e}}\ ,$$

所以广义积分 $\int_{-\infty}^{1} x\mathrm{e}^{-x^2}\mathrm{d}x$ 收敛于 $-\dfrac{1}{2\mathrm{e}}$.

（3）因为 $\displaystyle\int_{-\infty}^{+\infty} \frac{1}{1+x^2}\mathrm{d}x = \int_{-\infty}^{0} \frac{1}{1+x^2}\mathrm{d}x + \int_{0}^{+\infty} \frac{1}{1+x^2}\mathrm{d}x$

$$= \lim_{u\to-\infty}\int_{u}^{0}\frac{1}{1+x^2}\mathrm{d}x + \lim_{t\to+\infty}\int_{0}^{t}\frac{1}{1+x^2}\mathrm{d}x = \lim_{u\to-\infty}\arctan x\Big|_{u}^{0} + \lim_{t\to+\infty}\arctan x\Big|_{0}^{t}$$

$$= \lim_{u\to-\infty}(-\arctan u) + \lim_{t\to+\infty}\arctan t = -(-\frac{\pi}{2}) + \frac{\pi}{2} = \pi\ ,$$

所以广义积分 $\int_{-\infty}^{+\infty} \dfrac{1}{1+x^2}\mathrm{d}x$ 收敛于 π .

今后,为书写方便,不论是通常的定积分还是广义积分,都统一表示为牛顿-莱布尼茨公式的形式.即若函数 $f(x)$ 在闭区间 $[a,b]$ 上连续,且 $F'(x) = f(x)$,则

$$\int_{a}^{b} f(x)\mathrm{d}x = F(x)\Big|_{a}^{b} = F(b) - F(a)\ .$$

当 a 或 b 分别为 $-\infty$ 和 $+\infty$ 时,$F(-\infty)$ 和 $F(+\infty)$ 应分别理解为 $\displaystyle\lim_{x\to-\infty} F(x)$ 和 $\displaystyle\lim_{x\to+\infty} F(x)$,即

$$\int_{a}^{+\infty} f(x)\mathrm{d}x = F(x)\Big|_{a}^{+\infty} = \lim_{x\to+\infty} F(x) - F(a)\ ;$$

$$\int_{-\infty}^{b} f(x)\mathrm{d}x = F(x)\Big|_{-\infty}^{b} = F(b) - \lim_{x\to-\infty} F(x)\ ;$$

$$\int_{-\infty}^{+\infty} f(x)\mathrm{d}x = F(x)\Big|_{-\infty}^{+\infty} = \lim_{x \to +\infty} F(x) - \lim_{x \to -\infty} F(x).$$

例 5.9.2 证明:若 $a > 0$,则广义积分 $\int_a^{+\infty} \dfrac{1}{x^p}\mathrm{d}x$ 在 $p > 1$ 时收敛于 $\dfrac{a^{1-p}}{p-1}$,在 $p \leqslant 1$ 时发散.

证明 (1)当 $p = 1$ 时,因为 $\int_a^{+\infty} \dfrac{1}{x}\mathrm{d}x = \ln|x|\Big\|_a^{+\infty} = \lim_{x \to +\infty} \ln|x| - \ln|a| = +\infty$,所以广义积分

$\int_a^{+\infty} \dfrac{1}{x^p}\mathrm{d}x$ 发散.

(2)当 $p \neq 1$ 时,$\int_a^{+\infty} \dfrac{1}{x^p}\mathrm{d}x = \dfrac{1}{1-p} x^{1-p}\Big|_a^{+\infty} = \dfrac{1}{1-p} \lim_{x \to +\infty} x^{1-p} + \dfrac{a^{1-p}}{p-1}$.

当 $p > 1$ 时,因为 $\lim_{x \to +\infty} x^{1-p} = 0$,所以广义积分 $\int_a^{+\infty} \dfrac{1}{x^p}\mathrm{d}x$ 收敛于 $\dfrac{a^{1-p}}{p-1}$;

当 $p < 1$ 时,因为 $\lim_{x \to +\infty} x^{1-p} = +\infty$,所以广义积分 $\int_a^{+\infty} \dfrac{1}{x^p}\mathrm{d}x$ 发散.

综合(1)、(2)知,若 $a > 0$,则广义积分 $\int_a^{+\infty} \dfrac{1}{x^p}\mathrm{d}x$ 在 $p > 1$ 时收敛于 $\dfrac{a^{1-p}}{p-1}$,在 $p \leqslant 1$ 时发散.

5.10 微元法及其应用举例

5.10.1* 微元法

设待求量 Q 不均匀地分布在闭区间 $[a,b]$ 上,当闭区间 $[a,b]$ 给定后,待求量 Q 是一个确定的数值. 若将闭区间 $[a,b]$ 划分成 n 个小闭区间 $[x_{i-1},x_i]$ $(i = 1,2,\cdots,n)$,待求量 Q 等于各个小闭区间 $[x_{i-1},x_i]$ $(i = 1,2,\cdots,n)$ 上的部分量 ΔQ_i 的和,即 $Q = \sum_{i=1}^{n} \Delta Q_i$,则称待求量 Q 对闭区间 $[a,b]$ 具有可加性.

由定积分对区间的可加性(定理 4.1.4)知,定积分是一个对闭区间 $[a,b]$ 具有可加性的量,下面借助定积分将待求量 Q 表示出来.

在闭区间 $[a,b]$ 上任取一点 x,记函数 $Q(x)$ 为待求量 Q 分布在闭区间 $[a,x]$ 上的值. 若函数 $Q(x)$ 能表示成

$$Q(x) = \int_a^x q(t)\mathrm{d}t \quad (q(x) \text{ 在闭区间 } [a,b] \text{ 上连续}),$$

由微积分基本定理得

$$\mathrm{d}[Q(x)] = q(x)\mathrm{d}x \text{ 及 } \int_a^b q(x)\mathrm{d}x = \int_a^b \mathrm{d}[Q(x)].$$

这表明,定积分 $\int_a^b q(x)\mathrm{d}x$ 中的 $q(x)\mathrm{d}x$ 是 $Q(x)$ 的微分,而定积分 $\int_a^b q(x)\mathrm{d}x$ 是由微分 $q(x)\mathrm{d}x$ 从 a 到 b 累积而成. 因此,可按下面方法将待求量 Q 归结为定积分 $\int_a^b q(x)\mathrm{d}x$.

(1)根据具体的实际问题,恰当地选择坐标系并画出示意图. 选取合适的变量(如 x)为积分变量,并确定出积分变量的变化区间 $[a,b]$. 然后在闭区间 $[a,b]$ 上任取一个小闭区间,

将分布在小闭区间 $[x, x + dx]$ 上的部分量 ΔQ 近似地表示成 $q(x)dx$. 严格地讲, 应证明 $q(x)dx$ 是 $Q(x)$ 的微分. 但一般不知道 $Q(x)$ 的具体表达式, 故在实际问题中通常用"以不变代变"或"以直代曲"法写出 ΔQ 的近似表达式 $q(x)dx$.

（2）以 $q(x)dx$ 为被积表达式, 在闭区间 $[a, b]$ 上求定积分, 即得待求量 Q , 即

$$Q = \int_a^b q(x)dx .$$

其中, $q(x)dx$ 称为待求量 Q 的**微元**, 该方法称为**微元法**.

5.10.2　平行截面面积为已知的几何体的体积

设有一几何体, 它夹在垂直于 x 轴的两个平行平面 $x = a$ 与 $x = b$ $(a < b)$ 之间（包括与平面只交于一点的情况）, 且垂直于 x 轴的平面与该几何体相交截面面积是关于 x 的已知连续函数

$$A(x) \quad (a \leqslant x \leqslant b) ,$$

下面求该几何体的体积（图 5.10.1）.

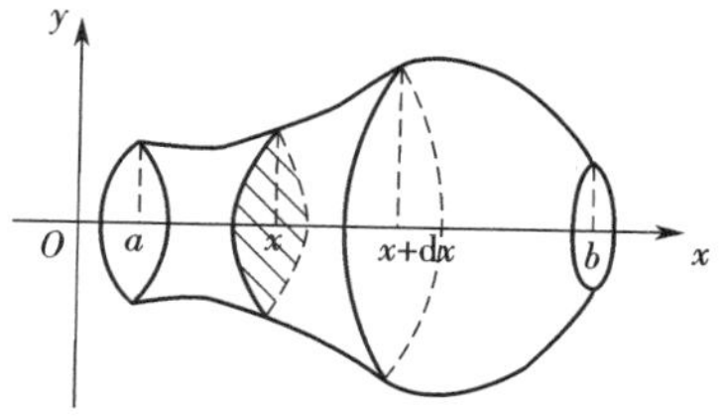

图 5.10.1

选取 x 为积分变量, 它的变化区间为闭区间 $[a, b]$. 在闭区间 $[a, b]$ 上任取小闭区间 $[x, x + dx]$, 并用该几何体在点 x 处垂直于 x 轴的截面（图 5.10.1 中阴影部分）代替该几何体在小闭区间 $[x, x + dx]$ 上每一点处垂直于 x 轴的截面, 则该几何体位于小闭区间 $[x, x + dx]$ 上薄立体片体积的近似值等于该几何体以点 x 处垂直于 x 轴的截面为底, dx 为高的扁柱体的体积 $A(x)dx$, 因此该几何体的体积微元为 $dV = A(x)dx$, 从而所求的几何体的体积为

$$V = \int_a^b A(x)dx . \tag{5.10.1}$$

由一个平面图形绕这个平面内的一条直线旋转一周所得到的几何体叫作**旋转体**, 平面内的这条直线叫作**旋转轴**. 下面计算旋转体的体积.

平面内由曲线 $y = f(x) \geqslant 0$ 、$y = g(x) \geqslant 0$ 与直线 $x = a$ 、$x = b(a < b)$ 所围成的平面图形（参见图 5.6.5（a）中阴影部分）绕 x 轴旋转一周所得到的旋转体, 它的任一个垂直于 x 轴的截面都是半径为 $|f(x) - g(x)|$ 的圆环面, 且截面面积为

$$A(x) = \left| \pi f^2(x) - \pi g^2(x) \right| = \pi \left| f^2(x) - g^2(x) \right| ,$$

故所求旋转体的体积为

$$V_x = \pi \int_a^b \left| f^2(x) - g^2(x) \right| dx . \tag{5.10.2}$$

同理, 平面内由曲线 $x = f(y) \geqslant 0$ 、$x = g(y) \geqslant 0$ 及直线 $y = c$ 、$y = d$ $(c < d)$ 所围成的平面图形（参见图 5.6.6（a）中阴影部分）绕 y 轴旋转一周所得到的旋转体的体积为

$$V_y = \pi \int_c^d \left| f^2(y) - g^2(y) \right| dy . \tag{5.10.3}$$

例 5.10.1　求由两条抛物线 $y^2 = x$, $y = x^2$ 所围成的平面图形绕 x 轴旋转一周所得到的旋转体的体积.

解　解方程组 $\begin{cases} y = x^2 \\ y^2 = x \end{cases}$ 得 $x = 0$, $x = 1$.

故所求旋转体的体积为(所围成的平面图形参见图 5.6.7 中阴影部分)

$$V_x = \pi \int_0^1 \left| (\sqrt{x})^2 - (x^2)^2 \right| dx = \pi \int_0^1 (x - x^4) dx = \pi \left(\frac{1}{2} x^2 - \frac{1}{5} x^5 \right) \Big|_0^1 = \frac{3}{10} \pi .$$

例 5.10.2　求由抛物线 $y^2 = 2x$ 与直线 $x - y = 4$ 所围成的平面图形绕 y 轴旋转一周所得到的旋转体的体积.

解　解方程组 $\begin{cases} y^2 = 2x \\ x - y = 4 \end{cases}$ 得 $y_1 = -2, y_2 = 4$.

故所求旋转体的体积为(所围成的平面图形参见图 5.6.9 中阴影部分)

$$V_y = \pi \int_{-2}^4 \left| (y+4)^2 - (\frac{1}{2} y^2)^2 \right| dy = \pi \int_{-2}^4 \left[(y+4)^2 - \frac{1}{4} y^4 \right] dy$$

$$= \pi \int_{-2}^4 \left[y^2 + 8y + 16 - \frac{1}{4} y^4 \right] dy = \pi \left(\frac{1}{3} y^3 + 4y^2 + 16y - \frac{1}{20} y^5 \right) \Big|_{-2}^4 = \frac{576}{5} \pi .$$

例 5.10.3　求椭圆 $\dfrac{x^2}{a^2} + \dfrac{y^2}{b^2} = 1 (a > b > 0)$ 分别绕 x 轴、y 轴旋转一周所得到的旋转体的体积.

解　(1)所给椭圆绕 x 轴旋转一周所得到的旋转体,可看作上半椭圆

$$y = \frac{b}{a} \sqrt{a^2 - x^2} \quad (-a \leqslant x \leqslant a)$$

及 x 轴所围成的平面图形(图 5.10.2 中阴影部分)绕 x 轴旋转一周而得到,其体积为

$$V_x = \pi \int_{-a}^a (\frac{b}{a} \sqrt{a^2 - x^2})^2 dx$$

$$= \pi \int_{-a}^a \frac{b^2}{a^2} (a^2 - x^2) dx$$

$$= \pi \frac{b^2}{a^2} (a^2 x - \frac{1}{3} x^3) \Big|_{-a}^a = \frac{4}{3} \pi ab^2 .$$

(2)所给椭圆绕 y 轴旋转一周所得到的旋转体,可看作右半椭圆

$$x = \frac{a}{b} \sqrt{b^2 - y^2} \quad (-b \leqslant y \leqslant b)$$

及 y 轴所围成的平面图形(图 5.10.3 中阴影部分)绕 y 轴旋转一周而得到,其体积为

$$V_y = \pi \int_{-b}^b (\frac{a}{b} \sqrt{b^2 - y^2})^2 dy$$

$$= \pi \int_{-b}^b \frac{a^2}{b^2} (b^2 - y^2) dy$$

$$= \pi \frac{a^2}{b^2} (b^2 y - \frac{1}{3} y^3) \Big|_{-b}^b = \frac{4}{3} \pi a^2 b .$$

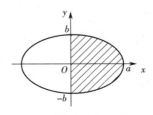

图 5.10.2　　　　　　　　　　　　　　　图 5.10.3

例 5.10.4　设有一半径为 a 的圆面,其圆心到一定直线的距离为 $b\,(b>a>0)$,求此圆绕定直线旋转一周所得到的旋转体的体积.

解　以定直线为 x 轴,过圆心且垂直于 x 轴的直线为 y 轴,建立坐标系如图 5.10.4 所示. 此时,圆的方程为

$$x^2+(y-b)^2=a^2 .$$

所求旋转体的体积等于上半圆周 $y=b+\sqrt{a^2-x^2}$ 与下半圆周 $y=b-\sqrt{a^2-x^2}$ 及直线 $x=-a$、$x=a$ 所围成的平面图形绕 x 轴旋转一周而成的旋转体的体积,即

$$\begin{aligned}V_x&=\pi\int_{-a}^{a}\left|(b+\sqrt{a^2-x^2})^2-(b-\sqrt{a^2-x^2})^2\right|\mathrm{d}x\\&=4b\pi\int_{-a}^{a}\sqrt{a^2-x^2}\,\mathrm{d}x=8\pi b\int_{0}^{a}\sqrt{a^2-x^2}\,\mathrm{d}x .\end{aligned}$$

由于 $\int_{0}^{a}\sqrt{a^2-x^2}\,\mathrm{d}x$ 与半圆 $y=\sqrt{a^2-x^2}$ 在区间 $[0,a]$ 上与 x 轴所围平面图形的面积相等 (图 5.10.5 中阴影部分),所以

$$\int_{0}^{a}\sqrt{a^2-x^2}\,\mathrm{d}x=\frac{1}{4}\pi a^2 ,$$

故　　　$$V_x=8\pi b\int_{0}^{a}\sqrt{a^2-x^2}\,\mathrm{d}x=2\pi^2 ba^2 .$$

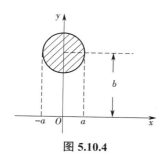

图 5.10.4

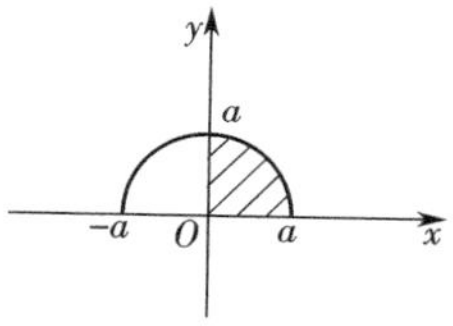

图 5.10.5

5.10.3　平面曲线的弧长(直角坐标系下的弧长公式)

若函数 $y=f(x)\,(a\leqslant x\leqslant b)$ 具有一阶连续导数,则平面曲线 $y=f(x)\,(a\leqslant x\leqslant b)$ 的切线是连续变化的,此时称该曲线是**光滑曲线**.

下面用微元法来导出计算这段弧长 s 的公式.

如图 5.10.6 所示,在闭区间 $[a,b]$ 上任取一小闭区间 $[x,x+\mathrm{d}x]$,根据函数 $f(x)$ 在点 x 可微的实质,当 $\mathrm{d}x$ 很小时,曲线 $y=f(x)\,(a\leqslant x\leqslant b)$ 相应于小闭区间 $[x,x+\mathrm{d}x]$ 上的弧段的长度,可以用它在点 $(x,f(x))$ 处的切线上对应的直线段的长度来近似代替,即用 $|AP|$ 近似代替 $\overset{\frown}{AB}$. 由于

$$|AP|=\sqrt{|AQ|^2+|PQ|^2}=\sqrt{(\mathrm{d}x)^2+(\mathrm{d}y)^2}=\sqrt{1+[f'(x)]^2}\,\mathrm{d}x ,$$

所以曲线段的弧长 s 的微元 $\mathrm{d}s$ 为

$$\mathrm{d}s=\sqrt{(\mathrm{d}x)^2+(\mathrm{d}y)^2}=\sqrt{1+[f'(x)]^2}\,\mathrm{d}x ,\qquad(5.10.4)$$

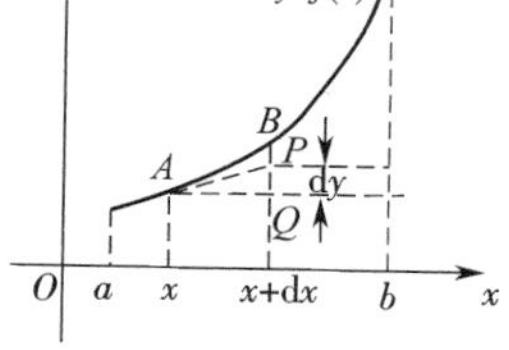

图 5.10.6

式(5.10.6)通常称为**弧微分公式**.

将 $\mathrm{d}s$ 在闭区间 $[a,b]$ 上进行累加,即得所求曲线段的弧长为

$$s = \int_a^b \sqrt{1+[f'(x)]^2}\,\mathrm{d}x \ . \tag{5.10.5}$$

同理,若光滑曲线方程为 $x = \varphi(y)$ $(c \leqslant y \leqslant d)$,则弧长公式为

$$s = \int_c^d \sqrt{1+[\varphi'(y)]^2}\,\mathrm{d}y \ . \tag{5.10.6}$$

例 5.10.5 求悬链线 $y = \dfrac{1}{2}(\mathrm{e}^x + \mathrm{e}^{-x})$ 从 $x=0$ 到 $x=a$ $(a>0)$ 之间的弧长.

解 因为 $y' = \dfrac{1}{2}(\mathrm{e}^x - \mathrm{e}^{-x})$,$y'^2 = [\dfrac{1}{2}(\mathrm{e}^x - \mathrm{e}^{-x})]^2 = \dfrac{1}{4}[(\mathrm{e}^x)^2 + (\mathrm{e}^{-x})^2 - 2]$;

$$1 + y'^2 = \frac{1}{4}[(\mathrm{e}^x)^2 + (\mathrm{e}^{-x})^2 + 2] = [\frac{1}{2}(\mathrm{e}^x + \mathrm{e}^{-x})]^2 \ .$$

所以 $\quad s = \int_0^a \sqrt{1+y'^2}\,\mathrm{d}x = \dfrac{1}{2}\int_0^a (\mathrm{e}^x + \mathrm{e}^{-x})\,\mathrm{d}x$

$$= \frac{1}{2}(\mathrm{e}^x - \mathrm{e}^{-x})\Big|_0^a = \frac{1}{2}(\mathrm{e}^a - \mathrm{e}^{-a}) \ .$$

第6章 概率与统计初步

概率论与数理统计是研究随机现象统计规律的一门科学,概率模型既是统计模型的抽象、概括和推广,又是统计分析和统计推断的理论基础.本章将从随机事件及其概率两个概率论的基本概念入手,介绍随机事件及其概率计算,随机变量及其概率分布,随机变量的数字特征以及点估计、直方图和一元线性回归分析等基本知识及简单应用.

6.1 随机事件及其概率

6.1.1 随机现象与随机事件

1.随机现象与随机事件

客观世界中,人们通常把观察到的现象分为两类:一类是确定性现象,另一类是随机现象.例如,同性电荷必然会相互排斥,放置在室温下的铁一定不会熔化等,都是在一定条件下必然发生或必然不发生的现象,这类现象叫作确定性现象.而抛掷一枚均匀硬币,落地后的结果可能正面向上,也可能反面向上;买一张彩票可能中奖,也可能不中奖等,这类在一定条件下,其可能结果不止一个,而且事先不能断言会出现哪种结果的现象叫作随机现象.表面上看,随机现象的发生具有偶然性和不确定性,但在相同条件下进行大量的重复试验时,结果会呈现出某种规律性.

为寻求随机现象的内在规律性,要对其进行大量重复观察.我们把一次观察称为一次随机试验,简称试验.试验具有以下三个特点:

(1)可以在相同条件下重复进行;

(2)每次试验的可能结果不止一个,但事先明确知道试验的所有可能结果;

(3)每次试验之前不能确定会出现哪一个结果.

试验中每一个可能发生的结果称为随机事件,简称事件,通常用 $A, B, C, \cdots$ 表示.试验中不能再分解的随机事件称为基本事件.例如,对 10 环靶进行一次射击,"脱靶""射中 1环""射中 2 环"…"射中 10 环"各是一个随机事件,由于它们不能再分解,故它们都是基本事件;而"射中 8 环以上""射中环数不足 3 环"各是一个随机事件,由于它们能再分解,所以它们都不是基本事件.显然,"射中 8 环以上"是由"射中 9 环"和"射中 10 环"两个基本事件复合而成的.

每次试验中一定发生的事件称为必然事件,记为 Ω .必然事件也可以看作是一个试验的所有基本事件构成的集合,又称为样本空间.每次试验中一定不发生的事件称为不可能事件,记为 $\varnothing$.必然事件和不可能事件都属于确定性现象.为研究方便,通常把它们视为随机事件的两种极端情况.

2. 事件间的关系与运算

1）包含关系

若事件 A 发生必然导致事件 B 发生，即属于 A 的每一个基本事件也都属于 B，则称事件 B 包含事件 A，记作

$$B \supset A .$$

2）相等关系

若事件 A 包含事件 B，事件 B 也包含事件 A，即 $A \supset B$，$B \supset A$ 同时成立，则称事件 A 与事件 B 相等，记作

$$A = B .$$

显然相等关系下，事件 A 与事件 B 中包含的基本事件完全相同.

3）和事件

由两个事件 A,B 中至少有一个事件发生所构成的事件叫作事件 A 与 B 的和，记作

$$A + B .$$

显然，和事件是由属于 A 或 B 的所有基本事件构成的事件.

4）积事件

由两个事件 A 与 B 同时发生所构成的事件叫作事件 A 与 B 的积，记作

$$AB .$$

显然，积事件是由既属于 A 又属于 B 的所有公共基本事件构成的事件.

5）互斥关系

若事件 A 与 B 不能同时发生，则称事件 A 与事件 B 互斥，即 A 与 B 没有公共基本事件，记作

$$AB = \varnothing .$$

6）对立关系

若事件 A,B 满足 $A + B = \Omega$，$AB = \varnothing$，则称事件 A 与事件 B 对立，记作

$$B = \overline{A} .$$

$\overline{A}$ 事件是样本空间中所有不属于 A 的基本事件构成的事件，称为 A 的逆事件. 显然，

$$A + \overline{A} = \Omega, \quad A\overline{A} = \varnothing .$$

6.1.2 随机事件的概率与性质

历史上，人们为了观察抛掷一枚硬币，落地时"正面向上"这一事件发生的概率的大小，曾做过大量的试验，其结果见表 6.1.1.

表 6.1.1

试验者	试验次数 n	"正面向上"的次数 m	频率 m/n
德摩根	2 048	1 061	0.518 1
蒲丰	4 040	2 048	0.506 9

试验者	试验次数 n	"正面向上"的次数 m	频率 m/n
K. 皮尔逊	12 000	6 019	0.501 6
K. 皮尔逊	24 000	12 012	0.500 5
维尼	30 000	14 994	0.499 8

从上表可以看出,事件"正面向上"发生的次数 m 与试验次数 n 之比(称为事件发生的频率)总在 0.5 附近摆动,且随着抛掷次数的增加,摆动的幅度越来越小,呈现出一种稳定状态.

定义 6.1.1(概率的统计定义) 在相同条件下,重复进行 n 次试验,若事件 A 发生的频率稳定在某一常数 p 附近,且 n 越大,摆动幅度越小,则把常数 p 称为事件 A 的概率,记作 $P(A)$,即

$$P(A) = p .$$

因数字 p 是在大量重复试验中通过统计得出的,故称此定义为概率的统计定义.

由定义 6.1.1 可知,事件 A 的概率具有以下基本性质:

(1)任意事件的概率都在 0 与 1 之间,即 $0 \leqslant P(A) \leqslant 1$;

(2)必然事件的概率为 1 ,即 $P(\Omega) = 1$;

(3)不可能事件的概率为 0 ,即 $P(\varnothing) = 0$.

概率虽以频率的稳定性为基础,但并不是说概率由试验决定.一个事件发生的概率完全决定于事件本身的结构,是客观存在的一个数值.

6.1.3 随机事件概率的计算

1. 古典概型

古典概型是概率论中一种最简单的随机试验,它具有如下特征.

(1)有限性:试验的基本事件总数有限.

(2)等可能性:每次试验中,各个基本事件发生的可能性都相同.

定义 6.1.2(概率的古典定义) 在古典概型中,若试验的基本事件总数为 n ,事件 A 中包含的基本事件个数为 m ,则事件 A 发生的概率为

$$P(A) = \frac{m}{n} .$$

例 6.1.1 某盒中有 3 个白球、2 个红球,依次标有序号 a_1, a_2, a_3 和 b_1, b_2 ,从中任取一球,求基本事件的总数及事件"取得红球"的概率.

解 "从盒中每次任取一球"为一次试验,基本事件总数为

$$n = C_5^1 = 5 .$$

设事件 $A =$ "取得红球",事件 A 中包含的基本事件个数为

$$m = C_2^1 = 2 ,$$

则 $\quad P(A) = \dfrac{2}{5}$.

例 6.1.2　盒中有 20 个球，其中有 3 个白球、7 个黑球，从中任取 2 个，求至少有一个白球的概率.

解　"从盒中每次任取 2 个球"为一次试验，基本事件总数为

$$n = C_{20}^2 = 190 \ .$$

事件 $A =$ "2 个球中至少有一个白球"，事件 A 包含的基本事件个数为

$$m = C_3^1 C_{17}^1 + C_3^2 C_{17}^0 = 54 \ ,$$

所以 $\quad P(A) = \dfrac{C_3^1 C_{17}^1 + C_3^2 C_{17}^0}{C_{20}^2} = \dfrac{27}{95}$.

例 6.1.3（续例 6.1.2）　将例 6.1.2 的试验条件改为，每次从盒中任取一个球，有放回地取两次，求取到的两个球都是白球的概率.

解　"从盒中每次任取一个球，有放回地取两次"为一次试验，基本事件总数为

$$n = C_{20}^1 C_{20}^1 = 400 \ .$$

事件 $B =$ 表示"取到的两个球都是白球"，事件 B 包含的基本事件个数为

$$m = C_3^1 C_3^1 = 9 \ ,$$

所以 $\quad P(B) = \dfrac{C_3^1 C_3^1}{C_{20}^1 C_{20}^1} = \dfrac{9}{400}$.

2. 概率的加法公式

1）任意事件概率的加法公式

对于任意两个事件 A, B ，有

$$P(A+B) = P(A) + P(B) - P(AB) \ .$$

2）互斥事件概率的加法公式

若事件 A 与 B 互斥，即 $AB = \varnothing$ ，则

$$P(A+B) = P(A) + P(B) \ .$$

3）对立事件的概率公式

$$P(A) = 1 - P(\overline{A}) \ .$$

例 6.1.4　用概率的加法公式求解例 6.1.2.

解　事件 $A_i =$ "2 个球中有 i 个白球" $(i = 0, 1, 2)$ ，因 A_1, A_2 两两互斥，且

$$A = A_1 + A_2 \ ,$$

所以 $\quad P(A) = P(A_1) + P(A_2) = \dfrac{C_3^1 C_{17}^1}{C_{20}^2} + \dfrac{C_3^2 C_{17}^0}{C_{20}^2} = \dfrac{27}{95}$ ；

或用互逆事件的概率公式，事件 $\overline{A} =$ "没有取到白球"，则

$$P(A) = 1 - P(\overline{A}) = 1 - \dfrac{C_3^0 C_{17}^2}{C_{20}^2} = \dfrac{27}{95} \ .$$

例 6.1.5　商家为了了解市场对空调的需求情况，对 400 个用户进行调查，其结果为拥

有柜机的有 163 户,拥有壁挂机的有 190 户,二者兼而有之的 71 户,求"拥有空调的用户"的概率.

　　解　设事件 $A =$ "拥有柜机的用户", $B =$ "拥有壁挂机的用户", $AB =$ "兼有柜机和壁挂机的用户",则 $C =$ "拥有空调的用户" $= A + B$,于是

$$P(C) = P(A + B) = P(A) + P(B) - P(AB) = \frac{163}{400} + \frac{190}{400} - \frac{71}{400} = 0.705 .$$

　　3. 概率的乘法公式

　　1)事件的独立性

　　若两个事件 A 与 B ,其中任何一个事件是否发生,都不影响另一事件发生的概率,则称事件 A 与 B 相互独立.两事件是否独立,通常需根据具体问题的实际意义来判断.

　　2)独立事件的概率乘法公式

　　若事件 A 与事件 B 独立,则

$$P(AB) = P(A)P(B) .$$

　　例 6.1.6　用概率的乘法公式求解例 6.1.3.

　　解　设事件 $B_i =$ "第 i 次取到白球" $(i = 1, 2)$,因为 B_1, B_2 相互独立,且

$$B = B_1 B_2 ,$$

故　　　　$$P(B) = P(B_1 B_2) = P(B_1)P(B_2) = \frac{C_3^1}{C_{20}^1} \cdot \frac{C_3^1}{C_{20}^1} = \frac{9}{400} .$$

　　例 6.1.7　异地的两名考生考大学,甲考上的概率为 0.7 ,乙考上的概率为 0.8,求:

　　(1)"甲、乙两人都考上"的概率;(2)"甲、乙至少一人考上"的概率.

　　解　设事件 $A =$ "甲考上大学", $B =$ "乙考上大学",则

$$P(A) = 0.7 , P(B) = 0.8 .$$

　　显然,"甲、乙两人都考上" $= AB$,"甲、乙至少一人考上" $= A + B$,且 A 、 B 相互独立;所以

　　(1) $P(AB) = P(A)P(B) = 0.7 \times 0.8 = 0.56$;

　　(2) $P(A + B) = P(A) + P(B) - P(AB) = 0.7 + 0.8 - 0.56 = 0.94$.

6.1.4　条件概率

　　在某些问题中,确定事件 A 的概率时,有时不仅依赖于我们所知道的关于事件 A 的信息,而且另一事件 B 的发生也有可能影响事件 A 发生的概率.在事件 B 已经发生的条件下,事件 A 发生的概率,称为事件 A 在事件 B 下的条件概率,简称为 A 对 B 的条件概率,记作

$$P(A | B) .$$

　　条件概率的计算公式为

$$P(A | B) = \frac{P(AB)}{P(B)} \ (P(B) > 0) ; P(B | A) = \frac{P(AB)}{P(A)} \ (P(A) > 0) .$$

例 6.1.3 中,试验条件改为"不放回地取球两次",则第 2 次取到白球的概率受第 1 次取球结果的影响,"第 1 次取到白球"的概率为

$$P(B_1) = \frac{C_3^1}{C_{20}^1},$$

"第 1 次取到白球后第 2 次取到白球"的概率为

$$P(B_2|B_1) = \frac{C_2^1}{C_{19}^1},$$

则"取到的两个球都是白球"的概率为

$$P(B) = P(B_1 B_2) = P(B_1) P(B_2|B_1) = \frac{C_3^1}{C_{20}^1} \cdot \frac{C_2^1}{C_{19}^1} = \frac{3}{190}.$$

6.2 随机变量及其分布

为了便于深入地研究随机现象,需要把随机试验的结果数量化,为此引入随机变量的概念.

6.2.1 随机变量及其分布函数

1. 随机变量

例 6.2.1 在 10 件同类型产品中,有 3 件次品,现任取 2 件,则该试验的结果即随机事件有三类,可用 A_i 表示"两件中有 $i(i = 0,1,2)$ 件次品". 现从另一角度,用变量 Y 表示"2 件中的次品数",则 Y 有三种可能取值,分别为 0, 1, 2, Y 的三个可能值与三类随机事件相对应,描述了该试验的全部结果,Y 取每一个数值的概率可表示为

$$P(Y = i) = P(A_i) = \frac{C_3^i C_7^{2-i}}{C_{10}^2} \quad (i = 0,1,2).$$

例 6.2.1 中,变量 Y 所有可能的取值在试验前是可以预知的,但具体取何值在试验前是不能确定的,只有当试验结果确定后,变量 Y 的取值才能随之确定. 即变量取哪一个值是随机的,并且取各个数值的概率也是一定的. 这种用不同的取值代表不同的随机事件的变量称为随机变量.

例 6.2.2 考察某车间工人完成某道工序的时间这一试验. 用 ξ 表示"完成该道工序所需要的时间",ξ 随着试验的结果不同可在 $(0, +\infty)$ 上取不同的值,当试验结果确定后,ξ 的取值也就随之确定了. 显然,ξ 是在区间 $(0, +\infty)$ 上取值的变量,不同的取值代表不同的试验结果(随机事件),且取哪一个值是随机的;另外,每个工人的技术水平是一定的,则他们各自完成该道工序的时间也是一定的,因此 ξ 取各个数值的概率也是一定的. 这样的变量 ξ 也称为随机变量.

一般地,对于随机试验,若其试验的每一个结果(随机事件)都可以用一个变量的不同取值表示,这个变量的取值又带有随机性,并且取这些值的概率是确定的,则称这样的变量

为随机变量.

引入随机变量后,可使随机事件数量化. 如例 6.2.1 中,事件"两件中没有次品"可用 $Y=0$ 表示;事件"至少取到一件次品"可用 $Y \geqslant 1$ 表示;事件"至多取到两件次品"可用 $Y \leqslant 2$ 表示. 而例 6.2.2 中,事件"完成这道工序的时间至多不超过 1 分钟"可用 $0 \leqslant \xi \leqslant 1$ 表示. 这样,对随机事件的研究完全可以转化为对随机变量的研究.

若随机变量 X 的所有可能取值可以一一列举(可能取值是有限个或无限可列个),这样的随机变量称为离散型随机变量.

在某一个或若干个有限或无限区间上取值的随机变量称为连续型随机变量. 其所有可取值不可以一一列出.

2. 随机变量的分布函数

由于随机变量的取值不一定能一一列举出来,一般情况下,要研究随机变量取值的规律,需研究随机变量取值落在某区间上的概率,即求 $P(x_1 < X \leqslant x_2)$. 由于
$$P(x_1 < X \leqslant x_2) = P(X \leqslant x_2) - P(X \leqslant x_1),$$
所以对于任意给定的实数 x ,若 $P(X \leqslant x)$ 确定的话,则 $P(x_1 < X \leqslant x_2)$ 即可随之确定.

若随机变量 X ,对任意实数 x ,函数
$$F(x) = P(X \leqslant x)$$
称为随机变量 X 的分布函数,即事件 $X \leqslant x$ 的概率 $P(X \leqslant x)$. $F(x)$ 是实变量 x 的函数,它反映了 X 取不同数值时概率的分布情况.

如例 6.2.1 中,求"次品数不多于 1 件"的概率,即求
$$F(1) = P(X \leqslant 1) = P(X=0) + P(X=1);$$

例 6.2.2 中,求"完成该道工序不超过 4 分钟"的概率,即求
$$F(4) = P(X \leqslant 4).$$

对于随机变量,我们不仅关心它取什么值,而且关心它取这些值的可能性的大小,即取值的概率. 通常把随机变量取值的概率称为随机变量的分布.

6.2.2　离散型随机变量及其分布

1. 离散型随机变量的概率分布

定义 6.2.1　设离散型随机变量 X 的所有取值为 $x_1, x_2, \cdots, x_k, \cdots$,并且 X 取各个可能值的概率分别为 $P(X=x_k) = p_k$ ($k=1,2,\cdots$),则把 $P(X=x_k) = p_k$ ($k=1,2,\cdots$)称为离散型随机变量的概率分布,简称分布列. 随机变量 X 的概率分布见表 6.2.1.

表 6.2.1

X	x_1	$\cdots$	x_k	$\cdots$
P	p_1	$\cdots$	p_k	$\cdots$

分布列具有的性质:

（1）$0 \leqslant p_k \leqslant 1$（$k = 1, 2, \cdots$）；

（2）$\sum\limits_{k} p_k = 1$.

例 6.2.1 中，"2 件中的次品数" Y 的分布列可写为（表 6.2.2）

表 6.2.2

Y	0	1	2
P	$\dfrac{7}{15}$	$\dfrac{7}{15}$	$\dfrac{1}{15}$

或

$$P(Y = i) = P(A_i) = \frac{C_3^i C_7^{2-i}}{C_{10}^2} (i = 0, 1, 2),$$

并可求出 $P(Y \geqslant 1)$ 和 $P(Y < 2)$ 分别为

$$P(Y \geqslant 1) = P(Y = 1) + P(Y = 2) = \frac{7}{15} + \frac{1}{15} = \frac{8}{15};$$

$$P(Y < 2) = P(Y = 0) + P(Y = 1) = \frac{7}{15} + \frac{7}{15} = \frac{14}{15}.$$

2. 离散型随机变量的函数分布

在实际问题中，某些试验不能直接测得人们所需要的随机变量，只能测得与之有一定关系的随机变量，这时可将二者建立函数关系，以得到所需的随机变量.

定义 6.2.2　若离散型随机变量 X 的取值为 x 时，随机变量 Y 的取值由函数 $y = f(x)$ 确定，则随机变量 Y 就叫作随机变量 X 的函数，记作

$$Y = f(X).$$

例 6.2.3　已知随机变量 X 的概率分布（表 6.2.3），求

（1）参数 k；（2）$Y = X^2$ 的概率分布.

表 6.2.3

X	−1	0	1	2
P	0.2	0.3	0.4	k

解　（1）根据分布列的性质可知，$0.2 + 0.3 + 0.4 + k = 1 \Rightarrow k = 0.1$.

（2）因为 X 的取值分别为 −1, 0, 1, 2，所以 $Y = X^2$ 的取值分别为 0, 1, 4，并且

$$P(Y = 0) = P(X = 0) = 0.3, \ P(Y = 1)P(X = -1) + P(X = 1) = 0.6,$$

$$P(Y = 4) = P(X = 2) = 0.1,$$

故 $Y = X^2$ 的概率分布见表 6.2.4.

表 6.2.4

Y	0	1	4
P	0.3	0.6	0.1

3.几种常见离散型随机变量的概率分布

1）两点分布

一个试验若只有两种可能结果 A 与 $\overline{A}$,且 $P(A)=p,P(\overline{A})=1-p$.此时可设

$$X=\begin{cases} 1, & A\ 发生 \\ 0, & A\ 不发生 \end{cases},$$

则随机变量 X 的概率分布为

$$P(X=k)=p^k(1-p)^{1-k}\ (k=0,1)\ (\text{其中}\ p\ \text{满足}\ 0<p<1)$$

或

X	0	1
P	$1-p$	p

此时称为 X 服从两点分布.

因为两点分布的一次试验只有两种结果 A、$\overline{A}$,故常用两点分布来描述对立事件发生的规律.

2）二项分布

在相同条件下重复进行 n 次试验,若每次试验的结果互不影响,且每次试验的结果只有两个,每个结果在各次试验中发生的概率总保持不变,则称该 n 次试验为 n 重独立试验,或称 n 重伯努利概型.

n 重伯努利概型中,若事件 A 在每次试验中发生的概率为 $p(0\leq p\leq 1)$,则事件 A 恰好发生 k 次的概率为

$$P_n(k)=C_n^k p^k q^{n-k}\ (q=1-p,k=0,1,2,\cdots,n).$$

若随机变量 X 为"n 重伯努利概型中事件 A 出现的次数",则 X 的概率分布由

$$P_n(k)=C_n^k p^k q^{n-k}\ (q=1-p,k=0,1,2,\cdots,n)$$

给出,于是称随机变量 X 服从参数为 n,p 的二项分布,记作

$$X\sim B(n,p),$$

即

$$P(X=k)=P_n(k)=C_n^k p^k(1-p)^{n-k}\ (k=0,1,2,\cdots,n).$$

特别地,当 $n=1$ 时,二项分布为

$$P(X=k)=p^k(1-p)^{1-k}(k=0,1),$$

即为两点分布.

例 6.2.4　相同条件下某运动员投篮 4 次,每次投中的概率都是 90%,则投篮 4 次 2 次

投中的概率是多少？若设 X 为"4 次投篮投中的次数"，求 X 的概率分布.

解   设 A 表示"投中"，则 $P(A)=90\%$，每次投中的概率相同，并且各次投篮结果互不影响，于是"投篮 4 次 2 次投中"的概率为

$$P_4(2)=C_4^2 0.9^2(1-0.9)^{4-2}=0.048\ 6.$$

4 次投篮，$n=4$，X 为"4 次投篮，投中的次数"，X 的所有可能取值为 $0,1,2,3,4$，则

$$X \sim B(4,0.9),$$

于是 X 的概率分布为

$$P(X=k)=C_4^k 0.9^k(1-0.9)^{4-k} \quad (k=0,1,2,3,4).$$

6.2.3 连续型随机变量及其分布

对于连续型随机变量，它的取值不能一一列出，随机变量 X 只可以取某一区间内的任意实数，因此不考虑 X 在区间内某一点的取值概率，只有确知其在某一区间上取值的概率时，才能掌握其取值的概率分布情况.

1. 连续型随机变量的概率密度

定义 6.2.3   对于连续型随机变量 X，若在实数集上存在非负可积函数 $f(x)$，使得对于任意实数 $a,b(a<b)$，都有

$$P(a<X \leqslant b)=\int_a^b f(x)\mathrm{d}x,$$

则称函数 $f(x)$ 为随机变量 X 的概率密度函数，简称为概率密度或密度函数. 概率密度曲线如图 6.2.1 所示.

由定义 6.2-3 知，概率密度 $f(x)$ 具有以下性质：

（1）$f(x) \geqslant 0$ $x \in (-\infty,+\infty)$；

（2）$\int_{-\infty}^{+\infty} f(x)\mathrm{d}x=1$.

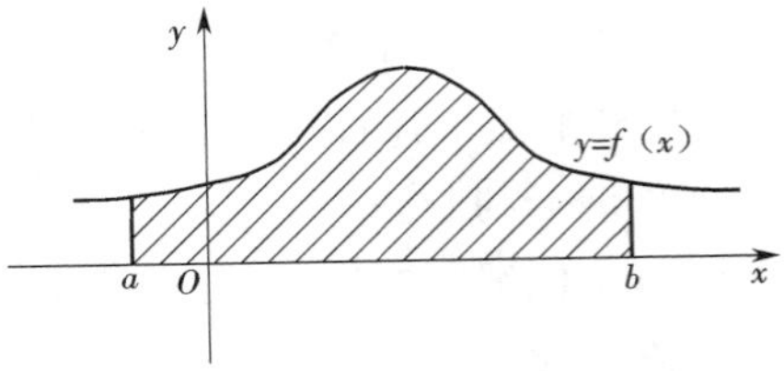

同时，可以得到以下三个结论：

（1）连续型随机变量 X 取区间内任一值的概率为零，即 $P(X=C)=0$；

图 6.2.1

（2）连续型随机变量 X 在任一区间上取值的概率与是否包含区间端点无关，即

$$P(a<X \leqslant b)=P(a<X<b)=P(a \leqslant X<b)=P(a \leqslant X \leqslant b)=\int_a^b f(x)\mathrm{d}x;$$

（3）X 落在区间 $(a,b]$ 上的概率 $P(a<X \leqslant b)$ 等于曲线 $f(x)$ 在区间 $(a,b]$ 上的曲边梯形面积，因此介于曲线 $y=f(x)$ 与 x 轴之间的面积等于 1.

例 6.2.5   设连续型随机变量 X 的概率密度为 $f(x)=\begin{cases} Ax^2, & 0<x<1 \\ 0, & 其他 \end{cases}$，求：

（1）系数 A；（2）X 落在区间 $(-1,0.5)$ 内的概率.

解   （1）由 $\int_{-\infty}^{+\infty} f(x)\mathrm{d}x=1$，得

$$\int_{-\infty}^0 f(x)\mathrm{d}x+\int_0^1 f(x)\mathrm{d}x+\int_1^{+\infty} f(x)\mathrm{d}x=1 \Rightarrow \int_0^1 Ax^2\mathrm{d}x=1 \Rightarrow A=3;$$

（2）$P(-1<X<0.5)=\int_{-1}^{0.5}f(x)\mathrm{d}x=\int_{0}^{0.5}3x^2\mathrm{d}x=0.125$．

2. 几种常见的连续型随机变量的概率分布

1）均匀分布

若连续型随机变量 X 的概率密度为

$$f(x)=\begin{cases}\dfrac{1}{b-a}, & a\leq x\leq b \\[2mm] 0, & 其他\end{cases},$$

则称 X 在区间 $[a,b]$ 上服从均匀分布，记作

$$X\sim U[a,b].$$

均匀分布的密度曲线如图 6.2.2 所示.

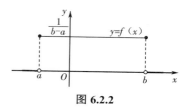

图 6.2.2

若连续型随机变量 X 在区间 $[a,b]$ 上服从均匀分布，则对于任意满足 $a\leq c<d\leq b$ 的常数 c,d，有

$$P(c\leq X\leq d)=\int_{c}^{d}f(x)\mathrm{d}x=\frac{d-c}{b-a}.$$

这表明，连续型随机变量 X 取值于区间 $[a,b]$ 中任一小区间的概率，只依赖于该区间的长度，而与该区间的位置无关，即 X 的取值是均匀的.

例 6.2.6　设随机变量 $X\sim U[-3,5]$，求：

（1）概率密度 $f(x)$；（2）$P(X<3)$；（3）$P(X\geq 4)$．

解　（1）由均匀分布的定义知，概率密度为 $f(x)=\begin{cases}\dfrac{1}{8}, & -3\leq x\leq 5 \\[2mm] 0, & 其他\end{cases}$；

（2）$P(X<3)=\int_{-\infty}^{3}f(x)\mathrm{d}x=\int_{-3}^{3}\frac{1}{8}\mathrm{d}x=\frac{3}{4}$；

（3）$P(X\geq 4)=\int_{4}^{+\infty}f(x)\mathrm{d}x=\int_{4}^{5}\frac{1}{8}\mathrm{d}x=\frac{1}{8}$．

2）正态分布

在概率论及数理统计的理论研究及实际应用中，服从正态分布的随机变量起着重要的作用，大量的随机变量都服从或近似服从正态分布. 例如，一个地区男性成年人的身高，海洋波浪的高度，半导体或电子管等器件的热噪声，学生的考试成绩等，都服从正态分布.

定义 6.2.4　若连续型随机变量 X 的概率密度为

$$f(x)=\frac{1}{\sigma\sqrt{2\pi}}\mathrm{e}^{-\frac{(x-\mu)^2}{2\sigma^2}}\quad(-\infty<x<+\infty),$$

其中 $\mu,\sigma(\sigma>0)$ 为常数，则称随机变量 X 服从参数为 μ,σ 的正态分布，记作

$$X\sim N(\mu,\sigma^2).$$

正态分布概率密度曲线 $f(x)$ 如图 6.2.3 所示.

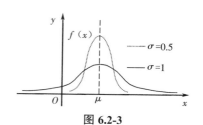

图 6.2-3

正态分布概率密度 $f(x)$ 具有以下性质：

（1）概率密度曲线关于直线 $x=\mu$ 对称，即对于任意常数 $h>0$，有

$$P(\mu-h<X\leqslant\mu)=P(\mu<X\leqslant\mu+h);$$

（2）当 $x=\mu$ 时，$f(x)$ 取到最大值，即

$$f(\mu)=\frac{1}{\sigma\sqrt{2\pi}};$$

（3）若固定 μ，改变 σ，由于最大值是 $f(\mu)=\frac{1}{\sigma\sqrt{2\pi}}$，当 σ 越小时，图形变得越尖陡，因而 X 落在 μ 附近的概率越大，即 X 的分布越集中于 μ；反之，则图形越平缓，X 落在 μ 附近的概率越小，即 X 的分布越分散；

（4）密度曲线 $f(x)$ 在区间 $(-\infty,\mu)$ 内严格上升，在区间 $(\mu,+\infty)$ 内严格下降.

特别地，当 $\mu=0,\sigma=1$ 时，称 X 服从标准正态分布，记作

$$X\sim N(0,1),$$

其概率密度记为

$$\phi(x)=\frac{1}{\sqrt{2\pi}}\mathrm{e}^{-\frac{x^2}{2}}\quad(-\infty<x<+\infty).$$

标准正态分布 $X\sim N(0,1)$ 的概率密度函数 $\phi(x)$ 是偶函数，其图像关于 y 轴对称（图 6.2.4），即

$$\phi(-x)=\phi(x).$$

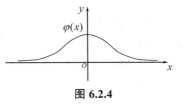

图 6.2.4

如果 $X\sim N(0,1)$，由标准正态分布的概率密度函数 $\phi(x)$，可以计算 X 在任一区间上取值的概率，其在区间 $(-\infty,x]$ 上取值的概率为

$$P(X\leqslant x),$$

概率分布函数记作

$$\varPhi(x)=P(X\leqslant x)=\int_{-\infty}^{x}\frac{1}{\sqrt{2\pi}}\mathrm{e}^{-\frac{t^2}{2}}\mathrm{d}t.$$

因为计算 $\varPhi(x)$ 是很困难的，为此人们编制了 $\varPhi(x)$ 的函数值表以供查用. 附表中 x 的取值范围为 $[0,3.09]$. 当 $x\in[0,3.09]$ 时，可直接查表；当 $x>3.09$ 时，取 $\varPhi(x)\approx1$. 有关计算公式如下：

（1）$\varPhi(-x)=1-\varPhi(x)$；

（2）当 $x=0$ 时，$\varPhi(0)=0.5$；

（3）$P(X\geqslant x)=1-P(X<x)=1-\varPhi(x)$；

（4）$P(a<X<b)=\varPhi(b)-\varPhi(a)$.

可见，若随机变量 $X\sim N(0,1)$，则求 X 在任一区间上取值的概率均可化为求 $\varPhi(x)$ 的值来解决.

对一般正态分布 $X \sim N\left(\mu, \sigma^2\right)$ 来说,其概率计算可转化为标准正态分布 $X \sim N(0,1)$ 的概率计算来解决. 相关计算公式如下:

（1）$P(X < x) = \Phi\left(\dfrac{x - \mu}{\sigma}\right)$;

（2）$P(X > x) = 1 - \Phi\left(\dfrac{x - \mu}{\sigma}\right)$;

（3）$P\left(x_1 < X \leqslant x_2\right) = \Phi\left(\dfrac{x_2 - \mu}{\sigma}\right) - \Phi\left(\dfrac{x_1 - \mu}{\sigma}\right)$.

例 6.2.7　设随机变量 $X \sim N\left(1, 0.2^2\right)$,求: $P(X < 1.2)$, $P(0.7 \leqslant X < 1.1)$.

解　由已知 $\mu = 1, \sigma = 0.2$,所以

$$P(X < 1.2) = \Phi\left(\frac{1.2 - 1}{0.2}\right) = \Phi(1) = 0.841\ 3 ;$$

$$P(0.7 \leqslant X < 1.1) = \Phi\left(\frac{1.1 - 1}{0.2}\right) - \Phi\left(\frac{0.7 - 1}{0.2}\right)$$

$$= \Phi(0.5) - \Phi(-1.5) = \Phi(0.5) - \left[1 - \Phi(1.5)\right]$$

$$= \Phi(0.5) + \Phi(1.5) - 1 = 0.691\ 5 + 0.933\ 2 - 1 = 0.624\ 7 .$$

例 6.2.8　某年某地高等学校入学考试的数学成绩近似服从正态分布 $X \sim N\left(70, 10^2\right)$,若 85 分以上为优秀,求数学成绩为优秀的考生占总数的百分之几?

解　设考生的数学成绩为随机变量 X ,那么 $X \sim N\left(70, 10^2\right)$,所以

$$P(X \geqslant 85) = 1 - P(X < 85) = 1 - \Phi\left(\frac{85 - 70}{10}\right) = 1 - \Phi(1.5) = 1 - 0.933\ 2 = 0.066\ 8 ,$$

因此数学成绩为优秀的考生约占总数的 7%.

6.3　随机变量的数字特征

从前面的学习可知,只要知道了随机变量的概率分布,就能完整地刻画随机变量的性质. 然而,在许多实际问题中确定随机变量的概率分布常常比较困难,有些时候也并不需要知道随机变量的完整性质,而只需要了解随机变量的某种特征即可. 用来描述随机变量某种特征的量称为随机变量的数字特征. 本节介绍两种随机变量的数字特征:数学期望与方差.

6.3.1　数学期望

1. 离散型随机变量的数学期望

定义 6.3.1　设离散型随机变量 X 的概率分布 $P(X = x_k) = p_k$（ $k = 1, 2, \cdots$ ）,把 X 的所有可能取值 x_k（ $k = 1, 2, \cdots$ ）与其对应的概率 p_k 乘积之和,称为离散型随机变量 X 的数学期望,简称期望或均值,记作 $E(X)$,即

$$E(X) = \sum_{k=1}^{\infty} x_k p_k \left(\text{级数} \sum_{k=1}^{\infty} x_k p_k \text{绝对收敛}\right).$$

对于离散型随机变量 X 的函数 $Y = f(X)$ 的数学期望有如下公式：

$$E(Y) = E\left[f(X)\right] = \sum_{k=1}^{\infty} f(x_k) p_k, \quad (\,k = 1, 2, \cdots\,).$$

例 6.3.1　离散型随机变量 X 的概率分布见表 6.3.1，求 $E(X)$，$E(X^2)$.

表 6.3.1

X	-1	0	2	3
P	$\dfrac{1}{8}$	$\dfrac{1}{4}$	$\dfrac{3}{8}$	$\dfrac{1}{4}$

解　$E(X) = (-1) \times \dfrac{1}{8} + 0 \times \dfrac{1}{4} + 2 \times \dfrac{3}{8} + 3 \times \dfrac{1}{4} = \dfrac{11}{8}$；

$E(X^2) = (-1)^2 \times \dfrac{1}{8} + 0^2 \times \dfrac{1}{4} + 2^2 \times \dfrac{3}{8} + 3^2 \times \dfrac{1}{4} = \dfrac{31}{8}$.

例 6.3.2　某商业部门在两个居民区中选取地址建连锁店，对这两个居民区的人均收入情况进行抽样调查，各抽查 10 户居民，结果见表 6.3.2.

表 6.3.2

人均收入 X_1	560	620	700	880
概率 P_{X_1}	0.2	0.4	0.2	0.2
人均收入 X_2	430	480	700	1 020
概率 P_{X_2}	0.2	0.3	0.2	0.3

试比较两个居民区的人均收入状况.

解　依题意，只需计算两个居民区的人均收入的数学期望值：

$$E(X_1) = 560 \times 0.2 + 620 \times 0.4 + 700 \times 0.2 + 880 \times 0.2 = 676\,(\text{元}\,);$$

$$E(X_2) = 430 \times 0.2 + 480 \times 0.3 + 700 \times 0.2 + 1020 \times 0.3 = 676(\text{元})\,(\,\text{元}\,).$$

显然 $E(X_1) = E(X_2)$，故两个居民区的人均收入的平均水平相同，说明人均收入差距不大.

2. 连续型随机变量的数学期望

定义 6.3.2　设连续型随机变量 X 的概率密度为 $f(x)$，若积分 $\displaystyle\int_{-\infty}^{+\infty} x f(x) \mathrm{d}x$ 绝对收敛（即极限 $\displaystyle\lim_{n \to \infty} \int_{-n}^{n} |x| f(x) \mathrm{d}x$ 存在），则积分

$$\int_{-\infty}^{+\infty} x f(x) \mathrm{d}x$$

称为连续型随机变量 X 的数学期望，记作 $E(X)$，即

$$E(X) = \int_{-\infty}^{+\infty} x f(x) \mathrm{d}x\,.$$

对于连续型随机变量 X 的函数 $Y = g(X)$ 的数学期望有如下公式：

$$E(Y) = E\big[g(X)\big] = \int_{-\infty}^{+\infty} g(x) f(x) \mathrm{d}x .$$

例 6.3.3　设连续型随机变量 X 服从均匀分布, 其概率密度为

$$f(x) = \begin{cases} \dfrac{1}{a}, & 0 \leqslant x \leqslant a \\ 0, & \text{其他} \end{cases},$$

求 X 及 $Y = X^2$ 的数学期望.

解　$E(X) = \displaystyle\int_{-\infty}^{+\infty} x f(x) \mathrm{d}x = \int_0^a x \dfrac{1}{a} \mathrm{d}x = \dfrac{a}{2}$,

$$E(X^2) = \int_{-\infty}^{+\infty} x^2 f(x) \mathrm{d}x = \int_0^a x^2 \dfrac{1}{a} \mathrm{d}x = \dfrac{a^2}{3} .$$

由定义 6.3.2 可知, 数学期望是一个确定的常量, 它是随机变量 X 的所有可能取值以各自的概率为权重的加权平均值. 在例 6.3.2 中, 用数学期望比较出两个居民区的人均收入差距不大, 但这种比较很片面, 还应进一步比较其取值的稳定程度, 即随机变量的取值与数学期望的偏离程度——方差.

6.3.2　方差

定义 6.3.3　设 X 是一个随机变量, 若 $E\big[X - E(X)\big]^2$ 存在, 则称

$$D(X) = E\big[X - E(X)\big]^2$$

为 X 的方差, 方差的平方根 $\sqrt{D(X)}$ 称为 X 的标准差.

若 X 是离散型随机变量, 其概率分布为 $P(X = x_k) = p_k$ ($k = 1, 2, \cdots$), 则其方差为

$$D(X) = \sum_{k=1}^{\infty} \big[x_k - E(X)\big]^2 p_k ;$$

若 X 是连续型随机变量, 其概率密度为 $f(x)$, 则其方差为

$$D(X) = \int_{-\infty}^{+\infty} [x - E(X)]^2 f(x) \mathrm{d}x .$$

计算方差可利用如下公式:

$$D(X) = E(X^2) - E^2(X) .$$

例 6.3.4　续例 6.3.1, 求 $D(X)$.

解　由前例计算得 $E(X) = \dfrac{11}{8}$, $E(X^2) = \dfrac{31}{8}$,

所以　　$D(X) = E(X^2) - E^2(X) = \dfrac{31}{8} - \left(\dfrac{11}{8}\right)^2 = \dfrac{127}{64}$.

例 6.3-5 续例 6.3.3, 求 $D(X)$.

解　由例 6.3.1 计算得 $E(X) = \dfrac{a}{2}$, $E(X^2) = \dfrac{a^2}{3}$, 所以

$$D(X) = E(X^2) - E^2(X) = \dfrac{a^2}{3} - \left(\dfrac{a}{2}\right)^2 = \dfrac{a^2}{12} .$$

由定义 6.3.3 知, $|X - E(X)|$ 越小, 方差就越小, X 的取值越集中在数学期望附近;

$|X - E(X)|$ 越大,方差就越大, X 的取值越偏离数学期望值,即 X 取值越分散.

例 6.3.6 续例 6.3.2,由例 6.3.2 计算得 $E(X_1) = E(X_2) = 676$. 又

$$E(X_1^2) = 560^2 \times 0.2 + 620^2 \times 0.4 + 700^2 \times 0.2 + 880^2 \times 0.2 = 469\,360 ,$$

$$E(X_2^2) = 430^2 \times 0.2 + 480^2 \times 0.3 + 700^2 \times 0.2 + 1020^2 \times 0.3 = 516\,220 ;$$

所以　　　　$D(X_1) = E(X_1^2) - E^2(X_1) = 469\,360 - 676^2 = 12\,348 ,$

$$D(X_2) = E(X_2^2) - E2(X_2) = 516\,220 - 676^2 = 59\,244 ;$$

即　　　　$E(X_1) = E(X_2), D(X_1) < D(X_2).$

此结果表明,虽然两个居民区的人均收入的数学期望值相同,即人均收入差距不大,但第二个居民区的人均收入的方差较大,说明其人均收入差异较大.

常用随机变量 X 的概率分布及数学期望与方差见表 6.3.3.

表 6.3.3

分布名称	概率分布	期望	方差
两点分布 $X \sim B(1, p)$	$P(X = k) = p^k q^{1-k} (k = 0,1)$ 其中: $0 < p < 1$, $q = 1-p$	p	pq
二项分布 $X \sim B(n, p)$	$P(X = k) = C_n^k p^k q^{n-k} (k = 0,1,2,\cdots,n)$ 其中: $0 < p < 1$, $q = 1-p$	np	npq
均匀分布 $X \sim U(a,b)$	$f(x) = \begin{cases} \dfrac{1}{b-a}, & a \leq x \leq b \\ 0, & \text{其他} \end{cases}$	$\dfrac{a+b}{2}$	$\dfrac{(b-a)^2}{12}$
正态分布 $X \sim N(\mu, \sigma^2)$	$f(x) = \dfrac{1}{\sigma\sqrt{2\pi}} e^{-\frac{(x-\mu)^2}{2\sigma^2}}$	μ	σ^2
标准正态分布 $X \sim N(0,1)$	$f(x) = \dfrac{1}{\sqrt{2\pi}} e^{-\frac{x^2}{2}}$	0	1

6.4　数理统计

6.4.1　数理统计简介

数理统计是从数量关系上研究随机现象规律性的数学分支. 其解决问题的一个重要方法是随机抽样法,即从要研究对象的全体中抽取某一部分进行观察和研究,从而对整体进行推断.

例如,某钢铁厂每天生产 10 000 根钢筋,规定抗拉强度小于 52 N/mm² 就算作次品,怎样确定钢筋的次品率 p 呢? 要研究钢筋的抗拉强度,可从 10 000 根钢筋中随机抽取一部分,如 50 根作为代表,对这 50 根进行检测,看有多少根次品,然后根据 50 根的次品率对 10 000 根的次品率 p 的真实值进行推断.

因为局部是整体的一部分,所以在某种程度上局部的特性能够反映整体的特性,但却不

能完全精准地反映整体的特性. 因此, 随机抽样法不仅要研究如何合理有效地收集到便于处理的信息, 即抽样方法问题; 还要研究如何对抽样的结果(一批数据)进行合理的分析, 做出科学判断的数据处理问题, 即所谓统计推断问题. 这两方面有着紧密的联系, 研究抽样方法时, 必须考虑抽样得到的数据能进行分析. 若抽查量太大, 不仅费时费力, 有些破坏性试验, 浪费过大, 更是无法进行; 而抽查量太小, 又信息不全, 得不到可靠的结论. 若抽查方法不合理(如抽样的数据缺乏代表性), 则同样不能得到可靠的结论. 所以, 一个合理的抽样方法, 不仅要求它简便易行, 更重要的是要有良好的结果, 即对抽样得到的原始数据能用比较简单的方法进行数据处理, 并据此进行推断, 得出科学的结论. 因此, 实际应用中应二者兼顾.

　　统计推断是数理统计的核心部分, 目标是尽可能地充分利用样本观测值中的信息, 对总体做出较为准确的估计和判断, 从而解决那些总体分布函数已知而其中的若干参数未知, 以及总体分布函数未知而只需知道总体中某些数字特征的问题. 数理统计针对不同的实际问题, 发展出了不同的统计推断方法. 本书只介绍一些最基本的概念及最基本的统计推断方法.

6.4.2　数理统计的基本概念

1. 总体、个体与样本

　　在实际问题中, 要研究全部对象的性质, 不能对每个对象逐一研究, 只能研究其中的一部分, 并据此推断全部对象的性质, 这就引出了总体、个体和样本的概念.

　　通常, 把所要研究的对象的全体称为总体, 组成总体的每个对象称为个体. 在数理统计中, 往往要研究对象的某一项或某几项数值指标. 因此, 把总体中每个对象的该项数值指标作为个体, 把所有对象的该项数值指标所组成的集合作为总体, 并用随机变量 X 来表示它, 称为总体 X.

　　从总体 X 中取出来的部分个体称为样本或子样, 记作 $X_1, X_2, \cdots, X_n$. 一个样本中所含有个体的数目 n 称为样本容量. 从总体 X 中抽取一个容量为 n 的样本, 将每一次抽取所得到的具体数据, 称为容量为 n 的样本值, 记作 $x_1, x_2, \cdots, x_n$. 为方便起见, 今后对样本和样本值在记号上不加区分, 统一记为 $x_1, x_2, \cdots, x_n$, 其意义可从上下文加以确定.

　　如前例中, 考察的某钢铁厂每天生产的钢筋构成总体, 每根钢筋作为一个体. 由于反映钢筋的质量指标可有多个, 现在考察的质量指标是钢筋抗拉的强度, 则每根钢筋的抗拉强度值就作为一个体. 10 000 根钢筋的抗拉强度值组成的集合构成一个总体, 记作 Y. 从总体中抽取出来的 50 根钢筋就作为一个样本, 则样本容量为 50, 检测到的 50 个抗拉强度值即为容量为 50 的样本值, 其样本和样本值可记作 $y_1, y_2, \cdots, y_{50}$.

2. 样本的数字特征(统计量)

　　样本是总体的代表和反映, 但在抽取样本之后, 并不能直接利用样本来推断未知总体, 而需要对样本进行"加工提炼". 把样本中包含的我们所关心的信息集中起来, 这个过程往往是从样本的某些数字特征入手来推断总体的数字特征. 所谓样本的数字特征, 是指表征样本分布的指标性数值.

设从总体 X 中抽取了一个容量为 n 的样本,一次抽取所得到的样本值为 $x_1, x_2, \cdots, x_n$,据此可得到最重要、最常用的样本的数字特征.

（1）样本均值记作 $\bar{x}$（样本均值反映了样本数据的平均水平）,其计算公式为

$$\bar{x} = \frac{1}{n} \sum_{i=1}^{n} x_i \; .$$

（2）样本方差记作 s^2（样本方差反映了样本数据对样本均值的偏离程度）,其计算公式为

$$s^2 = \frac{1}{n-1} \sum_{i=1}^{n} \left(x_i - \bar{x} \right)^2 \; .$$

样本方差的平方根 $s = \sqrt{s^2}$ 称为样本均方差（或样本标准差）.

显然,上述样本的数字特征均是关于样本的函数. 在数理统计中,将关于样本的不含有未知参数（允许含有已知参数）的一个函数称为一个统计量.

例 6.4.1　某厂生产的一批钢筋,从中随机抽取 10 根,测得其抗拉强度指标依次为 110, 120, 120, 125, 135, 130, 130, 125, 140, 135. 计算该批钢筋的样本均值、样本方差及标准差.

解　样本容量 $n = 10$.

样本均值为

$$\bar{x} = \frac{110+120+120+125+135+130+130+125+140+135}{10} = 127 \; ;$$

样本方差为

$$s^2 = \frac{1}{9} \left[(110-127)^2 + (120-127)^2 + \cdots + (135-127)^2 \right] = \frac{1}{9} \times 710 \approx 78.89 \; ;$$

样本标准差为

$$s \approx 8.88 \; .$$

6.4.3　频率直方图

为了对总体进行估计和推断,必须对测得的样本值进行整理,通过对数据进行整理分类,以发掘其中所包含的特征规律,了解数据的分布情况. 频率直方图是处理数据常用的方法. 下面结合例题说明如何作频率直方图.

例 6.4.2　从某厂生产的 220 V、25 W 的灯泡中,随机地取出 120 个,测得其光通量的数据见表 6.4.1（单位:lm）. 试画出其光通量的密度曲线的大致形状.

表 6.4.1

数据（样本观察值）									
216	203	197	208	206	209	206	208	202	203
206	213	218	207	208	202	194	203	213	211
193	213	208	208	204	206	204	206	208	209
213	203	206	207	196	201	208	207	213	208
210	208	223	211	211	214	226	211	216	224

续表

数据（样本观察值）									
211	209	218	214	219	211	208	221	221	218
218	190	219	211	208	199	214	207	207	214
206	217	214	201	212	213	211	212	217	206
210	216	204	221	208	209	214	214	199	204
211	201	216	211	209	208	209	202	211	207
202	206	206	216	206	213	206	207	200	198
200	202	203	208	216	206	222	213	209	217

解　（1）找最值、求极差.

找出数据中最大值 M 与最小值 m，并计算最大值与最小值之差，称为极差，记作 R，即
$$R = M - m .$$

本例中，$M = 226$，$m = 190$，$R = M - m = 226 - 190 = 36$，这组数据的分布范围为 $[190, 226]$.

（2）将数据分组. 一般采取等距分组，组距
$$h = \frac{极差}{组数} = \frac{M - m}{k} .$$

分组不宜过多，组数 k 可根据需要和样本容量的大小参考表 6.4.2 确定.

本例中，可取 $k = 10$，则组距 $h = \dfrac{36}{10} = 3.6 \approx 4$.

表 6.4.2

样本容量 n	50~100	100~250	250~500
组数 k	6~10	7~12	10~20

确定每组的上、下限：第一组的下限，应不大于给定数据的最小值 m，记作 a；最后一组的上限，应大于给定数据的最大值 M，记作 b .

本例中 $a = 189$，$b = 229$，按组距 4，将所给数据分成以下 10 个组（见表 6.4.3 第二列）.

（3）进行频数统计，求出频率分布表.

统计 120 个数据中分别属于以上各组的数据，称属于第 $i(i = 1, 2, \cdots, 10)$ 组数据的个数为该组的频数，记作
$$f_i ;$$
称
$$\frac{f_i}{n} （ n 是数据的总个数，本例中 n = 120 ）$$
为第 i 组数据的频率，记作 p_i .

在统计时,若一组数据恰是某一组的上限(它必是下一组的下限),则应将其放在下一组中.

表 6.4.3

编号	组限	频数 f_i	频率 $p_i = f_i / n$	频率/组距 p_i / h
1	189~193	1	0.008	0.208×10^{-2}
2	193~197	3	0.025	0.625×10^{-2}
3	197~201	6	0.050	1.250×10^{-2}
4	201~205	17	0.142	3.542×10^{-2}
5	205~209	34	0.283	7.083×10^{-2}
6	209~213	22	0.183	4.583×10^{-2}
7	213~217	21	0.175	4.375×10^{-2}
8	217~221	9	0.075	1.875×10^{-2}
9	221~225	6	0.050	1.250×10^{-2}
10	225~229	1	0.008	0.208×10^{-2}

(4)作出频率直方图.

在平面直角坐标系中,取光通量(单位:lm)为横轴,频率与组距的比为纵轴.在横轴上标出各组的分点.以每两点间线段,即每组的组距作为矩形的底,以该组的频率/组距作为矩形的高,画出 k 个矩形,所得到的柱状图形(图 6.4.1)称为频率直方图.

本例中,120 个原来看不出规律的数据,用频率直方图进行整理后,成为中间高、两边低的图形,直观地反映了光通量的分布情况.

画一条曲线,让它大致经过各小矩形上边的中点,便可得到随机变量光通量 X 的密度曲线的近似曲线.据此可估计该厂灯泡的光通量 X 服从正态分布.

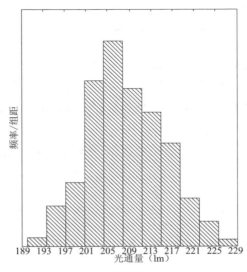

图 6.4.1

6.4.4　点估计

概率论研究随机变量时,总是假定随机变量的概率分布或某些数字特征是已知的,而在实际问题中,这些随机变量的概率分布或某些数字特征是不知道的或知之甚少的,通常人们只关心总体的一些重要数字特征,如均值、方差等,而参数估计就是利用样本的信息来推断总体的这些数字特征的. 参数估计包括点估计和区间估计两类,本书只介绍点估计.

总体 X 的均值、方差及标准差分别用 μ, σ^2 和 σ 表示,用概率分布来描述总体时,有 $\mu = E(X)$, $\sigma^2 = D(X)$, $\sigma = \sqrt{D(X)}$. $X \sim N(\mu, \sigma^2)$ 和 σ^2 是客观存在的,但通常我们很难得到 $X \sim N(\mu, \sigma^2)$ 和 σ^2 的精确值. 在实际问题中,人们用样本均值 $\bar{x}$ 和样本方差 s^2 作为总体均值 μ 和总体方差 σ^2 的估计值,这是对总体均值与总体方差进行点估计的一种方法.

把样本均值 $\bar{x} = \dfrac{1}{n}\sum\limits_{i=1}^{n} x_i$ 作为总体均值 μ 的估计值,记作 $\hat{\mu}$;

把样本方差 $s^2 = \dfrac{1}{n-1}\sum\limits_{i=1}^{n}(x_i - \bar{x})^2$ 作为总体方差 σ^2 的估计值,记作 $\hat{\sigma}^2$;

把样本均方差 $s = \sqrt{s^2}$ 作为总体均方差 σ 的估计值,记作 $\hat{\sigma}$.

例 6.4.3　估计例 6.4.1 中那批钢筋的抗拉强度指标的均值指标 μ,方差 $\hat{\sigma}^2$ 及均方差 σ.

解　由例 6.4.1 中计算结果可知这批钢筋的抗拉强度指标的均值 μ,方差 σ^2 及均方差 σ 的估计值分别为

$$\hat{\mu} = \bar{x} = 127; \hat{\sigma}^2 = s^2 \approx 78.89; \hat{\sigma} = s \approx 8.88.$$

例 6.4.4　某果园有 1 000 株果树,欲估计果树的总产量. 随机抽选了 10 株果树,其产量(kg)分别为 161,68,45,102,38,87,100,92,76,90. 假设果树的产量服从正态分布,求果树产量的均值与标准差的估计值,由此估计总产量以及一株果树产量超过 100kg 的概率.

解　设 $X =$ "果树的产量",则 10 株果树产量的值为一个样本,样本容量 $n = 10$.

样本的均值为

$$\bar{x} = \frac{1}{10}(161 + 68 + 45 + 102 + 38 + 87 + 100 + 92 + 76 + 90) = 85.9;$$

样本的标准差为

$$s = \sqrt{\frac{1}{10-1}\sum_{i=1}^{10}(x_i - 85.9)^2} = 34.22;$$

所以 X 的均值的估计值为

$$\hat{\mu} = \bar{x} = 85.9\text{kg},$$

标准差的估计值为

$$\hat{\sigma} = s = 34.22\text{kg};$$

总产量可依据均值计算,即总产量估计为

$$1000\hat{\mu} = 85900\text{kg};$$

利用参数的估计值得到总体的具体分布

$$X \sim N(85.9, 34.22^2),$$

于是所求概率为

$$P(X > 100) = 1 - \Phi(\frac{100 - 85.9}{34.22}) = 1 - \Phi(0.41) = 0.340\ 9\ .$$

计算表明,一株果树产量超过 100kg 的可能性为 34%.

6.4.5　一元线性回归分析

回归分析是寻找变量间相关关系的数学关系式,并进行统计推断的一种方法.通过对试验数据的处理,找出变量间相关关系的定量数学表达式——经验公式;借助于概率统计知识进行分析,判明所建立的经验公式的有效性;在一定的置信度下,根据一个或几个变量的值,预报或控制另一个变量的值,这就是回归分析法主要解决的问题.研究两个变量间相关关系的方法称为一元回归分析.如果两个变量间关系是线性的,这就是一元线性回归问题,近似描述两个变量间线性相关关系的函数关系称为一元线性回归方程.下面结合例题说明如何建立一元线性回归方程.

例 6.4.5　为了研究家庭消费 y(千元)与收入 x(千元)的关系,经调查获得 10 对数据(见表 6.4.4),试求家庭消费 y 与收入 x 的线性回归方程.

表 6.4.4

x	0.8	1.2	2.0	3.0	4.0	5.0	7.0	9.0	10.0	12.0
y	0.77	1.1	1.3	2.2	2.1	2.7	3.8	3.9	5.5	6.6

解　(1)作散点图.

根据测得的 n 对数据,在平面直角坐标系中,画出 n 个散落的点

$$(x_i, y_i) \quad (i = 1, 2, \cdots, n),$$

这样的图形称为散点图.图 6.4.2 即是本例的散点图.若 n 个散点大体在一条直线 $y = a + bx$(回归直线)的周围,则可直观判定 x 与 y 具有线性关系.从本例的散点图可以看出,散点图大致分布在一条直线附近,该 10 个散落的点大致呈线性相关关系.

(2)写出回归方程.

通过散点图可以直观判断两个变量间有无相关关系,并对变量间的相关关系做出大致的描述.但这种描述较为粗糙,不能准确地反映变量之间相关关系的密切程度.为使回归直线能"最佳"地反映散点分布的状态,即使直线与散点拟合得最好,应用最小二乘估计法,得到参数 a, b 的求解公式:

$$a = \overline{y} - b\overline{x}\ ;\tag{6.4.1}$$

$$b = \frac{\sum_{i=1}^{n} x_i y_i - n\overline{x}\,\overline{y}}{\sum_{i=1}^{n} x_i^2 - n\overline{x}^2}\ .\tag{6.4.2}$$

进而可以得到线性回归方程:

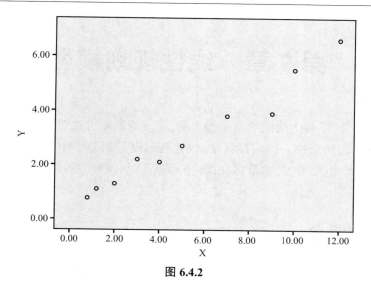

图 **6.4.2**

$$y = a + bx .$$ （6.4.3）

根据表 6.4.4 中的数据，由式（6.4.1）和式（6.4.2）计算得

$$b = \frac{\sum\limits_{i=1}^{10} x_i y_i - 10\overline{x}\,\overline{y}}{\sum\limits_{i=1}^{10} x_i^2 - 10\overline{x}^2} \approx 0.484\,532 ,\quad a = \overline{y} - b\overline{x} \approx 0.380\,527\,2 .$$

所求样本回归方程为

$$y = 0.380\,527\,2 + 0.484\,532x .$$

其中，样本容量 $n = 10$，$\overline{x} = 5.4$，$\overline{y} = 2.997$．

（3）利用相关系数判断两个变量之间相关关系的密切程度.

相关系数的计算公式中的期望、方差，可利用测得的样本数据计算.

本例的相关系数为

$$\rho \approx 0.982\,6 ,$$

说明家庭消费与收入两个变量高度线性相关.

第 7 章　线性规划模型

运筹学是第二次世界大战期间发展起来的,是运用数学方法对需要进行管理的问题进行统筹规划,并做出决策的一门应用科学.线性规划则是运筹学中研究早、发展快、应用广泛、方法成熟的一个重要分支.本章将在简要介绍矩阵与线性方程组概念的基础上,重点介绍线性规划模型的建立方法.

7.1　矩阵的概念

矩阵是现代科学技术不可缺少的数学工具,特别是在计算机技术高速发展的今天,矩阵的应用已经非常广泛.尤其在多元线性分析中,矩阵以一张简洁明了的矩形数表,提取并凸显了被淹没在繁杂标记海洋中的全部关键信息,成为进行多元线性分析最有效的工具.

7.1.1　矩阵的定义

定义 7.1.1　由 $m \times n$ 个数 a_{ij} ($i = 1, 2, \cdots, m$; $j = 1, 2, \cdots, n$)排成的 m 行、n 列(横排的叫行,竖排的叫列)的矩形数表

$$\begin{bmatrix} a_{11} & a_{12} & \cdots & a_{1n} \\ a_{21} & a_{22} & \cdots & a_{2n} \\ \vdots & \vdots & & \vdots \\ a_{m1} & a_{m2} & \cdots & a_{mn} \end{bmatrix} \text{或} \begin{pmatrix} a_{11} & a_{12} & \cdots & a_{1n} \\ a_{21} & a_{22} & \cdots & a_{2n} \\ \vdots & \vdots & & \vdots \\ a_{m1} & a_{m2} & \cdots & a_{mn} \end{pmatrix}$$

称为一个 $m \times n$ 矩阵,简记作 $\boldsymbol{A}_{m \times n}$ 或 $(a_{ij})_{m \times n}$.其中 a_{ij} 称为该矩阵的第 i 行第 j 列的元素,简称为该矩阵的 (i, j) 元素.

特别的,当 $m = n$ 时,矩阵 $\boldsymbol{A} = (a_{ij})_{n \times n}$,即

$$\boldsymbol{A} = \begin{bmatrix} a_{11} & a_{12} & \cdots & a_{1n} \\ a_{21} & a_{22} & \cdots & a_{2n} \\ \vdots & \vdots & & \vdots \\ a_{n1} & a_{n2} & \cdots & a_{nn} \end{bmatrix}$$

称为 n 阶方阵或 n 阶矩阵.并且,称元素 a_{11} , a_{22} , $\cdots$, a_{nn} 所在的对角线为方阵 $\boldsymbol{A}$ 的主对角线,而称元素 a_{1n} , $a_{2,n-1}$, $\cdots$, a_{n1} 所在的对角线为方阵 $\boldsymbol{A}$ 的副(或次)对角线.

习惯上,把一阶方阵 $[a]$ 写为 a ,即把一阶方阵与一个数不加区分.

定义 7.1.2　若矩阵 $\boldsymbol{A}$ 与矩阵 $\boldsymbol{B}$ 的行数与列数均相等,则称矩阵 $\boldsymbol{A}$ 与矩阵 $\boldsymbol{B}$ 为同型矩阵.

定义 7.1.3　若矩阵 $\boldsymbol{A} = (a_{ij})_{m \times n}$ 与矩阵 $\boldsymbol{B} = (b_{ij})_{m \times n}$ ($i = 1, 2, \cdots, m$; $j = 1, 2, \cdots, n$)为同型矩阵,且它们对应位置的元素都相等,即

$$a_{ij} = b_{ij}\,(\ i = 1, 2, \cdots, m\,;\, j = 1, 2, \cdots, n\ )\,,$$

则称矩阵 A 与矩阵 B 为相等的矩阵,记作 $A = B$.

例 7.1.1　已知 $\begin{bmatrix} a+b & 4 \\ 0 & d \end{bmatrix} = \begin{bmatrix} 2 & a-b \\ c & 3 \end{bmatrix}$,求 a、b、c、d 的值.

解　由矩阵相等的定义(定义 7.1.3)得

$$a + b = 2\,;\, a - b = 4\,;\, c = 0\,;\, d = 3\,,$$

所以　　　$a = 3\,;\, b = -1\,;\, c = 0\,;\, d = 3\,.$

定义 7.1.4　对于矩阵 $A = (a_{ij})_{m \times n}$,将矩阵 A 中的每一元素均取相反数得到矩阵 B,即

$$B = (-a_{ij})_{m \times n} = \begin{bmatrix} -a_{11} & -a_{12} & \cdots & -a_{1n} \\ -a_{21} & -a_{22} & \cdots & -a_{2n} \\ \vdots & \vdots & & \vdots \\ -a_{m1} & -a_{m2} & \cdots & -a_{mn} \end{bmatrix},$$

则称矩阵 B 为矩阵 A 的负矩阵,记作 $B = -A$.

显然,$B = -A \Leftrightarrow A = -B$.

定义 7.1.5　把 $m \times n$ 矩阵

$$A = \begin{bmatrix} a_{11} & a_{12} & \cdots & a_{1n} \\ a_{21} & a_{22} & \cdots & a_{2n} \\ \vdots & \vdots & & \vdots \\ a_{m1} & a_{m2} & \cdots & a_{mn} \end{bmatrix}$$

的行依次换成列(或列依次换成行)所得到的 $n \times m$ 矩阵,称为矩阵 A 的转置矩阵,记为 A^{T} (或 A'),即

$$A^{\mathrm{T}} = \begin{bmatrix} a_{11} & a_{21} & \cdots & a_{m1} \\ a_{12} & a_{22} & \cdots & a_{m2} \\ \vdots & \vdots & & \vdots \\ a_{1n} & a_{2n} & \cdots & a_{mn} \end{bmatrix}.$$

7.1.2　一些特殊的 $m \times n$ 矩阵

1. 零矩阵

定义 7.1.6　所有元素均为零的 $m \times n$ 矩阵,称为 $m \times n$ 零矩阵,记作 $O_{m \times n}$ 或 O,即

$$O = \begin{bmatrix} 0 & 0 & \cdots & 0 \\ 0 & 0 & \cdots & 0 \\ \vdots & \vdots & & \vdots \\ 0 & 0 & \cdots & 0 \end{bmatrix}.$$

需注意的是,两个零矩阵不一定相等,因为它们不一定是同型矩阵.

2. 行矩阵

定义 7.1.7　仅有一行的 $1 \times n$ 矩阵

$$[a_1 \quad a_2 \quad \cdots \quad a_n]$$

称为一个行矩阵或 n 维行向量.

3. 列矩阵

定义 7.1.8　仅有一列的 $m \times 1$ 矩阵

$$\begin{bmatrix} b_1 \\ b_2 \\ \vdots \\ b_m \end{bmatrix}$$

称为一个列矩阵或 m 维列向量. 为了书写方便, 通常写作 $[b_1 \ b_2 \ \cdots \ b_m]^T$.

4. 阶梯形矩阵

若矩阵中的某一行元素全为零, 则称该行为零行, 反之称为非零行. 在矩阵的某一行中, 左侧第一个不为零的元素称为首非零元.

定义 7.1.9　称满足下列两个条件的 $m \times n$ 矩阵为阶梯形矩阵:

（1）如果存在零行, 则零行都在非零行的下边;

（2）每一个首非零元所在的列中, 位于这个首非零元下边的元素都是零.

例 7.1.2　矩阵 $\begin{bmatrix} 1 & 2 & 0 & 3 & 2 & 1 \\ 0 & 1 & 2 & 3 & 0 & 5 \\ 0 & 0 & 0 & 2 & 5 & 8 \\ 0 & 0 & 0 & 0 & 6 & 0 \\ 0 & 0 & 0 & 0 & 0 & 0 \end{bmatrix}$ 即为一个 5×6 的阶梯形矩阵.

7.1.3　一些特殊的方阵

1. 单位矩阵

定义 7.1.10　主对角线上的元素都是 1, 而其余元素都是零的方阵, 即

$$\begin{bmatrix} 1 & 0 & \cdots & 0 \\ 0 & 1 & \cdots & 0 \\ \vdots & \vdots & & \vdots \\ 0 & 0 & \cdots & 1 \end{bmatrix}$$

称为 n 阶单位矩阵, 记作 $\boldsymbol{E}$ 或 $\boldsymbol{I}$. 有时为了明确其阶数, 也记作 $\boldsymbol{E}_n$ 或 $\boldsymbol{I}_n$.

2. 上（下）三角矩阵

定义 7.1.11　主对角线下（或上）方的元素都是零的 n 阶矩阵, 即

$$\begin{bmatrix} a_{11} & a_{12} & \cdots & a_{1n} \\ 0 & a_{22} & \cdots & a_{2n} \\ \vdots & \vdots & & \vdots \\ 0 & 0 & \cdots & a_{mn} \end{bmatrix} \text{ 或 } \begin{bmatrix} a_{11} & 0 & \cdots & 0 \\ a_{21} & a_{22} & \cdots & 0 \\ \vdots & \vdots & & \vdots \\ a_{m1} & a_{m2} & \cdots & a_{mn} \end{bmatrix}$$

称为上（下）三角矩阵.

3. 对角矩阵

定义 7.1.12　除主对角线以外的元素都是零的 n 阶矩阵, 即

$$\begin{bmatrix} d_1 & 0 & \cdots & 0 \\ 0 & d_2 & \cdots & 0 \\ \vdots & \vdots & & \vdots \\ 0 & 0 & \cdots & d_n \end{bmatrix}$$

称为 n 阶对角矩阵,简记作

$$\boldsymbol{D}(\text{ 或 } \boldsymbol{\Lambda}) = \text{diag}\{d_1, d_2, \cdots, d_n\} .$$

显然,单位矩阵是一种特殊的对角矩阵.

4. 对称矩阵

定义 7.1.13　若矩阵 $\boldsymbol{A}$ 中的元素满足 $a_{ij} = a_{ji}$ $(i = 1, 2, \cdots, n; j = 1, 2, \cdots, n)$,则称此矩阵为对称矩阵.

显然,只有方阵才有可能成为对称矩阵,或者说对称矩阵必为方阵.

5. 反对称矩阵

定义 7.1.14　若矩阵 $\boldsymbol{A}$ 中的元素满足 $a_{ij} = -a_{ji}$ $(i = 1, 2, \cdots, n; j = 1, 2, \cdots, n)$,则称此矩阵为反对称矩阵.

同对称矩阵类似,反对称矩阵也一定是方阵. 由反对称矩阵的定义易知,其主对角线上的元素必为零.

7.2　矩阵的运算

7.2.1　矩阵的加、减法

定义 7.2.1　设矩阵 $\boldsymbol{A} = (a_{ij})_{m \times n}$ 与矩阵 $\boldsymbol{B} = (b_{ij})_{m \times n}$ 为同型矩阵,规定由矩阵 $\boldsymbol{A}$ 与矩阵 $\boldsymbol{B}$ 的对应位置元素的和或差构成的矩阵,称为矩阵 $\boldsymbol{A}$ 与矩阵 $\boldsymbol{B}$ 的和或差,记作 $\boldsymbol{A} \pm \boldsymbol{B}$,即

$$\boldsymbol{A} \pm \boldsymbol{B} = (a_{ij} \pm b_{ij})_{m \times n} \quad (i = 1, 2, \cdots, m; j = 1, 2, \cdots, n) .$$

特别的,有

$$\boldsymbol{A} + \boldsymbol{O} = \boldsymbol{A}; \boldsymbol{A} + (-\boldsymbol{A}) = \boldsymbol{A} - \boldsymbol{A} = \boldsymbol{O} .$$

同时,可以证明,矩阵的加法满足交换律与结合律,即

（1）$\boldsymbol{A} + \boldsymbol{B} = \boldsymbol{B} + \boldsymbol{A}$;

（2）$(\boldsymbol{A} + \boldsymbol{B}) + \boldsymbol{C} = \boldsymbol{A} + (\boldsymbol{B} + \boldsymbol{C})$.

例 7.2.1　若 $\boldsymbol{A} = \begin{bmatrix} 1 & 0 & 1 \\ -1 & 1 & 0 \end{bmatrix}$, $\boldsymbol{B} = \begin{bmatrix} 0 & 1 & 1 \\ 2 & 0 & 1 \end{bmatrix}$,求 $\boldsymbol{A} + \boldsymbol{B}$,$\boldsymbol{A} - \boldsymbol{B}$.

解　$\boldsymbol{A} + \boldsymbol{B} = \begin{bmatrix} 1+0 & 0+1 & 1+1 \\ -1+2 & 1+0 & 0+1 \end{bmatrix} = \begin{bmatrix} 1 & 1 & 2 \\ 1 & 1 & 1 \end{bmatrix}$;

$\boldsymbol{A} - \boldsymbol{B} = \begin{bmatrix} 1-0 & 0-1 & 1-1 \\ -1-2 & 1-0 & 0-1 \end{bmatrix} = \begin{bmatrix} 1 & -1 & 0 \\ -3 & 1 & -1 \end{bmatrix}$.

7.2.2　数与矩阵的乘法

定义 7.2.2　设矩阵 $A = (a_{ij})_{m \times n}$，$k$ 为常数，规定 k 与 A 的乘积即是用 k 去乘以矩阵 A 中的每一个元素，所得到的新的 $m \times n$ 矩阵记作

$$kA = (ka_{ij})_{m \times n} .$$

例 7.2.2　若 $A = \begin{bmatrix} 0 & 1 & 1 \\ 2 & 0 & 1 \end{bmatrix}$，求 $5A$.

解　$5A = \begin{bmatrix} 5 \times 0 & 5 \times 1 & 5 \times 1 \\ 5 \times 2 & 5 \times 0 & 5 \times 1 \end{bmatrix} = \begin{bmatrix} 0 & 5 & 5 \\ 10 & 0 & 5 \end{bmatrix}$.

例 7.2.3　已知 $A = \begin{bmatrix} 1 & 0 & 2 \\ -1 & 1 & 0 \end{bmatrix}$，$B = \begin{bmatrix} 1 & 1 & 0 \\ 2 & 1 & 1 \end{bmatrix}$，若 $2A - 3X = B$，求 X .

解　由矩阵方程 $2A - 3X = B$，得

$$X = \frac{2}{3} A - \frac{1}{3} B = \frac{2}{3} \begin{bmatrix} 1 & 0 & 2 \\ -1 & 1 & 0 \end{bmatrix} - \frac{1}{3} \begin{bmatrix} 1 & 1 & 0 \\ 2 & 1 & 1 \end{bmatrix} .$$

于是有

$$X = \begin{bmatrix} \dfrac{2}{3} & 0 & \dfrac{4}{3} \\ -\dfrac{2}{3} & \dfrac{2}{3} & 0 \end{bmatrix} - \begin{bmatrix} \dfrac{1}{3} & \dfrac{1}{3} & 0 \\ \dfrac{2}{3} & \dfrac{1}{3} & \dfrac{1}{3} \end{bmatrix} = \begin{bmatrix} \dfrac{1}{3} & -\dfrac{1}{3} & \dfrac{4}{3} \\ -\dfrac{4}{3} & \dfrac{1}{3} & -\dfrac{1}{3} \end{bmatrix} .$$

容易验证，对于数 k、l 和矩阵 $A = (a_{ij})_{m \times n}$、$B = (b_{ij})_{m \times n}$，数乘矩阵运算满足以下运算规律.

（1）数对矩阵的分配律：$k(A + B) = kA + kB$.

（2）矩阵对数的分配律：$(k + l)A = kA + lA$.

（3）数与矩阵的结合律：$k(lA) = l(kA) = (kl)A$.

（4）$kA = O \Leftrightarrow k = 0$ 或 $A = O$.

7.2.3　矩阵的乘法

定义 7.2.3　设矩阵 $A = (a_{ij})_{m \times s}$，$B = (a_{ij})_{s \times n}$，规定矩阵 A 与 B 的乘积为 $C = (c_{ij})_{m \times n}$，记作 $AB = C$. 其中

$$c_{ij} = a_{i1}b_{1j} + a_{i2}b_{2j} + \cdots + a_{is}b_{sj} = \sum_{k=1}^{s} a_{ik}b_{kj}\ (\ i = 1, 2, \cdots, m\ ;\ j = 1, 2, \cdots, n\ ).$$

即 $C = AB$ 的第 i 行第 j 列的元素为 A 的第 i 行的元素与 B 的第 j 列的对应元素的乘积之和.

由定义 7.2.3 可知，不是任意两个矩阵都可以相乘. 两个矩阵进行乘积运算时，只有在左边矩阵的列数与右边矩阵的行数相等的情况下才可以完成. 因此，矩阵相乘时有左乘与右乘的区别. 一般地，将 AB 称为用 A 左乘 B，或称为用 B 右乘 A .

矩阵乘法满足下列运算律.

（1）单位矩阵的作用：$E_m A_{m \times n} = A_{m \times n} E_n = A_{m \times n}$.

（2）乘法结合律：$(AB)C = A(BC)$.

（3）数乘结合律：$(k\boldsymbol{A})\boldsymbol{B} = \boldsymbol{A}(k\boldsymbol{B}) = k(\boldsymbol{AB})$（ k 为常数 ）；

（4）左乘分配律：$\boldsymbol{A}(\boldsymbol{B}+\boldsymbol{C}) = \boldsymbol{AB} + \boldsymbol{AC}$；

（5）右乘分配律：$(\boldsymbol{B}+\boldsymbol{C})\boldsymbol{A} = \boldsymbol{BA} + \boldsymbol{CA}$.

例 7.2.4　设矩阵

$$\boldsymbol{A} = \begin{bmatrix} 1 & 0 & 1 \\ 2 & -1 & 1 \end{bmatrix}, \boldsymbol{B} = \begin{bmatrix} 0 & 1 \\ 2 & -1 \\ 1 & 2 \end{bmatrix},$$

求 $\boldsymbol{AB}$.

解　$\boldsymbol{AB} = \begin{bmatrix} 1 & 0 & 1 \\ 2 & -1 & 1 \end{bmatrix} \begin{bmatrix} 0 & 1 \\ 2 & -1 \\ 1 & 2 \end{bmatrix}$

$= \begin{bmatrix} 1\times0+0\times2+1\times1 & 1\times1+0\times(-1)+1\times2 \\ 2\times0+(-1)\times2+1\times1 & 2\times1+(-1)\times(-1)+1\times2 \end{bmatrix} = \begin{bmatrix} 1 & 3 \\ -1 & 5 \end{bmatrix}$.

例 7.2.5　设矩阵

$$\boldsymbol{A} = \begin{bmatrix} 1 & 0 \\ 1 & 0 \end{bmatrix}, \boldsymbol{B} = \begin{bmatrix} 0 & 0 \\ 1 & 1 \end{bmatrix}, \boldsymbol{C} = \begin{bmatrix} 0 & 0 \\ 2 & 3 \end{bmatrix}$$

求 $\boldsymbol{AB}$ 、$\boldsymbol{BA}$ 和 $\boldsymbol{AC}$.

解　$\boldsymbol{AB} = \begin{bmatrix} 1 & 0 \\ 1 & 0 \end{bmatrix} \begin{bmatrix} 0 & 0 \\ 1 & 1 \end{bmatrix} = \begin{bmatrix} 0 & 0 \\ 0 & 0 \end{bmatrix} = \boldsymbol{O}$;

$\boldsymbol{BA} = \begin{bmatrix} 0 & 0 \\ 1 & 1 \end{bmatrix} \begin{bmatrix} 1 & 0 \\ 1 & 0 \end{bmatrix} = \begin{bmatrix} 0 & 0 \\ 2 & 0 \end{bmatrix}$;

$\boldsymbol{AC} = \begin{bmatrix} 1 & 0 \\ 1 & 0 \end{bmatrix} \begin{bmatrix} 0 & 0 \\ 2 & 3 \end{bmatrix} = \begin{bmatrix} 0 & 0 \\ 0 & 0 \end{bmatrix} = \boldsymbol{O}$.

例 7.2.6　设列矩阵 $\boldsymbol{A} = [a_1 \quad a_2 \quad a_3]^{\mathrm{T}}$，求 $\boldsymbol{AA}^{\mathrm{T}}$ 与 $\boldsymbol{A}^{\mathrm{T}}\boldsymbol{A}$.

解　由 $\boldsymbol{A} = [a_1 \quad a_2 \quad a_3]^{\mathrm{T}}$ 知，$\boldsymbol{A}^{\mathrm{T}} = [a_1 \quad a_2 \quad a_3]$. 所以

$$\boldsymbol{AA}^{\mathrm{T}} = \begin{bmatrix} a_1 \\ a_2 \\ a_3 \end{bmatrix} [a_1 \quad a_2 \quad a_3] = \begin{bmatrix} a_1^2 & a_1a_2 & a_1a_3 \\ a_2a_1 & a_2^2 & a_2a_3 \\ a_3a_1 & a_3a_2 & a_3^2 \end{bmatrix} \text{（ 三阶对称矩阵 ）};$$

$$\boldsymbol{A}^{\mathrm{T}}\boldsymbol{A} = [a_1 \quad a_2 \quad a_3] \begin{bmatrix} a_1 \\ a_2 \\ a_3 \end{bmatrix} = a_1^2 + a_2^2 + a_3^2 \text{（ 一个数 ）}.$$

由例 7.2.5 与例 7.2.6 可知：

（1）通常 $\boldsymbol{AB} \neq \boldsymbol{BA}$ ，即矩阵乘法不满足交换律；

（2）即使 $\boldsymbol{A} \neq \boldsymbol{O}$ ，$\boldsymbol{B} \neq \boldsymbol{O}$ ，但也可能有 $\boldsymbol{AB} = \boldsymbol{O}$ ，所以由 $\boldsymbol{AB} = \boldsymbol{O}$ 不能推出 $\boldsymbol{A} = \boldsymbol{O}$ 或 $\boldsymbol{B} = \boldsymbol{O}$ ；

（3）即使 $\boldsymbol{AB} = \boldsymbol{AC}$ 且 $\boldsymbol{A} \neq \boldsymbol{O}$ ，也不一定有 $\boldsymbol{B} = \boldsymbol{C}$ ，即矩阵乘法不满足消去律.

7.3　线性方程组

　　线性方程组是刻画多个变量同时按多个线性约束关系运行的数学模型. 求解线性方程组则是系统运行状态分析的基本要求. 在实际问题中, 变量和条件往往很多, 这必然导致方程组规模庞大、下标林立. 引入线性方程组的矩阵表示, 可以很好地解决这个问题, 同时也为利用计算机软件来求解线性方程组提供了可能.

7.3.1　线性方程组的概念

　　定义 7.3.1　形如
$$a_0 + a_1 x_1 + a_2 x_2 + \cdots + a_n x_n = 0 \left(\text{或 } a_1 x_1 + a_2 x_2 + \cdots + a_n x_n = b \right)$$
的方程称为 n 元线性方程. 其中, $a_1, a_2, \cdots, a_n$ 为不全为零的常数, $x_1, x_2, \cdots, x_n$ 为 n 个未知量, 常数 a_0 (或 b) 称为常数项.

　　n 元线性方程一般简写为
$$\sum_{i=1}^{n} a_i x_i = b .$$

　　定义 7.3.2　由 m 个 n 元线性方程构成的方程组称为 n 元线性方程组, 其一般形式为
$$\begin{cases} a_{11} x_1 + a_{12} x_2 + \cdots + a_{1n} x_n = b_1 \\ a_{21} x_1 + a_{22} x_2 + \cdots + a_{2n} x_n = b_2 \\ \quad\quad \cdots\cdots \\ a_{m1} x_1 + a_{m2} x_2 + \cdots + a_{mn} x_n = b_m \end{cases}. \tag{7.3.1}$$

其中, $x_1, x_2, \cdots, x_n$ 为未知量, a_{ij} 是第 i 个方程中未知量 x_j 的常数系数 ($i = 1, 2, \cdots, m$; $j = 1, 2, \cdots, n$), b_i ($i = 1, 2, \cdots, m$) 称为常数项.

　　若 $b_i = 0$ ($i = 1, 2, \cdots, m$), 即
$$\begin{cases} a_{11} x_1 + a_{12} x_2 + \cdots + a_{1n} x_n = 0 \\ a_{21} x_1 + a_{22} x_2 + \cdots + a_{2n} x_n = 0 \\ \quad\quad \cdots\cdots \\ a_{m1} x_1 + a_{m2} x_2 + \cdots + a_{mn} x_n = 0 \end{cases}, \tag{7.3.2}$$

则称式 (7.3.2) 为齐次线性方程组.

　　若 b_i ($i = 1, 2, \cdots, m$) 不全为零, 则称式 (7.3.1) 为非齐次线性方程组.

7.3.2　线性方程组与矩阵

　　1. 线性方程组的系数矩阵与增广矩阵

　　由方程组 (7.3.1) 的未知量的系数组成的 $m \times n$ 矩阵
$$A = \begin{bmatrix} a_{11} & a_{12} & \cdots & a_{1n} \\ a_{21} & a_{22} & \cdots & a_{2n} \\ \vdots & \vdots & & \vdots \\ a_{m1} & a_{m2} & \cdots & a_{mn} \end{bmatrix}$$

称为线性方程组（7.3.1）的系数矩阵.

由方程组（7.3.1）的常数项 b_i（$i=1,2,\cdots,m$）组成的列矩阵

$$\boldsymbol{b}=\begin{bmatrix} b_1 \\ b_2 \\ \vdots \\ b_m \end{bmatrix}$$

称为线性方程组（7.3.1）的常数项矩阵.

由方程组（7.3.1）的系数矩阵 $\boldsymbol{A}$ 与常数项矩阵 $\boldsymbol{b}$ 组成的矩阵

$$\overline{\boldsymbol{A}}=\begin{bmatrix} a_{11} & a_{12} & \cdots & a_{1n} & b_1 \\ a_{21} & a_{21} & \cdots & a_{2n} & b_2 \\ \vdots & \vdots & & \vdots & \vdots \\ a_{m1} & a_{m1} & \cdots & a_{mn} & b_m \end{bmatrix} \quad (\text{即 } \overline{\boldsymbol{A}}=\begin{bmatrix} \boldsymbol{A} & \boldsymbol{b} \end{bmatrix})$$

称为线性方程组（7.3.1）的增广矩阵. 显然,增广矩阵完全确定了线性方程组.

2. 线性方程组的解

定义 7.3.3 如果存在一组常数 $a_1,a_2,\cdots,a_n$,使得当把 $x_1=a_1,x_2=a_2,\cdots,x_n=a_n$ 代入线性方程组（7.3.1）后,方程组中的每个方程都成为恒等式,则称

$$x_1=a_1,x_2=a_2,\cdots,x_n=a_n$$

为线性方程组（7.3.1）的解,记作

$$\boldsymbol{x}=\begin{bmatrix} x_1 & x_2 & \cdots & x_n \end{bmatrix}^{\mathrm{T}}=\begin{bmatrix} a_1 & a_2 & \cdots & a_n \end{bmatrix}^{\mathrm{T}}.$$

在线性方程组（7.3.1）中,每一个方程就是未知量所需要满足的一个条件. 求解方程组,实质上就是要将满足所有方程条件的未知量的取值找出来. 因此,对于有 n 个未知量的方程组来说,至少要有 n 个方程才有可能使方程组有唯一解. 在一个方程组中,由于方程的个数（m 个）与未知量的个数（n 个）都是不固定的,而且各方程所代表的条件也可能是重复的甚至是矛盾的,所以线性方程组（7.3.1）的解会有三种可能,即有无穷多组解、有唯一解和无解.

容易验证的是,由于齐次线性方程组（7.3.2）的常数项矩阵为零矩阵,所以其必有零解. 同理可知,非齐次线性方程组必没有零解,只可能有非零解.

例 7.3.1 由于线性方程组 $\begin{cases} 2x_1+3x_2+5x_3=0 \\ x_1-3x_2+x_3=4 \\ 2x_1-6x_2+2x_3=8 \end{cases}$ 的第二个和第三个方程是一样的条件,所以该方程组实质上只有两个方程,而未知量却有三个. 因此,该方程组有无穷多组解.

例 7.3.2 由于线性方程组 $\begin{cases} 2x_1+3x_2+5x_3=0 \\ x_1-3x_2+x_3=4 \\ 2x_1-6x_2+2x_3=6 \end{cases}$ 的第二个和第三个方程显然是矛盾的条件,所以该方程组无解.

例 7.3.3 由于线性方程组 $\begin{cases} 2x_1+3x_2+5x_3=0 \\ x_1-3x_2+x_3=4 \\ x_1-5x_2-2x_3=6 \end{cases}$ 中有三个方程,既没有条件重复的方程,

也没有条件矛盾的方程,而未知量又恰好有三个,所以该方程组有唯一解.

对于线性方程组(7.3.1),当未知量的个数 n 与方程的个数 m 数值比较大的时候,求方程组的解就成为一项比较复杂的工作. 甚至于,就连判断该方程组解的情况(有无穷多组解、有唯一解和无解)都是一件比较困难的事情.

对于线性方程组的解的问题,本书不再做进一步的讨论.

3. 线性方程组的矩阵形式

对于由 m 个方程、n 个未知量组成的线性方程组(7.3.1),根据矩阵相等的定义(定义 7.1.3),可以把方程组(7.3.1)写成

$$\begin{bmatrix} a_{11}x_1 + a_{12}x_2 + \cdots + a_{1n}x_n \\ a_{21}x_1 + a_{22}x_2 + \cdots + a_{2n}x_n \\ \vdots \\ a_{m1}x_1 + a_{m2}x_2 + \cdots + a_{mn}x_n \end{bmatrix} = \begin{bmatrix} b_1 \\ b_2 \\ \vdots \\ b_m \end{bmatrix}, \tag{7.3.3}$$

再根据矩阵乘法的定义(定义 7.2.3),又可以将式(7.3.3)写成

$$\begin{bmatrix} a_{11} & a_{12} & \cdots & a_{1n} \\ a_{21} & a_{22} & \cdots & a_{2n} \\ \vdots & \vdots & & \vdots \\ a_{m1} & a_{m2} & \cdots & a_{mn} \end{bmatrix} \begin{bmatrix} x_1 \\ x_2 \\ \vdots \\ x_n \end{bmatrix} = \begin{bmatrix} b_1 \\ b_2 \\ \vdots \\ b_m \end{bmatrix}, \tag{7.3.4}$$

记矩阵

$$A = \begin{bmatrix} a_{11} & a_{12} & \cdots & a_{1n} \\ a_{21} & a_{22} & \cdots & a_{2n} \\ \vdots & \vdots & & \vdots \\ a_{m1} & a_{m2} & \cdots & a_{mn} \end{bmatrix}, \quad x = \begin{bmatrix} x_1 \\ x_2 \\ \vdots \\ x_n \end{bmatrix}, \quad b = \begin{bmatrix} b_1 \\ b_2 \\ \vdots \\ b_m \end{bmatrix},$$

则线性方程组(7.3.1)可表示为

$$Ax = b, \tag{7.3.5}$$

称式(7.3.5)为线性方程组(7.3.1)的矩阵形式. 其中,A 为系数矩阵,b 为常数项矩阵,$x = [x_1 \quad x_2 \quad \cdots \quad x_n]^{\mathrm{T}}$ 为未知量矩阵.

例 7.3.4 用矩阵表示线性方程组

$$\begin{cases} x_1 - 2x_2 + x_3 = 1 \\ 2x_1 - x_2 + x_3 = 0 \\ x_1 + x_2 - x_3 = 2 \end{cases}.$$

解 方程组的矩阵形式为

$$Ax = b,$$

其中

$$A = \begin{bmatrix} 1 & -2 & 1 \\ 2 & -1 & 1 \\ 1 & 1 & -1 \end{bmatrix}, \quad x = \begin{bmatrix} x_1 \\ x_2 \\ x_3 \end{bmatrix}, \quad b = \begin{bmatrix} 1 \\ 0 \\ 2 \end{bmatrix}.$$

例 7.3.5 某个线性方程组的增广矩阵为

$$\overline{A} = \begin{bmatrix} 1 & -2 & 3 & -4 & 4 \\ 0 & 1 & -1 & 1 & -3 \\ 1 & 3 & 0 & 1 & 1 \\ 0 & -7 & 3 & 1 & -3 \end{bmatrix},$$

写出它所代表的线性方程组.

　　解　此增广矩阵所代表的线性方程组为

$$\begin{cases} x_1 - 2x_2 + 3x_3 - 4x_4 = 4 \\ x_2 - x_3 + x_4 = -3 \\ x_1 + 3x_2 + x_4 = 1 \\ -7x_2 + 3x_3 + x_4 = -3 \end{cases}.$$

7.4　线性规划模型

　　经营管理中如何有效地利用现有人力、物力完成更多的任务,或在预定的任务目标下,如何耗用最少的人力、物力去实现目标,这些都属于统筹规划类的问题.线性规划即是一种比较常见的,也是比较简单的统筹规划类问题.

　　线性规划所研究的是在线性约束条件下,解决线性目标函数的极值问题的数学理论和方法.线性规划的英文为 Linear Programming,常缩写为 LP.在这一节里,我们将通过案例介绍线性规划问题及其数学模型、运输问题的数学模型以及线性整数规划模型.

7.4.1　线性规划问题及其数学模型

　　模型是对现实世界的事物、现象、过程和系统等这些"原型"的简化描述,也可以是对"原型"中部分属性的模仿.笼统地说,模型就是对实际问题的抽象概括和严格的逻辑表达.模型可以分为很多种,如直观模型、物理模型、符号模型等.其中,数学模型则是由数字、字母或其他数学符号组成的,描述现实对象规律的数学公式、图形或算法.本节讨论的线性规划模型即是一种数学模型,是对线性规划问题所做的一种数学表述.

　　1.线性规划问题

　　下面先考察一个线性规划问题的案例.

　　例 7.4.1　某工厂可生产甲、乙两种产品,需消耗煤、电、油三种资源,有关数据见表 7.4.1.试拟定使总收入最大的生产计划方案.

表 7.4.1

资源	产品		资源限量
	甲	乙	
	资源单耗		
煤	9	4	360
电	4	5	200
油	3	10	300
单位产品价格	7	12	

　　为解决这一问题,我们首先要根据问题欲达到的目标(总收入最大)选取适当的变量.因为产品的价格是固定的,那么影响总收入的变化量就是产品的产量了,因此,可以选取甲、乙产品的计划产量作为变量,称之为决策变量.这样,就可以将问题的目标表示成决策变量的函数形式了,我们称这个函数为目标函数.由于资源消耗必然影响实际总收入,因此将各种资源消耗作为限制条件也用决策变量的等式或不等式表达出来,称之为约束条件.这样就构造出了解决这一问题的数学模型,具体如下.

　　解　设安排甲、乙产量分别为 x_1, x_2 (决策变量),显然其中蕴含了一个约束条件,即

　　　　$x_1, x_2 \geq 0$.

再设总收入为 z ,则有总收入函数(目标函数)为

　　　　$z = 7x_1 + 12x_2$.

为体现追求总收入最大化这一目标,在 z 的前面冠以"max",即

　　　　$\max z = 7x_1 + 12x_2$.

煤、电、油三种资源的消耗作为约束条件,即

$$\begin{cases} 9x_1 + 4x_2 \leq 360 \\ 4x_1 + 5x_2 \leq 200 \\ 3x_1 + 10x_2 \leq 300 \end{cases}.$$

所以,解决本问题的数学模型为

　　　　$\max z = 7x_1 + 12x_2$,

$$\text{s.t.} \begin{cases} 9x_1 + 4x_2 \leq 360 \\ 4x_1 + 5x_2 \leq 200 \\ 3x_1 + 10x_2 \leq 300 \\ x_1, x_2 \geq 0 \end{cases}.$$

其中, s.t.(subject to)意为"受约束于",是指代"约束条件"的一种固定表示方法.

　　定义 7.4.1　当变量连续取值时,如果目标函数和约束条件均为线性式,则称这类数学模型为线性规划模型.

　　显然,解决例 7.4.1 的过程中,我们最终建立的数学模型即是一个线性规划模型.

　　由定义 7.4.1 知,线性规划模型的一个基本特点是目标函数和约束条件均为变量的线性

表达式. 也就是说, 如果模型中出现如

$$x_1^2 + 2\ln x_2 - \frac{1}{x_3}$$

这样的非线性表达式, 则不属于线性规划模型.

例 7.4.1 中的线性规划模型除了具有线性特点之外, 模型中显然还包含下面三个要素.

（1）决策变量:需决策的量, 即待求的未知数.

（2）目标函数:需优化的量, 即欲达的目标, 用决策变量的函数表达式表示.

（3）约束条件:为实现优化目标需受到的限制, 用决策变量的等式或不等式表示.

那么, 这种建立线性规划模型的方法是否对其他线性规划问题也具有普遍适用性呢? 我们用这种方法继续考察下面的问题.

例 7.4.2　某市今年要兴建大量住宅, 已知有三种住宅体系可以大量兴建, 各体系资源用量及今年供应量见表 7.4.2. 要求在充分利用各种资源的条件下使建造住宅的总面积最大, 求建造方案.

表 7.4.2

住宅体系	资源				
	造价 （元/m²）	钢材 （kg/m²）	水泥 （kg/m²）	砖 （块/m²）	人工 （工日/m²）
砖混住宅	105	12	110	210	4.5
壁板住宅	135	30	190	—	3.0
大模住宅	120	25	180	—	3.5
资源限量	110 000 （千元）	20 000 （t）	150 000 （t）	147 000 （千块）	4 000 （千工日）

在本例中, 使建造住宅的总面积最大是欲达到的目标, 而分别修建砖混、壁板和大模住宅的面积显然是影响目标达成的决策变量. 至于来自资源造价、钢材、水泥、砖、人工限量等几个方面的条件限制, 则必然成为约束条件.

解　设今年计划修建砖混、壁板、大模住宅的面积分别为 x_1, x_2, x_3, 显然其中蕴含一个约束条件, 即

$$x_1, x_2, x_3 \geq 0 .$$

再设总面积为 z, 则本问题的目标函数为

$$z = x_1 + x_2 + x_3 .$$

为体现追求总面积最大化这一目标, 在 z 的前面冠以 "max", 即

$$\max z = x_1 + x_2 + x_3 .$$

来自资源造价、钢材、水泥、砖、人工限量等几个方面的条件限制作为约束条件, 即

$$\begin{cases} 0.105x_1 + 0.135x_2 + 0.120x_3 \leqslant 110\ 000 \\ 0.012x_1 + 0.030x_2 + 0.025x_3 \leqslant 20\ 000 \\ 0.110x_1 + 0.190x_2 + 0.180x_3 \leqslant 150\ 000 \\ 0.210x_1 \leqslant 147\ 000 \\ 0.004\ 5x_1 + 0.003x_2 + 0.003\ 5x_3 \leqslant 4\ 000 \end{cases}.$$

所以,解决本问题的数学模型为

$$\max z = x_1 + x_2 + x_3,$$

$$\text{s.t.} \begin{cases} 0.105x_1 + 0.135x_2 + 0.120x_3 \leqslant 110\ 000 \\ 0.012x_1 + 0.030x_2 + 0.025x_3 \leqslant 20\ 000 \\ 0.110x_1 + 0.190x_2 + 0.180x_3 \leqslant 150\ 000 \\ 0.210x_1 \leqslant 147\ 000 \\ 0.004\ 5x_1 + 0.003x_2 + 0.003\ 5x_3 \leqslant 4\ 000 \\ x_1, x_2, x_3 \geqslant 0 \end{cases}.$$

显然,例 7.4.1 中建立数学模型的方法平移至本例中仍然适用. 这就表明,这种用以解决线性规划问题的数学模型——线性规划模型,对于线性规划问题的解决是具有普适性的. 事实上,前苏联的尼古拉耶夫斯克城的住宅兴建计划就是采用了上述模型,其中共用了 12 个决策变量和 10 个约束条件. 因此,将线性规划模型进行一般化的总结整理,显然是具有实用价值的.

2. 线性规划问题的数学模型——线性规划模型

从前面的案例分析结果不难看出,线性规划模型由决策变量、目标函数和约束条件三部分构成,且目标函数和约束条件必须是决策变量的线性表达式. 在模型中,目标函数既可以求最大,也可以求最小;约束条件既可以是不等式,也可以是等式;决策变量的约束必须是非负约束.

因此,可以总结出线性规划模型的一般形式,即

$$\max(\text{或} \min)z = c_1x_1 + \cdots + c_nx_n = \sum_{i=1}^{n} c_i x_i,$$

$$\text{s.t.} \begin{cases} a_{11}x_1 + \cdots + a_{1n}x_n \leqslant (\text{或} =,\ \text{或} \geqslant)b_1 \\ \cdots\cdots \\ a_{m1}x_1 + \ldots + a_{mn}x_n \leqslant (\text{或} =,\ \text{或} \geqslant)b_m \\ x_1, \cdots, x_n \geqslant 0 \end{cases}.$$

其中, $x_1, \cdots, x_n$ 为决策变量; $z = \sum_{i=1}^{n} c_i x_i$ 为目标函数;常数 $c_1, \cdots, c_n$ 为价格系数;常数 $a_{ij}(i=1,\cdots,m; j=1,\cdots,n)$ 为技术系数;常数 $b_1, \cdots, b_m$ 为资源限制值(即约束条件取值).

为了记述的形式更加简洁,类似于线性方程组的矩阵形式表示,线性规划模型也可以表示成矩阵形式.

将由决策变量构成的列矩阵记作 $\boldsymbol{X}$,即

$$\boldsymbol{X} = [x_1 \quad x_2 \quad \cdots \quad x_n]^{\mathrm{T}},$$

称列矩阵 X 为决策变量向量, 则

$$X \geqslant 0$$

即表示对决策变量的非负约束.

将由价格系数构成的行矩阵记作 C, 即

$$C = [c_1 \quad c_2 \quad \cdots \quad c_n],$$

称行矩阵 C 为价格系数向量, 则

$$z = CX$$

即为目标函数的矩阵形式.

将由技术系数构成的 $m \times n$ 矩阵记作 A, 即

$$A = (a_{ij})_{m \times n} = \begin{bmatrix} a_{11} & a_{12} & \cdots & a_{1n} \\ a_{21} & a_{22} & \cdots & a_{2n} \\ \vdots & \vdots & & \vdots \\ a_{m1} & a_{m2} & \cdots & a_{mn} \end{bmatrix},$$

称矩阵 A 为技术系数矩阵; 再将由资源限制值构成的列矩阵记作 b, 即

$$b = [b_1 \quad b_2 \quad \cdots \quad b_m]^{\mathrm{T}},$$

称列矩阵 b 为资源限制向量. 那么, 由资源限制构成的约束条件即可表示为

$$AX \leqslant (\text{或} =, \ \text{或} \geqslant) b \ .$$

所以, 线性规划模型的矩阵形式可表示为

$$\max(\text{或} \min) z = CX \ ,$$

$$\text{s.t.} \begin{cases} AX \leqslant (\text{或} =, \ \text{或} \geqslant) b \\ X \geqslant 0 \end{cases}$$

线性规划模型为解决线性规划问题提供了一般性的方法, 是具有普适性的. 由于线性规划问题涉及社会生活与经济活动中的多种不同问题, 是具有多样性的. 因此, 线性规划模型在具体应用时, 也会因为不同类型问题的特点不同而体现出一些个性化的特点. 下面我们将对一些有代表性的线性规划问题的数学模型进行进一步探讨.

7.4.2　运输问题及其数学模型

在生产活动和日常生活中, 人们常需要将某些物品(包括人们自身)由一个空间位置移动到另一个空间位置, 这就产生了运输. 随着社会和经济的发展,"运输"变得越来越复杂, 运输量有时非常巨大, 科学组织运输显得十分必要.

习惯上, 将这种将某种物资从若干供应点运往一些需求点, 并在供需量约束条件下使总费用最小(或总利润最大)的问题, 称为运输问题.

1. 运输问题

现有一批货物, 从 m 个仓库运往 n 个销售地, S_i 处有货物 a_i 吨, D_j 处需货物 b_j 吨, 从 S_i 到 D_j 的运价为 c_{ij} 元/吨. 求如何安排, 既可满足各销地需要, 又使总运费最小?

上述问题即是一个由多个产地供应多个销地的物品运输问题(图 7.4.1), 表 7.4.3 是产

销平衡表,表 7.4.4 是单位运价表.

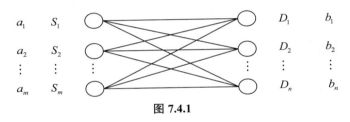

图 7.4.1

表 7.4.3

产地	销地				产量
	D_1	D_2	$\cdots$	D_n	
S_1	x_{11}	x_{12}	$\cdots$	x_{1n}	a_1
S_2	x_{21}	x_{22}	$\cdots$	x_{2n}	a_2
$\vdots$	$\vdots$	$\vdots$		$\vdots$	$\vdots$
S_m	x_{m1}	x_{m2}	$\cdots$	x_{mn}	a_m
销量	b_1	b_2	$\cdots$	b_n	$\sum\limits_{i=1}^{m} a_i = \sum\limits_{j=1}^{n} b_j$

表 7.4.4

产地	销地			
	D_1	D_2	$\cdots$	D_n
S_1	c_{11}	c_{12}	$\cdots$	c_{1n}
S_2	c_{21}	c_{22}	$\cdots$	c_{2n}
$\vdots$	$\vdots$	$\vdots$		$\vdots$
S_m	c_{m1}	c_{m2}	$\cdots$	c_{mn}

在运输问题中,若总产量等于其总销量,即

$$\sum_{i=1}^{m} a_i = \sum_{j=1}^{n} b_j,$$

则称该运输问题为产销平衡运输问题;反之,则称为产销不平衡运输问题.产销不平衡的运输问题又可以分为供过于求和供不应求两种情况.

运输问题是一类线性规划问题,因此可以采用线性规划模型.

以从产地 i 运往销地 j 的运输量为决策变量 x_{ij} ($i = 1, \cdots, m$; $j = 1, \cdots, n$),以总运费为目标函数 z ,欲达目标为"使总运费最小",结合表 7.4.4 中的数据得

$$\min z = c_{11}x_{11} + c_{12}x_{12} + \cdots + c_{1n}x_{1n} + c_{21}x_{21} + c_{22}x_{22} + \cdots + c_{2n}x_{2n} + \cdots \cdots +$$
$$c_{m1}x_{m1} + c_{m2}x_{m2} + \cdots + c_{mn}x_{mn}$$
$$= \sum_{i=1}^{m} \sum_{j=1}^{n} c_{ij}x_{ij}.$$

显然,对决策变量 x_{ij} ($i=1,\cdots,m$; $j=1,\cdots,n$)应有非负约束

$$x_{ij} \geqslant 0 \ (\ i=1,\cdots,m\ ;\ j=1,\cdots,n\ ).$$

再根据产销平衡的不同情况,结合表 7.4.3 中的数据得到其余约束条件,即

（1）若为供销平衡运输问题,则有约束条件

$$\sum_{j=1}^{n} x_{ij} = a_i \ (\ i=1,2,\cdots,\ m\ ),\ \sum_{i=1}^{m} x_{ij} = b_j \ (\ j=1,2,\cdots,\ n\ );$$

（2）若为供过于求运输问题,则有约束条件

$$\sum_{j=1}^{n} x_{ij} \leqslant a_i \ (\ i=1,2,\cdots,\ m\ ),\ \sum_{i=1}^{m} x_{ij} = b_j \ (\ j=1,2,\cdots,\ n\ );$$

（3）若为供不应求运输问题,则有约束条件

$$\sum_{j=1}^{n} x_{ij} \geqslant a_i \ (\ i=1,2,\cdots,\ m\ ),\ \sum_{i=1}^{m} x_{ij} = b_j \ (\ j=1,2,\cdots,\ n\ ).$$

至此,可以得到运输问题的数学模型.

2. 运输问题的数学模型——运输模型

1）供销平衡的运输问题

$$\min z = \sum_{i=1}^{m} \sum_{j=1}^{n} c_{ij} x_{ij},$$

$$\text{s.t.} \begin{cases} \sum_{j=1}^{n} x_{ij} = a_i (i=1,\cdots,m) \\ \sum_{i=1}^{m} x_{ij} = b_j (j=1,\cdots,n) \\ x_{ij} \geqslant 0 (i=1,\cdots,m ; j=1,\cdots,n) \end{cases}.$$

2）供过于求的运输问题

$$\min z = \sum_{i=1}^{m} \sum_{j=1}^{n} c_{ij} x_{ij},$$

$$\text{s.t.} \begin{cases} \sum_{j=1}^{n} x_{ij} \leqslant a_i (i=1,\cdots,m) \\ \sum_{i=1}^{m} x_{ij} = b_j (j=1,\cdots,n) \\ x_{ij} \geqslant 0 (i=1,\cdots,m ; j=1,\cdots,n) \end{cases}.$$

3）供不应求的运输问题

$$\min z = \sum_{i=1}^{m} \sum_{j=1}^{n} c_{ij} x_{ij},$$

$$\text{s.t.} \begin{cases} \sum_{j=1}^{n} x_{ij} \geqslant a_i (i=1,\cdots,m) \\ \sum_{i=1}^{m} x_{ij} = b_j (j=1,\cdots,n) \\ x_{ij} \geqslant 0 (i=1,\cdots,m ; j=1,\cdots,n) \end{cases}.$$

例 7.4.3　设有两个水泥厂 A_1、A_2，每年生产水泥分别为 40 万吨与 50 万吨，它们供应三个工区 B_1、B_2、B_3，其需要量分别为 25 万吨、35 万吨、30 万吨，各产地与销地之间的单位运价（万元/万吨）见表 7.4.5，怎样调运才能使总运费最少？试建立线性规划模型.

表 7.4.5

产地	销地			发量
	B_1	B_2	B_3	
A_1	10	12	9	40
A_2	8	11	13	50
收量	25	35	30	合计 90

显然，这是一个产销平衡的运输问题. 因为总发量与总收量相等，均为 90，所以套用供销平衡时的运输模型即可建立本问题的线性规划模型.

解　设 x_{ij} 表示产地 A_i 运往销地 B_j 的运量（ $i=1,2; j=1,2,3$ ），z 为总运费，则有

$$\min z = 10x_{11} + 12x_{12} + 9x_{13} + 8x_{21} + 11x_{22} + 13x_{23} ,$$

$$\text{s.t.} \begin{cases} x_{11} + x_{12} + x_{13} = 40 \\ x_{21} + x_{22} + x_{23} = 50 \\ x_{11} + x_{21} = 25 \\ x_{12} + x_{22} = 35 \\ x_{13} + x_{23} = 30 \\ x_{ij} \geq 0 (i=1,2; j=1,2,3) \end{cases}.$$

对比线性规划模型的一般形式，尽管运输模型仍然是线性规划模型，但不论是决策变量的表示方式，还是目标函数的表达式，再到约束条件的表达式，运输模型都体现出了明显的"个性". 而且，在具体使用运输模型时，还必须注意分清运输的供销类型.

7.4.3　线性整数规划及其数学模型

1. 线性整数规划

定义 7.4.2　要求一部分或全部决策变量必须取整数的线性规划问题称为线性整数规划.

针对"一部分或全部决策变量必须取整数"这一特殊要求，线性整数规划问题又可以细分为以下三类.

（1）纯整数线性规划：指全部决策变量都必须取整数值的线性整数规划.

（2）混合整数线性规划：指部分决策变量必须取整数值的线性整数规划，即决策变量中一部分取整数，其余部分是连续变量.

（3）0-1 整数线性规划：指不仅限定决策变量取整数，而且只允许取 0 和 1 两个值的线性整数规划.

定义 7.4.3　若变量只能取值 0 或 1 , 则称其为 0 − 1 变量.

0 − 1 变量作为逻辑变量, 常被用来表示系统是否处于某个特定状态, 或者决策时是否取某个特定方案. 例如

$$x = \begin{cases} 1, & \text{当决策取方案} P \text{时} \\ 0, & \text{当决策不取方案} P \text{时} \end{cases}.$$

当问题含有多项要素, 而每项要素皆有两种选择时, 可用一组 0 − 1 变量来描述. 0 − 1 变量不仅广泛应用于科学技术问题, 在经济管理问题中也有十分重要的应用.

由定义 7.4.2 可知, 线性整数规划问题与一般线性规划问题的区别, 仅仅在于对决策变量的约束上. 因此, 只需将线性规划模型中对决策变量部分的约束稍加改动, 即约束一部分或全部决策变量必须取整数, 即可得到关于线性整数规划问题的数学模型.

2. 线性整数规划问题的数学模型——线性整数规划模型

线性整数规划模型的一般形式为

$$\max(\text{或} \min) z = \sum_{j=1}^{n} c_j x_j,$$

$$\text{s.t.} \begin{cases} \sum_{j=1}^{n} a_{ij} x_j \leqslant (\text{或} =, \text{或} \geqslant) b_i \ (i = 1, 2, \cdots, m) \\ x_j \geqslant 0 (j = 1, 2, \cdots, n) \\ x_j \in \mathbf{N}_+ (j = 1, 2, \cdots, k \text{且} 0 < k \leqslant n, k \in \mathbf{N}_+) \end{cases}.$$

针对前述线性整数规划的三种不同情况, 线性整数规划模型又可细分为纯整数规划模型、混合整数规划模型和 0 − 1 整数规划模型这三种类型.

1) 纯整数规划模型

$$\max(\text{或} \min) z = \sum_{j=1}^{n} c_j x_j,$$

$$\text{s.t.} \begin{cases} \sum_{j=1}^{n} a_{ij} x_j \leqslant (\text{或} =, \text{或} \geqslant) b_i \ (i = 1, 2, \cdots, m) \\ x_j \in \mathbf{N}_+ \quad (j = 1, 2, \cdots, n) \end{cases}.$$

2) 混合整数规划模型

$$\max(\text{或} \min) z = \sum_{j=1}^{n} c_j x_j,$$

$$\text{s.t.} \begin{cases} \sum_{j=1}^{n} a_{ij} x_j \leqslant (\text{或} =, \text{或} \geqslant) b_i \ (i = 1, 2, \cdots, m) \\ x_j \geqslant 0 (j = 1, 2, \cdots, n) \\ x_j \in \mathbf{N}_+ (j = 1, 2, \cdots, k \text{且} 0 < k < n, k \in \mathbf{N}_+) \end{cases}.$$

3) 0 − 1 整数规划模型

$$\max(\text{或} \min) z = \sum_{j=1}^{n} c_j x_j,$$

$$\text{s.t.}\begin{cases}\sum_{j=1}^{n}a_{ij}x_j \le (\text{或}=,\text{或}\ge)b_i & (i=1,2,\cdots,m) \\ x_j=0\text{或}1(j=1,2,\cdots,n)\end{cases}.$$

例 7.4.4 某厂拟用集装箱托运甲、乙两种货物,每箱的体积、重量、可获利润以及托运所受限制见表 7.4.6,求两种货物各托运多少箱,可使获得利润最大?

表 7.4.6

货物	体积每箱(m^3)	重量每箱(百斤)	利润每箱(百元)
甲	5	2	20
乙	4	5	10
限制	24	13	

显然应选取甲、乙两种货物的托运箱数为决策变量. 由于托运时是不允许拆箱的,也就是说要整箱托运,故所有决策变量均应为正整数. 所以,这是一个纯整数线性规划问题,因此可以套用纯整数规划模型.

解 设甲货物托运 x_1 箱,乙货物托运 x_2 箱,利润为 z ,则有

$$\max z = 20x_1 + 10x_2$$

$$\text{s.t.}\begin{cases}5x_1+4x_2 \le 24 \\ 2x_1+5x_2 \le 13 \\ x_1,x_2 \ge 0 \\ x_1,x_2\text{整数}\end{cases}.$$

例 7.4.5 投资项目选择问题. 现有资金总额为 B ,可供选择的投资项目有 n 个,项目 j 所需投资和预期收益分别为 a_j 和 c_j . 此外,由于种种原因,有三个附加条件:①若选择项目 1,就必须同时选择项目 2,反之,则不一定;②项目 3 和 4 中至少选择一个;③项目 5、6 和 7 中恰好选择两个. 求应当怎样选择投资项目,才能使总预期收益最大?

对于这种选择问题,由于对于每一个待选项目来说,只有选择与不选择这两种情况,所以适宜引入 0-1 变量,进而建立 0-1 整数规划模型.

解 设决策变量 $x_j = \begin{cases}1, & \text{投资项目} j \\ 0, & \text{不投资项目} j\end{cases}$ ($j=1,2,\cdots,n$),再设总预期收益为 z ,则

$$z = \sum_{j=1}^{n}c_jx_j.$$

由于若选择项目 1,就必须同时选择项目 2 反之则不一定,所以有约束条件

$$x_2 \ge x_1;$$

由于项目 3 和 4 中至少选择一个,所以有约束条件

$$x_3+x_4 \ge 1;$$

由于项目 5,6 和 7 中恰好选择两个,所以有约束条件

$$x_5 + x_6 + x_7 = 2 .$$

则该问题的 0−1 整数规划模型为

$$\max z = \sum_{j=1}^{n} c_j x_j ,$$

$$\text{s.t.} \begin{cases} \sum_{j=1}^{n} a_j x_j \leq B \\ x_2 \geq x_1 \\ x_3 + x_4 \geq 1 \\ x_5 + x_6 + x_7 = 2 \\ x_j = 0 \text{或} 1 \quad (j = 1, 2, \cdots, n) \end{cases} .$$

例 7.4.6　运动员选拔问题. 4×100 m 混合泳接力是观众最感兴趣的游泳项目之一. 现在从实例出发,研究混合泳运动员的选拔问题.

甲、乙、丙、丁是 4 名游泳运动员,他们各种姿势的 100 m 游泳成绩见表 7.4.7,为组成一个 4×100 m 混合泳接力队,怎么样选派运动员,才能使接力队的游泳成绩最好?

表 7.4.7

运动员	仰泳	蛙泳	蝶泳	自由泳
甲	75.5	86.8	66.6	58.4
乙	65.8	66.2	57.0	52.8
丙	67.6	84.3	77.8	57.1
丁	74.0	67.4	60.8	57.0

由于选派运动员即是一种选择问题,故引入 0−1 变量,选择 0−1 整数规划模型.

解　设 $x_{ij} = 0$ 或 $1 (i, j = 1, 2, 3, 4)$,若选派运动员 i 参加泳姿 j 的比赛,记 $x_{ij} = 1$,否则记 $x_{ij} = 0$.

设接力队的游泳成绩为 y,则

$$y = \sum_{i=1}^{4} \sum_{j=1}^{4} c_{ij} x_{ij} .$$

由于每人只能入选 4 种泳姿之一,所以有约束条件

$$\sum_{j=1}^{4} x_{ij} = 1 ;$$

由于每种泳姿必须有 1 人而且只能有 1 人入选,所以有约束条件

$$\sum_{i=1}^{4} x_{ij} = 1 .$$

则该问题的 0−1 整数规划模型为

$$\min y = 75.5x_{11} + 86.8x_{12} + 66.6x_{13} + 58.4x_{14} +$$
$$65.8x_{21} + 66.2x_{22} + 57.0x_{23} + 52.8x_{24} +$$
$$67.6x_{31} + 84.3x_{32} + 77.8x_{33} + 59.1x_{34} +$$
$$74.0x_{41} + 67.4x_{42} + 60.8x_{43} + 57.0x_{44},$$

$$\text{s.t.} \begin{cases} x_{1j} + x_{2j} + x_{3j} + x_{4j} = 1\,(j = 1, 2, 3, 4) \\ x_{i1} + x_{i2} + x_{i3} + x_{i4} = 1\,(i = 1, 2, 3, 4) \\ x_{ij} = 0\text{或}1\,(i, j = 1, 2, 3, 4) \end{cases}.$$

参考文献

[1] 郑宪祖. 数学分析(上册)[M]. 西安:陕西科学技术出版社,1984.

[2] 郑宪祖. 数学分析(下册)[M]. 西安:陕西科学技术出版社,1985.

[3] 陆庆乐,马和恩. 高等数学(上册)[M]. 北京:高等教育出版社,1990.

[4] 陆庆乐,马和恩. 高等数学(下册)[M]. 北京:高等教育出版社,1990.

[5] 滕桂兰,杨万禄. 高等数学(修订版)上册[M]. 天津:天津大学出版社,1996.

[6] 滕桂兰,杨万禄. 高等数学(修订版)下册[M]. 天津:天津大学出版社,1996.

[7] 冯翠莲. 微积分学习辅导与解题方法[M]. 北京:高等教育出版社,2003.

[8] 任开隆. 实用微积分[M]. 北京:高等教育出版社,2005.

[9] 徐小湛. 高等数学学习手册[M]. 北京:科学出版社,2005.

[10] 潘鼎坤. 高等数学教材中的常见瑕疵[M]. 西安:西安交通大学出版社,2006.

[11] 石德刚,李启培. 新编高等数学讲义[M]. 天津:天津大学出版社,2006.

[12] 同济大学数学系. 高等数学(上册)[M]. 北京:高等教育出版社,2007.

[13] 同济大学数学系. 高等数学(下册)[M]. 北京:高等教育出版社,2007.

[14] 邵剑,李大侃. 高等数学专题梳理与解读[M]. 上海:同济大学出版社,2008.

[15] 刘玉琏. 数学分析讲义(上册)[M]. 5版. 北京:高等教育出版社,2008.

[16] 刘玉琏. 数学分析讲义(下册)[M]. 5版. 北京:高等教育出版社,2009.

[17] 毛纲源. 高等数学解题方法技巧归纳[M]. 2版. 武汉:华中科技大学出版社,2010.

[18] 陈文灯. 高等数学复习指导:思路、方法与技巧[M]. 2版. 北京:清华大学出版社,2011.

[19] 李啟培,石德刚. 实用高等数学[M]. 天津:天津大学出版社,2011.

[20] 孙家永. 高等数学杂谈[M]. 西安:西北工业大学出版社,2012.

[21] 孙振绮,马振. 俄罗斯高等数学教材精粹选编[M]. 北京:高等教育出版社,2012.

[22] 郭镜明,韩云瑞,章栋恩,等. 美国微积分教材精粹选编[M]. 北京:高等教育出版社, 2012.